U0218475

复 变 函 数

郭洪芝　滕桂兰

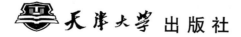

天津大学出版社

内 容 简 介

本书内容包括复数与复变函数、解析函数、复变函数的积分、级数、留数、保形映射等,共分六章.

本书在编写过程中力求做到条理清晰,层次分明,通俗易懂,注重解题方法的训练和能力的培养.为巩固正文内容,在每一章的末尾都配有小结和测验作业,以使读者易于抓住每一章的重点并测试自己对本章基本内容的掌握情况.

本书可供高等工科院校各专业作为教材使用,也可供成人或自学考试等学生及工程技术人员作为参考书使用.

图书在版编目(CIP)数据

复变函数/郭洪芝编. —天津:天津大学出版社,1996.5
(2024.8重印)
ISBN 978-7-5618-0818-4

Ⅰ.复… Ⅱ.郭… Ⅲ.复变函数 Ⅳ.0174.5

中国版本图书馆 CIP 数据核字(1999)第 29234 号

出版发行	天津大学出版社
地　　址	天津市卫津路 92 号天津大学内(邮编:300072)
电　　话	发行部:022-27403647
网　　址	publish.tju.edu.cn
印　　刷	天津泰宇印务有限公司
经　　销	全国各地新华书店
开　　本	148mm×210mm
印　　张	7.875
字　　数	205 千
版　　次	1996 年 5 月第 1 版
印　　次	2024 年 8 月第 16 次
定　　价	24.00 元

原版前言

本书是按照国家教委工科数学指导委员会 1987 颁发的《数学课程基本要求》，并参照工科研究生《复变函数》入学考试大纲的基本要求，并总结近年来的教学实践经验编写的．

复变函数作为高等数学的后继课程，作者在编写过程中注意到了与高等数学的衔接．如复变函数改用数集间的映射来定义，并注意到复变函数的极限、导数、积分等概念与高等数学中相应概念的异同，这样可使读者在学习本课程时不感到陌生而又便于接受．

在编写本书时，作者力求做到条理清晰，层次分明，通俗易懂，注意解题方法和运算能力的培养．为此，在教材中配有适量的例题，有的例题给出解题分析．在每一章的末尾都配有小结和测验作业，以使读者更好地掌握每一章的重点和检查自己对本章基本内容掌握的情况．

本书各章都配有适量的习题，并附有参考答案．为了给报考研究生的读者复习《复变函数》提供资料，在书末附录中选编了部分工科院校研究生入学试题，仅供参考．

本书稿由王开业副教授审阅，函数论教研室主任曾绍标副教授对本教材的编写十分关心和支持并亲自进行了审阅．本书在编写过程中得到了天津大学教务处、天津大学数学系和天津大学出版社的热情支持，在此一并表示深切的感谢．

由于编写者水平所限，本书的不妥之处，诚恳希望使用本书的同志不吝指正．

编者

再版前言

本书按照国家教委工科数学指导委员会 1987 年颁发的《数学课程基本要求》,参照工科研究生《复变函数》入学考试大纲基本要求,总结了近年来教学实践经验,并分析研究了原《复变函数》教材的基础之上对原教材进行重新修订,超出大纲的内容都标了"＊"号,供需要的读者选用.

复变函数作为高等数学的后继课程,在编写过程中作者充分注意了与高等数学的衔接,使读者在学习本课程时不感到陌生且易于接受.

《复变函数》作为工科数学的配套教材,在编写时力求做到:条理清晰、层次分明、重点突出、通俗易懂.为了训练学生的解题方法,提高运算能力,在原教材的基础上又适当地增加了一些例题.每章后都配有足够的习题、小结和测验作业,且习题备有参考答案,以便使读者能更好地检查对各章基本和重点内容掌握的情况.

本教材可作为大学本科教材,也可作为同等学力工程技术人员的学习参考书.

参加本教材修订工作的还有郑光华、刘晓红、金应龙等同志.

由于编者水平所限,对于本书的不妥之处,诚恳希望使用本书的同志不吝指正.

编者

2002 年

目　　录

第 1 章　复数与复变函数

　　复变函数就是自变量为复数的函数,本章首先引入复数集合及复平面的概念、复数的表示法、复数的运算;然后引入复平面点集的概念以及复变函数、复变函数的极限与连续等概念.

1.1　复数及其表示法

1.1.1　复数集

　　形如 $x+\mathrm{i}y$ 的数称为复数,记为
$$z=x+\mathrm{i}y,$$
其中 x 和 y 是任意实数,i 满足 $\mathrm{i}^2=-1$,称为虚数单位. 实数 x 和 y 分别称为复数 z 的实部和虚部,记为
$$x=\mathrm{Re}\ z,y=\mathrm{Im}\ z.$$
　　当实部 $x=0$ 时,$z=\mathrm{i}y$,称为纯虚数;当虚部 $y=0$ 时,$z=x$ 为一个实数;当 $x=y=0$ 时,规定 $z=0$,即 $0+\mathrm{i}0=0$.

　　全体复数构成的集合称为复数集,记作 $\mathbf{C}$,即
$$\mathbf{C}=\{z=x+\mathrm{i}y\,|\,x,y\in\mathbf{R}\},$$
此处 $\mathbf{R}$ 表示全体实数构成的集合(实数集).

　　设 $z_1=x_1+\mathrm{i}y_1,z_2=x_2+\mathrm{i}y_2$ 是 $\mathbf{C}$ 中任意两个复数,当且仅当 $x_1=x_2$,并且 $y_1=y_2$ 时,称 z_1 和 z_2 相等,记作 $z_1=z_2$. 注意,在复数集中不能规定复数的大小.

　　称复数 $x+\mathrm{i}y$ 和 $x-\mathrm{i}y$ 互为共轭复数. 复数 z 的共轭复数记为 $\bar{z}$. 若 $z=x+\mathrm{i}y$,则 $\bar{z}=x-\mathrm{i}y$.

1.1.2　复平面及复数表示法

　　由上述复数定义可知,复数 $z=x+\mathrm{i}y$ 与一对有序实数 (x,y) 有着一一对应关系,而一对有序实数 (x,y) 可用平面直角坐标系内惟一

的点 $M(x,y)$ 来表示. 这里复数 z 的实部 x 和虚部 y 分别相当于点 $M(x,y)$ 的横坐标和纵坐标. 所以, 一个复数 $z = x + iy$ 可以用平面直角坐标系中的点 $M(x,y)$ 来表示. 这样, 在复数集 **C** 和平面点集之间就建立了一一对应关系, 把平面上的点 $M(x,y)$ 看做是复数 $z = x + iy$ 的几何表示(图 1.1), 而把 $z = x + iy$ 称为复数的直角坐标表示式. 由于实数 $x(\operatorname{Im} z = 0)$ 对应于横坐标轴上的点, 纯虚数 $iy(\operatorname{Re} z = 0)$ 对应于纵坐标轴上的点, 为了体现复数的特征, 故将平面直角坐标系中的横坐标轴改称为实轴, 而将纵坐标轴改称为虚轴, 并把这个平面称为复数平面, 简称复平面, 或 Z 平面. 今后我们把"点 z"和"复数 z"、"复数集"和"平面点集"作为同义词而不加区别.

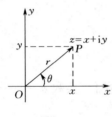

图 1.1

如果把复数 $z = x + iy$ 的实部 x 与虚部 y 作为平面向量在两坐标轴上的投影, 那么复数 $z = x + iy$ 又可用平面向量 $\{x, y\}$ 来表示, 这里的向量是自由向量, 即一个向量经过平移后所得的向量与原来向量看做是相等的向量. 因此, 凡是在两坐标轴上两投影分别相等的向量都代表同一个复数, 从而复数 $z = x + iy$ 又与向量 $\{x, y\}$ 一一对应. 当把任一向量 $\{x, y\}$ 的起点移到原点时, 所得向量的终点坐标 x 和 y 恰好就是复数 $z = x + iy$ 的实部和虚部. 在复平面内, 复数 z 和向量 $\overrightarrow{OP}$ 就是一一对应的. 因此, 我们还可将复数 $z = x + iy$ 理解为起点在原点, 终点为 z 的向量 $\overrightarrow{OP}$ (图 1.1). 于是, 也把复数 z 和向量 $\overrightarrow{OP}$ 作为同义词.

复数还可以用三角函数来表示, 一个向量可由它的大小和方向完全确定. 若向量 $\overrightarrow{OP}$ 的大小用 r 表示, 方向用实轴正向到 $\overrightarrow{OP}$ 的转角 θ 所确定(图 1.1), 则 $\overrightarrow{OP}$ 所对应的复数 $z = x + iy$ 可由 r 和 θ 完全确定, 且有下述关系

$$x = r\cos \theta, \quad y = r\sin \theta. \tag{1.1}$$

于是, 由式(1.1)所确定的任一非零复数 $z = x + iy$ 均可表示为

$$z = r(\cos \theta + i\sin \theta), \tag{1.2}$$

称为复数 z 的三角表示式. 式中 $r = \sqrt{x^2 + y^2}$ 与 θ 分别叫做复数 z 的

模和辐角,记为 $|z|$ 和 $\mathrm{Arg}\ z$,即

$$r = |z|,\ \theta = \mathrm{Arg}\ z.$$

对于 $z = 0$,显然有 $|z| = 0$,但其辐角没有意义.若 $z \neq 0$,$\mathrm{Arg}\ z$ 有无穷多个值,且彼此之间相差 2π 的整数倍.通常把满足 $-\pi < \theta_0 \leqslant \pi$ 的辐角值 θ_0 称为 $\mathrm{Arg}\ z$ 的主值,记为 $\arg z$.于是

$$\mathrm{Arg}\ z = \arg z + 2k\pi,\ k = 0, \pm 1, \pm 2, \cdots. \tag{1.3}$$

由式(1.3)并注意到 $\tan(\mathrm{Arg}\ z) = \dfrac{y}{x}$,$-\dfrac{\pi}{2} < \arctan \dfrac{y}{x} < \dfrac{\pi}{2}$ 及图 1.2可知,任何非零复数 $z = x + \mathrm{i}y$ 的辐角主值可按以下公式确定:

$$\arg z = \begin{cases} \arctan \dfrac{y}{x}, & x > 0, \\[2mm] \dfrac{\pi}{2}, & x = 0, y > 0, \\[2mm] \arctan \dfrac{y}{x} + \pi, & x < 0, y \geqslant 0, \\[2mm] \arctan \dfrac{y}{x} - \pi, & x < 0, y < 0, \\[2mm] -\dfrac{\pi}{2}, & x = 0, y < 0. \end{cases} \tag{1.4}$$

根据欧拉(Euler)公式:$\mathrm{e}^{\mathrm{i}\theta} = \cos\theta + \mathrm{i}\sin\theta$,复数 $z = x + \mathrm{i}y$ 又可以表示为

$$z = r\mathrm{e}^{\mathrm{i}\theta}, \tag{1.5}$$

称为复数 z 的指数表示式.

复数的这几种表示方法,根据讨论不同问题时的需要,可以互相转换.

例 1　将下列复数化为三角表示式:

(1) $z = \sqrt{3} - \mathrm{i}$;(2) $z = -\sqrt{12} - 2\mathrm{i}$.

解　(1) 因为 $x = \sqrt{3}$,$y = -1$,所以

$$r = \sqrt{(\sqrt{3})^2 + (-1)^2} = 2.$$

又点 z 在第四象限,于是

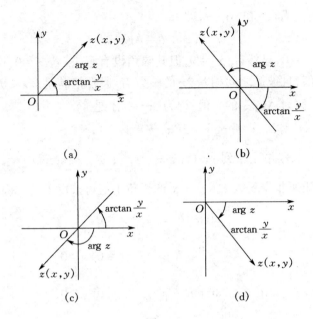

(a)　　　　　　　　　　(b)

(c)　　　　　　　　　　(d)

图 1.2

$$\theta = \arg z = \arctan \frac{-1}{\sqrt{3}} = -\frac{\pi}{6},$$

所以

$$z = 2\left[\cos\left(-\frac{\pi}{6}\right) + \mathrm{i}\sin\left(-\frac{\pi}{6}\right)\right].$$

由于辐角的多值性, z 亦可表示为

$$z = 2\left[\cos\left(-\frac{\pi}{6} + 2k\pi\right) + \mathrm{i}\sin\left(-\frac{\pi}{6} + 2k\pi\right)\right] \quad (k \text{ 为整数}).$$

(2) $r = \sqrt{(-\sqrt{12})^2 + (-2)^2} = 4$,

由于 z 在第三象限,所以

$$\theta = \arg z = \arctan \frac{y}{x} - \pi = \arctan \frac{-2}{-\sqrt{12}} - \pi$$

$$= \arctan \frac{1}{\sqrt{3}} - \pi = -\frac{5}{6}\pi,$$

于是

$$z = 4\left[\cos\left(-\frac{5\pi}{6}\right) + \mathrm{i}\sin\left(-\frac{5\pi}{6}\right)\right].$$

由于辐角的多值性，z 亦可表示为

$$z = 4\left[\cos\left(-\frac{5\pi}{6} + 2k\pi\right) + \mathrm{i}\sin\left(-\frac{5\pi}{6} + 2k\pi\right)\right]\quad(k\ \text{为整数}).$$

1.2　复数的代数运算

由于实数是复数的特例，因此规定复数运算的一个基本要求是，复数的运算法则施行于实数时，必须与实数的运算结果相一致，且能够满足实数运算的一般规律.

1.2.1　复数的加、减法

两个复数 $z_1 = x_1 + \mathrm{i}y_1$ 与 $z_2 = x_2 + \mathrm{i}y_2$ 的和、差做如下规定：

$$z_1 + z_2 = (x_1 + x_2) + \mathrm{i}(y_1 + y_2),\tag{1.6}$$

$$z_1 - z_2 = (x_1 - x_2) + \mathrm{i}(y_1 - y_2).\tag{1.7}$$

不难验证复数的加法满足交换律

$$z_1 + z_2 = z_2 + z_1,$$

和结合律

$$(z_1 + z_2) + z_3 = z_1 + (z_2 + z_3).$$

由复数与平面向量的一一对应关系，以及复数的加、减法则与向量的加、减法则是相同的，因此可以通过两个向量的和与差的几何作图法在复平面上求出相应两复数的和 $z_1 + z_2$ 与差 $z_1 - z_2$ 的对应点（图1.3）. 在图 1.3 中以向量 $\overrightarrow{OP}$、$\overrightarrow{OQ}$ 为两邻边的平行四边形的两条对角线向量 $\overrightarrow{OM}$ 和 $\overrightarrow{QP}$ 分别对应于复数 $z_1 + z_2$ 和 $z_1 - z_2$. 由于 $\overrightarrow{OM}$ 的起点为坐标原点 O，所以终点 M 对应的复数就是 $z_1 + z_2$，$\overrightarrow{QP}$ 的起点不是坐标原点，经平移后得到起点为坐标原点的向量 $\overrightarrow{ON}$，终点 N 所对应的复数就是 $z_1 - z_2$.

由图 1.3 还可以看到：

（1）$|z_1 - z_2|$ 表示复平面上两点 z_1 和 z_2 之间的距离. 事实上，

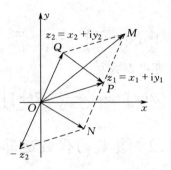

$$图 1.3$$

$$|z_1 - z_2| = |(x_1 - x_2) + i(y_1 - y_2)|$$
$$= \sqrt{(x_1 - x_2)^2 + (y_1 - y_2)^2},$$

这正是平面上两点距离公式.

(2)由三角形三边关系,有

$$|z_1 + z_2| \leqslant |z_1| + |z_2|,$$
$$|z_1 - z_2| \geqslant ||z_1| - |z_2||.$$

分析证明参看例 6.

1.2.2　复数的乘法

两个复数 $z_1 = x_1 + iy_1$ 与 $z_2 = x_2 + iy_2$ 的乘积规定为

$$z_1 z_2 = (x_1 + iy_1)(x_2 + iy_2)$$
$$= (x_1 x_2 - y_1 y_2) + i(x_1 y_2 + x_2 y_1). \tag{1.8}$$

即求两个复数相乘的积可以视为两个二项式相乘的积,只要注意到 $i^2 = -1$ 即可.

可以验证复数的乘法满足交换律

$$z_1 z_2 = z_2 z_1,$$

结合律

$$(z_1 z_2) z_3 = z_1 (z_2 z_3),$$

及乘法对加法的分配律

$$z_1 (z_2 + z_3) = z_1 z_2 + z_1 z_3.$$

如果采用三角表示式,两个复数 $z_1 = r_1(\cos\theta_1 + \mathrm{i}\sin\theta_1)$, $z_2 = r_2(\cos\theta_2 + \mathrm{i}\sin\theta_2)$ 的乘积可以写成

$$z_1 z_2 = r_1 r_2 [\cos(\theta_1 + \theta_2) + \mathrm{i}\sin(\theta_1 + \theta_2)],$$

于是得到

$$|z_1 z_2| = r_1 r_2 = |z_1||z_2|, \tag{1.9}$$

$$\mathrm{Arg}(z_1 z_2) = \theta_1 + \theta_2 = \mathrm{Arg}\, z_1 + \mathrm{Arg}\, z_2. \tag{1.10}$$

注 1　由于 $\mathrm{Arg}(z_1 z_2)$、$\mathrm{Arg}\, z_1$、$\mathrm{Arg}\, z_2$ 都是无穷多值的,故应把它们看做角的集合,这里等号"="指的是集合相等,即在等号左端集合内给定一个值,右端两个集合内各有一个值,使式(1.10)成立.

注 2　公式(1.10)中的 $\mathrm{Arg}\, z$ 可以换成 $\arg z$,但 $\arg z$ 应理解为辐角的某个特定值,不必是主值.若均理解为主值,则两端允许相差 2π 的整数倍.

由此可以得到两个复数乘积的几何作图法:将终点为 z_1 的向量 $\overrightarrow{OP}$ 沿自身方向伸长(或缩短)$|z_2|$ 倍,再旋转一个角 $\arg z_2$,所得向量的终点即为 $z_1 z_2$(图 1.4).特别地当 $|z_2| = 1$ 时,只需要旋转一个角度 $\arg z_2$ 即可.例如,$\mathrm{i}z$ 相当于将 z 所对应的向量 $\overrightarrow{OP}$ 逆时针方向旋转 $\dfrac{\pi}{2}$ 即得 $\mathrm{i}z$ 所对应的向量.

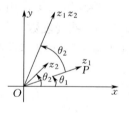

图 1.4

1.2.3　复数的除法

两个复数 $z_1 = x_1 + \mathrm{i}y_1$ 与 $z_2 = x_2 + \mathrm{i}y_2$ $(z_2 \neq 0)$ 相除的商规定为

$$\frac{z_1}{z_2} = \frac{x_1 + \mathrm{i}y_1}{x_2 + \mathrm{i}y_2} = \frac{(x_1 + \mathrm{i}y_1)(x_2 - \mathrm{i}y_2)}{(x_2 + \mathrm{i}y_2)(x_2 - \mathrm{i}y_2)}$$

$$= \frac{x_1 x_2 + y_1 y_2}{x_2^2 + y_2^2} + \mathrm{i}\,\frac{x_2 y_1 - x_1 y_2}{x_2^2 + y_2^2}. \tag{1.11}$$

事实上,只要把 $\dfrac{z_1}{z_2}$ 的分子、分母同乘以分母 z_2 的共轭复数 $\bar{z}_2$,即

得上述结果.

若采用三角函数表示式,$z_1 = r_1(\cos\theta_1 + i\sin\theta_1)$,$z_2 = r_2(\cos\theta_2 + i\sin\theta_2)$,则有

$$\frac{z_1}{z_2} = \frac{r_1 r_2(\cos\theta_1\cos\theta_2 + \sin\theta_1\sin\theta_2)}{r_2^2}$$

$$+ i\frac{r_1 r_2(\sin\theta_1\cos\theta_2 - \cos\theta_1\sin\theta_2)}{r_2^2}$$

$$= \frac{r_1}{r_2}[\cos(\theta_1 - \theta_2) + i\sin(\theta_1 - \theta_2)].$$

由此得到

$$\left|\frac{z_1}{z_2}\right| = \frac{r_1}{r_2} = \frac{|z_1|}{|z_2|}, \tag{1.12}$$

$$\text{Arg}\left(\frac{z_1}{z_2}\right) = \theta_1 - \theta_2 = \text{Arg } z_1 - \text{Arg } z_2. \tag{1.13}$$

式(1.13)应理解为集合相等,其意义请看前面的注 1.

1.2.4　共轭复数

由共轭复数定义容易验证,关于共轭复数有以下运算公式

$$\overline{\overline{z}} = z,$$

$$\overline{z_1 \pm z_2} = \overline{z}_1 \pm \overline{z}_2, \overline{z_1 \cdot z_2} = \overline{z}_1 \cdot \overline{z}_2,$$

$$\overline{\left(\frac{z_1}{z_2}\right)} = \frac{\overline{z}_1}{\overline{z}_2} \quad (z_2 \neq 0),$$

$$z \cdot \overline{z} = (\text{Re } z)^2 + (\text{Im } z)^2 = |z|^2,$$

$$\text{Re } z = \frac{z + \overline{z}}{2}, \quad \text{Im } z = \frac{z - \overline{z}}{2i}.$$

$z = \overline{z}$ 的充要条件是 z 为实数.

由于一个复数与其共轭复数关于实轴对称,因此二者之间又有下面的关系

$$|\overline{z}| = |z|,$$

$$\text{arg } \overline{z} = -\text{arg } z.$$

利用共轭复数可将复数除法公式(1.11)表示为

$$\frac{z_1}{z_2} = \frac{z_1 \cdot \overline{z}_2}{z_2 \cdot \overline{z}_2} = \frac{z_1 \cdot \overline{z}_2}{|z_2|^2}.$$

例 2　设 $z = \dfrac{2+i}{i} - \dfrac{2i}{1-i}$，求 $\text{Re } z, \text{Im } z, z\bar{z}$.

解　$z = \dfrac{2+i}{i} - \dfrac{2i}{1-i} = \dfrac{(2+i)(-i)}{i(-i)} - \dfrac{2i(1+i)}{(1-i)(1+i)}$

$= -2i + 1 - i + 1 = 2 - 3i,$

所以　　　　　　　　　　　　$\text{Re } z = 2, \text{Im } z = -3,$

$$z\bar{z} = 2^2 + (-3)^2 = 13.$$

例 3　设 z_1、z_2 为两个任意复数，证明 $z_1\bar{z}_2 + \bar{z}_1 z_2 = 2\text{Re}(z_1\bar{z}_2)$.

证明　$z_1\bar{z}_2 + \bar{z}_1 z_2 = z_1\bar{z}_2 + \bar{z}_1\bar{\bar{z}}_2 = z_1\bar{z}_2 + \overline{z_1\bar{z}_2} = 2\text{Re}(z_1\bar{z}_2)$.

例 4　试证三点 z_1、z_2、z_3 共线的充分必要条件是 $\text{Im }\dfrac{z_3 - z_1}{z_2 - z_1} = 0$.

证明　显然当且仅当向量 $\overrightarrow{z_1 z_3}$ 和 $\overrightarrow{z_1 z_2}$ 同向或反向时 z_1、z_2、z_3 三点共线，即

$$\text{Arg}(z_3 - z_1) = \text{Arg}(z_2 - z_1) + k\pi \quad (k \text{ 为整数}),$$

或写成

$$\text{Arg}(z_3 - z_1) - \text{Arg}(z_2 - z_1) = k\pi,$$

即

$$\text{Arg }\frac{z_3 - z_1}{z_2 - z_1} = k\pi,$$

所以 $\dfrac{z_3 - z_1}{z_2 - z_1}$ 是实数，即 $\text{Im }\dfrac{z_3 - z_1}{z_2 - z_1} = 0$.

例 5　试证 $\dfrac{z}{1+z^2}$ 为实数的充分必要条件是 $|z| = 1$ 或 $\text{Im } z = 0$.

证明　$\dfrac{z}{1+z^2}$ 为实数的充要条件是

$$\frac{z}{1+z^2} = \overline{\left(\frac{z}{1+z^2}\right)} = \frac{\bar{z}}{1+(\bar{z})^2}.$$

由此得

$$z[1+(\bar{z})^2] = \bar{z}(1+z^2),$$

即

$$(z - \bar{z})(1 - z\bar{z}) = 0.$$

这表明或者 $z = \bar{z}$，即 $\text{Im } z = 0$，或者 $1 - z\bar{z} = 0$ 即 $|z| = 1$.

例 6　设 z_1、z_2 为两个任意复数，证明

(1) $|z_1 z_2| = |z_1||z_2|$;

(2) $|z_1 + z_2| \leqslant |z_1| + |z_2|$;

(3) $|z_1 - z_2| \geqslant ||z_1| - |z_2||$.

证明 (1) $|z_1 z_2| = \sqrt{(z_1 z_2)\overline{(z_1 z_2)}} = \sqrt{(z_1 z_2)(\overline{z_1} \overline{z_2})}$

$$= \sqrt{(z_1 \overline{z_1})(z_2 \overline{z_2})} = |z_1||z_2|.$$

(2) $|z_1 + z_2|^2 = (z_1 + z_2)(\overline{z_1 + z_2}) = (z_1 + z_2)(\overline{z_1} + \overline{z_2}).$

$$= z_1 \overline{z_1} + z_2 \overline{z_2} + z_1 \overline{z_2} + z_2 \overline{z_1}$$

$$= |z_1|^2 + |z_2|^2 + 2\operatorname{Re}(z_1 \overline{z_2})$$

$$\leqslant |z_1|^2 + |z_2|^2 + 2|z_1 \overline{z_2}|$$

$$= |z_1|^2 + |z_2|^2 + 2|z_1||\overline{z_2}|$$

$$= |z_1|^2 + |z_2|^2 + 2|z_1||z_2|$$

$$= (|z_1| + |z_2|)^2.$$

两边开方,就得到所要证明的不等式.

(3) 利用(2),由于

$$|z_1| = |z_1 - z_2 + z_2| \leqslant |z_1 - z_2| + |z_2|,$$

所以　　　　　　　　$|z_1 - z_2| \geqslant |z_1| - |z_2|.$

又　　　　　$|z_2| = |z_2 - z_1 + z_1| \leqslant |z_1 - z_2| + |z_1|,$

所以　　　　　　　$-|z_1 - z_2| \leqslant |z_1| - |z_2|.$

由此得　　　$-|z_1 - z_2| \leqslant |z_1| - |z_2| \leqslant |z_1 - z_2|,$

即　　　　　　　　$||z_1| - |z_2|| \leqslant |z_1 - z_2|,$

亦即　　　　　　　$|z_1 - z_2| \geqslant ||z_1| - |z_2||.$

1.3　复数的乘幂和方根

1.3.1　复数的乘幂

n 个相同复数 z 的乘积,称为 z 的 n 次幂,记为 z^n,即

$$z^n = \underbrace{z \cdot z \cdot \cdots \cdot z}_{n\uparrow}.$$

若 $z = r(\cos\theta + \mathrm{i}\sin\theta)$,则有

$$z^n = r^n(\cos n\theta + \mathrm{i}\sin n\theta). \tag{1.14}$$

特别地,当 $r=1$ 时式(1.14)就是著名的棣莫弗(De Moivre)公式

$$(\cos\theta + \mathrm{i}\sin\theta)^n = \cos n\theta + \mathrm{i}\sin n\theta.$$

例 7　已知 $z_1 = \sqrt{3} - \mathrm{i}, z_2 = -\sqrt{3} + \mathrm{i}$,求 $\dfrac{z_1^8}{z_2^4}$.

解　$z_1 = \sqrt{3} - \mathrm{i} = 2\left[\cos\left(-\dfrac{\pi}{6}\right) + \mathrm{i}\sin\left(-\dfrac{\pi}{6}\right)\right]$,

$z_2 = -\sqrt{3} + \mathrm{i} = 2\left(\cos\dfrac{5\pi}{6} + \mathrm{i}\sin\dfrac{5\pi}{6}\right)$,

$\dfrac{z_1^8}{z_2^4} = \dfrac{2^8\left[\cos\left(-\dfrac{8\pi}{6}\right) + \mathrm{i}\sin\left(-\dfrac{8\pi}{6}\pi\right)\right]}{2^4\left[\cos\left(\dfrac{20\pi}{6}\right) + \mathrm{i}\sin\left(\dfrac{20\pi}{6}\right)\right]}$

$= 2^4\left[\cos\left(-\dfrac{28\pi}{6}\right) + \mathrm{i}\sin\left(-\dfrac{28}{6}\pi\right)\right]$

$= -8(1+\sqrt{3}\mathrm{i})$.

1.3.2　复数的方根

对于复数 z,若存在复数 w 使满足等式 $w^n = z$(n 是大于 1 的整数),则称 w 为 z 的 n 次方根,记为 $\sqrt[n]{z}$,即

$$w = \sqrt[n]{z}.$$

于是,当 $z=0$ 时,$\sqrt[n]{0}=0$;当 $z\neq0$ 时,为从已知的 z 求出 w,我们把 z 及 w 均用三角函数表示式写出,设

$$z = r(\cos\theta + \mathrm{i}\sin\theta), w = \rho(\cos\varphi + \mathrm{i}\sin\varphi).$$

于是　　　$\rho^n(\cos n\varphi + \mathrm{i}\sin n\varphi) = r(\cos\theta + \mathrm{i}\sin\theta).$

$$\rho^n = r, n\varphi = \theta + 2k\pi, k = 0, \pm1, \pm2, \cdots.$$

由此得

$$|w| = \rho = \sqrt[n]{r},$$

$$\mathrm{Arg}\, w = \varphi = \dfrac{\theta + 2k\pi}{n}, k = 0, \pm1, \pm2, \cdots.$$

所以

$$w = \sqrt[n]{z} = \sqrt[n]{r}\left(\cos\left(\frac{\theta}{n} + \frac{2k\pi}{n}\right) + i\sin\left(\frac{\theta}{n} + \frac{2k\pi}{n}\right)\right),$$
$$k = 0, \pm 1, \pm 2, \cdots,$$

其中 $\sqrt[n]{r}$ 只取算术根. 由上式可以看出,当取 $k = 0, 1, 2, \cdots, n-1$ 时,得到 n 个相异的值

$$w_0 = \sqrt[n]{r}\left(\cos\frac{\theta}{n} + i\sin\frac{\theta}{n}\right),$$

$$w_1 = \sqrt[n]{r}\left(\cos\left(\frac{\theta}{n} + \frac{2\pi}{n}\right) + i\sin\left(\frac{\theta}{n} + \frac{2\pi}{n}\right)\right),$$

$$\cdots\cdots$$

$$w_{n-1} = \sqrt[n]{r}\left(\cos\left(\frac{\theta}{n} + \frac{2(n-1)\pi}{n}\right) + i\sin\left(\frac{\theta}{n} + \frac{2(n-1)\pi}{n}\right)\right).$$

当 k 取其他整数值时,将重复出现上述这 n 个值. 因此,一个复数 z 的 n 次方根只取这 n 个不同的值,即

$$\sqrt[n]{z} = \sqrt[n]{r}\left(\cos\left(\frac{\theta}{n} + \frac{2k\pi}{n}\right) + i\sin\left(\frac{\theta}{n} + \frac{2k\pi}{n}\right)\right), k = 0, 1, \cdots, n-1. \quad (1.15)$$

在几何上不难看出,这 n 个值就是以原点为中心, $\sqrt[n]{r}$ 为半径的圆的内接正 n 边形的 n 个顶点.

例 8　求 $\sqrt[4]{1+i}$.

解　因为 $1 + i = \sqrt{2}\left(\cos\frac{\pi}{4} + i\sin\frac{\pi}{4}\right)$,所以

$$\sqrt[4]{1+i} = \sqrt[8]{2}\left[\cos\frac{\frac{\pi}{4} + 2k\pi}{4} + i\sin\frac{\frac{\pi}{4} + 2k\pi}{4}\right] \quad (k = 0, 1, 2, 3).$$

即　$w_0 = \sqrt[8]{2}\left(\cos\frac{\pi}{16} + i\sin\frac{\pi}{16}\right)$, $w_1 = \sqrt[8]{2}\left(\cos\frac{9}{16}\pi + i\sin\frac{9}{16}\pi\right)$,

$w_2 = \sqrt[8]{2}\left(\cos\frac{17}{16}\pi + i\sin\frac{17}{16}\pi\right)$, $w_3 = \sqrt[8]{2}\left(\cos\frac{25}{16}\pi + i\sin\frac{25}{16}\pi\right)$.

这四个根是内接于中心在原点半径为 $\sqrt[8]{2}$ 的圆的正方形的四个顶点(图 1.5),并且

$$w_1 = iw_0,$$

$$w_2 = \mathrm{i}w_1 = -w_0,$$

$$w_3 = \mathrm{i}w_2 = -\mathrm{i}w_0.$$

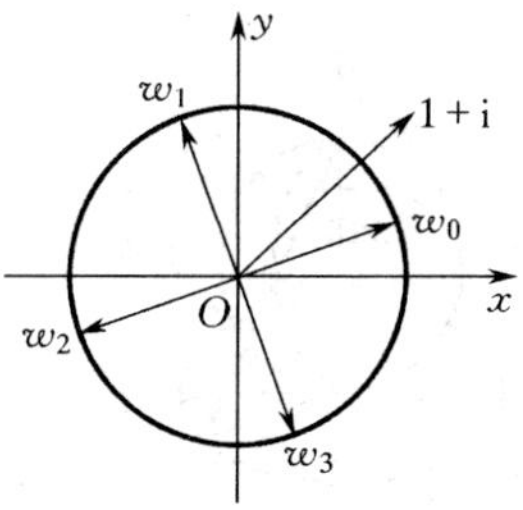

例 9　求 $\sqrt[6]{1}$.

解　由 $1 = \cos 0 + \mathrm{i}\sin 0$ 得

$$\sqrt[6]{1} = \cos\frac{2k\pi}{6} + \mathrm{i}\sin\frac{2k\pi}{6}, k = 0, 1, \cdots, 5.$$

此时　　　　　$w_0 = \cos 0 + \mathrm{i}\sin 0 = 1,$

$$w_1 = \cos\frac{\pi}{3} + \mathrm{i}\sin\frac{\pi}{3} = \frac{1}{2} + \mathrm{i}\frac{\sqrt{3}}{2},$$

$$w_2 = \cos\frac{2\pi}{3} + \mathrm{i}\sin\frac{2\pi}{3} = -\frac{1}{2} + \mathrm{i}\frac{\sqrt{3}}{2},$$

$$w_3 = \cos\pi + \mathrm{i}\sin\pi = -1,$$

$$w_4 = \cos\frac{4\pi}{3} + \mathrm{i}\sin\frac{4\pi}{3} = -\frac{1}{2} - \mathrm{i}\frac{\sqrt{3}}{2},$$

$$w_5 = \cos\frac{5\pi}{3} + \mathrm{i}\sin\frac{5\pi}{3} = \frac{1}{2} - \mathrm{i}\frac{\sqrt{3}}{2}.$$

图 1.5

这六个值分布在单位圆的内接正六边形的六个顶点,其中第一个顶点是 $w_0 = 1$.

1.4　无穷远点与复数球面

在实变量函数中,为了深入讨论极限理论,曾经引进了无穷大的概念,记为 ∞.同样,在复变函数中为了讨论一些问题,也需要引入复数中的无穷大.在 1.1 中建立了复数与复平面上点的一一对应关系.那么无穷大在复平面上的几何表示是什么呢? 为了解决这个问题,下面引进复数球面的概念.

取一个在原点 $z=0$ 与复平面相切的球面(图 1.6).过原点做复平面的垂线,该垂线与球面交于另一点 N.在复平面上任取一点 z,将点 z 与球面上的点 N 用直线连接起来,该连线与球面交于一点 z'(图 1.6);反之,若 z' 为球面上任一点,只要它不是 N,则直线 Nz' 交复平面

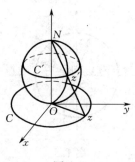

图 1.6

上惟一的一点 z. 这样复平面上所有点和球面上除 N 以外的所有点就建立了一一对应关系. 当点 z 在复平面上以原点为心画一圆周 C 时, 球面上对应于 z 的点 z' 在球面上也画出一个圆周 C' (图 1.6). 当点 z 沿射线 Oz 的方向远离原点时, 球面上对应于 z 的点 z' 沿球面上与射线 Oz 对应的经线 $Oz'N$ 趋向于 N. 不难想像, 当圆周 C 的半径越来越大时, 球面上对应于 C 的圆周 C' 便趋向于点 N. 因此点 N 可以看做复平面上模为无穷大的点在球面上的对应点. 为了使复平面上的点与球面上的点都能一一对应起来, 规定复平面上模为无穷大的点只有一个, 通常称这个点为无穷远点. 我们把它记作"∞". 包括无穷远点在内的复平面称为扩充的复平面, 与它对应的就是整个球面, 这样的球面称为复数球面, 简称复球面. 不包括无穷远点的复平面称为有限复平面, 或者就称复平面. 以后如无特别申明, 复平面均指有限复平面.

作为复数的 ∞, 它的模是 $+\infty$, 而它的实部、虚部和辐角都无意义. 由于前面谈到的代数运算都是对有限复数来定义的, 所以 ∞ 不能进行代数运算. 但 ∞ 与有限复数 a 之间的运算有如下规定:

$$a \pm \infty = \infty \pm a = \infty, a \cdot \infty = \infty \cdot a = \infty (a \neq 0),$$

$$\frac{a}{0} = \infty (a \neq 0), \frac{a}{\infty} = 0.$$

但是 $0 \cdot \infty, \dfrac{\infty}{\infty}, \infty \pm \infty, \dfrac{0}{0}$ 都是没有确定意义的.

1.5　复变函数

1.5.1　预备知识

定义 1.1　以 z_0 为中心、$\delta > 0$ 为半径的圆周的内部称为 z_0 的 δ-邻域, 记为 $N(z_0, \delta)$, 即

$$N(z_0,\delta)=\{z\,|\,|z-z_0|<\delta\}.$$

特别地,称集合 $\{z\,|\,0<|z-z_0|<\delta\}$ 为 z_0 的去心 δ-邻域.

定义 1.2　设 D 为一点集,对于给定属于点集 D 的一点 z_0,若存在 z_0 的某 δ_0-邻域 $N(z_0,\delta_0)$,使 $N(z_0,\delta_0)$ 含于 D,则称 z_0 为 D 的内点;对于给定的点 z_1,若点 z_1 的任意邻域内既有属于 D 的点也有不属于 D 的点,则称 z_1 为 D 的边界点;平面上既非 D 的内点又非 D 的边界点的点称为 D 的外点.图 1.7 中表示的 z_0、z_1、z_2 分别为 D 的内点、边界点和外点.D 的全部边界点构成的集合,称为 D 的边界,记作 ∂D.

定义 1.3　如果非空点集 D 满足下面条件:

(1)属于 D 的点都是 D 的内点.

(2)D 是连通的,即 D 内任意两点 z' 和 z'' 都可以用完全属于 D 的折线把它们连接起来.则称 D 是一个区域(图 1.7),D 与 D 的边界 ∂D 一起构成的点集,称为闭区域,简称闭域,记作 $\bar D$,即 $\bar D=D+\partial D$.

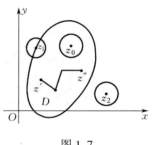

图 1.7

如果区域 D 可以包含在一个以原点为中心,半径为有限值的圆的内部,则称 D 是有界区域,否则称为无界区域.

例 10　复平面上以原点为中心,R 为半径的圆的内部 $|z|<R$ 是以圆周 $|z|=R$ 为边界的有界区域.而复平面上以原点为中心,R 为半径的闭圆 $|z|\leqslant R$ 则是以圆周 $|z|=R$ 为边界的有界闭域.

例 11　复平面上满足条件 $\mathrm{Re}\,z>1$ 的一切点构成以直线 $\mathrm{Re}\,z=1$ 为边界的右半平面,它是一个无界的区域(图 1.8).

例 12　满足不等式 $y_1<\mathrm{Im}\,z<y_2$ 的所有点 z 构成一个平行于实轴的带形区域,它是一个无界区域(图 1.9).

例 13　满足不等式 $R_1<|z-z_0|<R_2(R_1>0)$ 的点 z 构成一个同心的圆环形区域.它是有界区域,它的边界是两个同心圆周,$|z-z_0|$

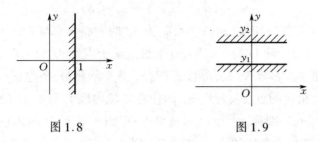

图 1.8　　　　　　　　图 1.9

$=R_1$ 和 $|z-z_0|=R_2$(图 1.10).如果在此圆环域内去掉一个(或几个)孤立的点,它仍然构成一个有界区域,只不过区域的边界是由这两个圆周和一个(或几个)孤立的点所组成(图 1.11).

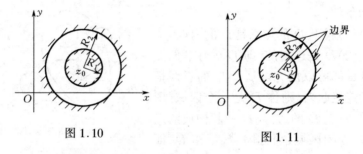

图 1.10　　　　　　　　图 1.11

1.5.2　复平面上曲线的方程

在笛卡尔坐标平面 xOy 上,一条连续曲线 Γ 通常可以看做满足二元方程 $F(x,y)=0$ 的点集,即

$$\Gamma:\{(x,y)\mid F(x,y)=0\}.$$

如果令 $z=x+\mathrm{i}y$,则

$$x=\frac{z+\bar{z}}{2},\ y=\frac{z-\bar{z}}{2\mathrm{i}}.$$

这时曲线 Γ 的方程在复平面上用复数形式可以表示为

$$F\left(\frac{z+\bar{z}}{2},\frac{z-\bar{z}}{2\mathrm{i}}\right)=0. \tag{1.16}$$

例如,直线方程 $3x+2y=1$ 可以化为

$$(3-2\mathrm{i})z+(3+2\mathrm{i})\bar{z}=2.$$

如果在笛卡尔坐标面 xOy 上,连续曲线 Γ 用参数方程

$$\begin{cases} x = x(t), \\ y = y(t), \end{cases} \quad \alpha \leqslant t \leqslant \beta$$

表示,这里 $x(t),y(t)$ 是实变量 t 的两个实连续函数,又可得到曲线 Γ 的另一种复变量表示式

$$z = z(t) = x(t) + \mathrm{i}y(t), \alpha \leqslant t \leqslant \beta, \qquad (1.17)$$

其中 t 为实参数.在复平面内式(1.17)也称为曲线 Γ 的参数方程.

例如,与椭圆参数方程

$$\begin{cases} x = 2\cos t, \\ y = 3\sin t, \end{cases} \quad 0 \leqslant t \leqslant 2\pi$$

对应的在复平面内该椭圆的参数方程为

$$z = z(t) = 2\cos t + \mathrm{i}3\sin t, 0 \leqslant t \leqslant 2\pi.$$

在曲线的两种表示式(1.16)和式(1.17)中.较常用的是式(1.17).

如果曲线

$$\Gamma: z = z(t) = x(t) + \mathrm{i}y(t), \alpha \leqslant t \leqslant \beta$$

的实部 $x(t)$ 和虚部 $y(t)$ 均为 t 的连续函数,那么曲线 Γ 就是连续的.

对于连续曲线 $\Gamma: z = z(t)$,如果当 $t_1 \neq t_2$ 且 $\alpha < t_1 \cdot t_2 < \beta$ 时, $z(t_1) \neq z(t_2)$,即曲线自身不相交,则称 Γ 为简单曲线.再若 $z(\alpha) = z(\beta)$,则曲线 Γ 成为自身不相交的连续闭曲线,这种曲线称为简单闭曲线.简单曲线又称为约当(Jordan)曲线.在扩充的复平面上任一简单闭曲线 C 把扩充的复平面惟一地分成三个点集即 C、$I(C)$ 和 $E(C)$.其中 $I(C)$ 是不含 ∞ 的点集称为闭曲线的内部,它是一个有界区域; $E(C)$ 是含 ∞ 的点集,称为闭曲线的外部,它是一个无界区域.

如果简单曲线

$$\Gamma: z = z(t), \alpha \leqslant t \leqslant \beta$$

对每个 t 都存在连续的导数 $x'(t),y'(t)$,且二者不同时为零(即 $[x'(t)]^2 + [y'(t)]^2 \neq 0$),则曲线 Γ 上每点都有切线且切线的方向是连续变化的,称这种曲线为光滑曲线.由有限段光滑曲线连接而成的曲线称为逐段光滑曲线.这种曲线在连接点处可能不存在切线.

例 14　求连接 $z_1 = -2 + \mathrm{i}$ 和 $z_2 = 1 + 3\mathrm{i}$ 的直线段的参数方程

$z = z(t)$.

解　设 z 为直线段上任一点，则向量 $z - z_1$ 与向量 $z_2 - z_1$ 平行. 于是 z 满足等式

$$z - (-2 + i) = t[1 + 3i - (-2 + i)], 0 \leqslant t \leqslant 1.$$

所以　　　　　　　$z = (3 + 2i)t + (-2 + i), 0 \leqslant t \leqslant 1.$

复平面上的曲线，也可以看做满足某种条件的点 z 的几何轨迹，这种条件通常可以表示为 z 的某种方程.

例 15　满足下列条件的点 z 的集合在复平面上是什么曲线？

$$(1)|z - i| = 2, \qquad (2)\arg(z - 1) = \frac{\pi}{4}.$$

解　（1）根据复数模的几何意义，$|z - i| = 2$ 表示以 i 为圆心，2 为半径的圆周.

（2）由辐角的几何意义，$\arg(z - 1) = \frac{\pi}{4}$ 表示起点为 1，终点为 z 的向量与实轴正向的夹角为 $\frac{\pi}{4}$. 所以，一切满足条件 $\arg(z - 1) = \frac{\pi}{4}$ 的点 z 构成以 1 为起点，且与实轴夹角为 $\frac{\pi}{4}$ 的射线.

定义 1.4　设 D 为复平面上的区域，如果在区域 D 内任意做一条简单闭曲线，其内部都含于 D，则称 D 为单连通区域；非单连通的区域称为复连通区域或多连通区域.

前面例 10 至 12 所示的区域都是单连通区域，而例 13 所示的区域是复连通区域.

例 16　满足下列条件的点 z 在复平面上构成怎样的点集？如果是区域，是单连通区域还是复连通区域？

(1) $|z| < 2$, $\text{Im } z > 1$;　　(2) $0 < |z + i| < 2$;

(3) $0 < \arg(z - 1) < \frac{\pi}{4}$, $\text{Re } z \geqslant 2$.

解　（1）满足条件的点 z 构成的点集是以原点为圆心、2 为半径的圆域和以直线 $\text{Im } z = 1$ 为边界，并在此直线上方的部分（图 1.12），且为有界单连通区域.

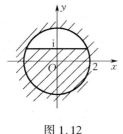

图 1.12 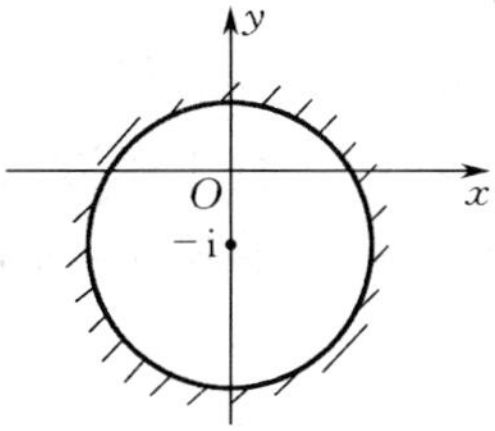　　　　　　　　　　图 1.13

（2）满足条件的点 z 构成的点集是以 $-i$ 为圆心、2 为半径且去掉圆心的圆域,是有界的复连通区域(图 1.13).

（3）满足条件的点 z 构成的点集是以射线 $\arg(z-1)=\dfrac{\pi}{4}$ 和 $\arg(z-1)=0$ 以及直线 $\operatorname{Re} z=2$ 为边界,且在直线 $\operatorname{Re} z=2$ 的右方(包括此直线)的部分.因为直线 $\operatorname{Re} z=2$ 上的点不是内点,所以满足条件的点 z 构成的集合不是区域(图 1.14).

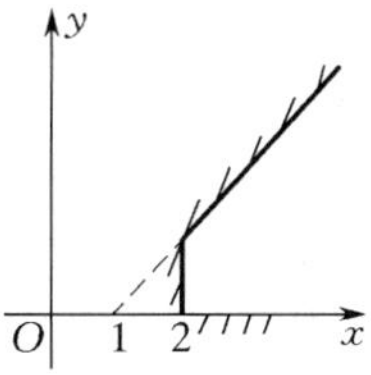

图 1.14

1.5.3　复变函数的定义

定义 1.5　设有两个数集 $D \subset \mathbf{C}$、$G \subset \mathbf{C}$,则映射

$$f:D \to G$$

称为定义在 D 上的一个复变函数,简称为函数,其中 D 称为函数 f 的定义域.D 中任意 z 值所对应的 G 中的值 w 称为 f 在点 z 处的函数值,记为 $w=f(z)$.函数值的全体所构成的集合称为函数 f 的值域,记为

$$f(D)=\{w \mid w=f(z),z \in D\},$$

并把 z 称为函数 f 的自变量,w 称为函数 f 的因变量.

如果对 D 内每一个 z 值,有且仅有一个 w 值与之对应,则称 f 是 D 上的单值函数,否则称为多值函数.例如,$f_1(z)=\dfrac{1}{z}$ 是定义在复平面上不含点 $z=0$ 的区域内的单值函数;$f_2(z)=\sqrt[4]{z}$,$f_3(z)=\operatorname{Arg} z$ 都是多值函数.

若将定义域 D 看做 Z 平面上的点集,而将值域 $f(D)$ 看做 W 平面上的点集,在几何上函数 $w = f(z)$ 可以看成是 Z 平面的点集 D 到 W 平面上点集 G 的映射(图 1.15).

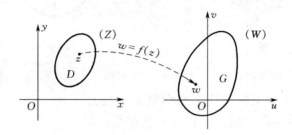

图 1.15

在 $w = f(z)$ 的映射下,我们称点 w 为点 z 的像,点 z 称为点 w 的原像;点集 $f(D)$ 称为点集 D 的像,点集 D 称为点集 $f(D)$ 的原像.

一个复变函数 $w = f(z)$ 确定了两个复平面内点集之间的一个映射.若设 $z = x + iy$,则 $w = f(z) = f(x + iy) = u(x, y) + iv(x, y)$,由此可见,这一映射与一对二元实函数

$$\begin{cases} u = u(x, y), \\ v = v(x, y) \end{cases}$$

所确定的映射是等价的.所以,一个复变函数又可以表示为 $w = u(x, y) + iv(x, y)$,即把因变量 $w = u + iv$ 的实部 u 和虚部 v 表示成自变量 $z = x + iy$ 的实部 x 和虚部 y 的函数.有时也把函数 $w = \rho(\cos \varphi + i\sin \varphi)$ 的模 ρ 和辐角 φ 表示成自变量 $z = r(\cos \theta + i\sin \theta)$ 的模 r 和辐角 θ 的函数,即

$$\begin{cases} \rho = \rho(r, \theta), \\ \varphi = \varphi(r, \theta). \end{cases}$$

至于采用哪种形式,需视具体函数及所论问题而定.

关于复变函数的反函数和复合函数的概念与一元实变量函数的反函数和复合函数的概念相同,这里不再赘述.

给定一个映射 $w=f(z)$,我们自然会问在这个映射下,Z 平面上的点、曲线或区域在 W 平面内的像会是什么样的.下面通过几个具体例子说明.

例 17　试求在 $w=z^2$ 映射下,Z 平面上点 $z_1=\mathrm{i}$,$z_2=1+\mathrm{i}$,$z_3=-1$ 的像.

解　设 $z=r\mathrm{e}^{\mathrm{i}\theta}$,$w=\rho\mathrm{e}^{\mathrm{i}\varphi}$,则映射 $w=z^2$ 可表示为

$$\begin{cases} \rho=r^2, \\ \varphi=2\theta. \end{cases}$$

所以,由 $|z_1|=1$,$\arg z_1=\dfrac{\pi}{2}$ 得到对应像点 w_1 的模及辐角分别为 $|w_1|=1$,$\arg w_1=\pi$;由 $|z_2|=\sqrt{2}$,$\arg z_2=\dfrac{\pi}{4}$ 得 $|w_2|=2$,$\arg w_2=\dfrac{\pi}{2}$;由 $|z_3|=1$,$\arg z_3=\pi$ 得 $|w_3|=1$,$\arg w_3=2\pi$(图 1.16).

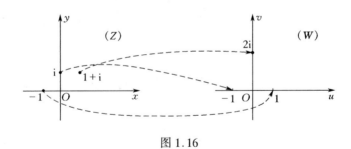

图 1.16

例 18　试求 $\arg z=\dfrac{\pi}{4}$,$x=c_1$,$y=c_2$(c_1、c_2 均为任意实数)在 $w=z^2$ 映射下的像.

解　$\arg z=\dfrac{\pi}{4}$ 表示由原点出发,且与实轴夹角为 $\dfrac{\pi}{4}$ 的射线,即 z 的辐角为 $\dfrac{\pi}{4}$,其模为任意正数

$$\begin{cases} \arg z = \dfrac{\pi}{4}, \\ |z| = r, r \text{ 为任意正数}. \end{cases}$$

上述射线在 $w = z^2$ 映射下有

$$\begin{cases} |w| = r^2, \\ \arg w = 2\arg z, \end{cases}$$

即

$$\begin{cases} |w| = r^2, \\ \arg w = \dfrac{\pi}{2}. \end{cases}$$

这就是 $\arg z = \dfrac{\pi}{4}$ 在 $w = z^2$ 映射下的像(图 1.17).

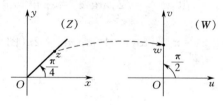

图 1.17

$x = c_1$ 为 Z 平面上平行于虚轴的直线,设 $z = x + \mathrm{i}y, w = u + \mathrm{i}v$, 由

$$w = z^2 = x^2 - y^2 + \mathrm{i}2xy,$$

得

$$\begin{cases} u(x, y) = x^2 - y^2, \\ v(x, y) = 2xy. \end{cases}$$

于是 Z 平面上的直线 $x = c_1$ 在 $w = z^2$ 映射下的像为含参数 y 的表达式

$$\begin{cases} u = c_1^2 - y^2, \\ v = 2c_1 y. \end{cases}$$

消去 y 得,$v^2 = 4c_1^2(c_1^2 - u)$.这是一族抛物线.

类似地,直线 $y = c_2$ 在 $w = z^2$ 的映射下的像是 w 平面上的抛物线族 $v^2 = 4c_2^2(u + c_2^2)$(图 1.18).

例 19　试求在 $w = z^2$ 映射下,Z 平面上的区域

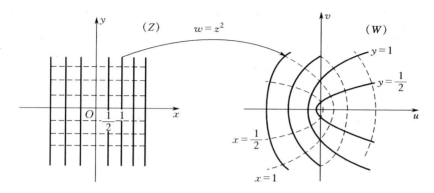

图 1.18

$$\begin{cases} 0 < \arg z < \dfrac{\pi}{2}, \\ |z| < 2, \end{cases}$$

在 W 平面上的像.

解　为了求该区域的像,可以从确定该区域边界 $\arg z = 0$, $\arg z = \dfrac{\pi}{2}$, $|z| = 2$ 的像入手. 由于

$$|w| = |z|^2,$$
$$\arg w = 2\arg z,$$

所以上述边界的像分别是

$$\arg w = 0, \ \arg w = \pi, |w| = 4.$$

这三条曲线(其中两条为射线)所构成的封闭曲线的内部就是所求的像(图 1.19).

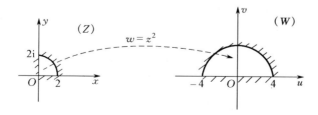

图 1.19

例 20　试求双曲线 $x^2 - y^2 = 1$ 在 $w = \dfrac{1}{z}$ 的映射下的像.

解　设 $z = r(\cos\theta + i\sin\theta)$，$w = \rho(\cos\varphi + i\sin\varphi)$，则映射 $w = \dfrac{1}{z}$ 可以表示为

$$\rho(\cos\varphi + i\sin\varphi) = \frac{1}{r(\cos\theta + i\sin\theta)}$$

$$= \frac{1}{r}(\cos\theta - i\sin\theta) = \frac{1}{r}\left[\cos(-\theta) + i\sin(-\theta)\right],$$

即

$$\begin{cases} \rho = \dfrac{1}{r}, \\ \varphi = -\theta. \end{cases}$$

双曲线 $x^2 - y^2 = 1$ 可表示为

$$r^2(\cos^2\theta - \sin^2\theta) = 1,$$

即

$$r^2 = \frac{1}{\cos 2\theta},$$

所以

$$\rho^2 = \cos 2\varphi.$$

这就是双曲线 $x^2 - y^2 = 1$ 在映射 $w = \dfrac{1}{z}$ 下像曲线的极坐标方程. 容易看出，它的图形是双纽线（图 1.20）.

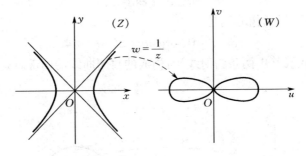

图 1.20

1.6　复变函数的极限和连续

1.6.1　函数的极限

定义 1.6　设函数 $w = f(z)$ 在 z_0 的某去心邻域 $0 < |z - z_0| < \rho$ 内有定义. 如果存在一个确定的数 A, 对于任意给定的 $\varepsilon > 0$, 总存在正数 δ, 使得当 $0 < |z - z_0| < \delta \leqslant \rho$ 时, 恒有

$$|f(z) - A| < \varepsilon,$$

则称 A 为函数 $f(z)$ 当 z 趋向于 z_0 时的极限, 记作

$$\lim_{z \to z_0} f(z) = A,$$

或　　　　　　　　　当 $z \to z_0$ 时, $f(z) \to A$.

应当指出, 上述定义与一元实函数的极限定义从形式上看没有什么差别, 但要特别注意的是, 由于 $z = x + \mathrm{i}y$ 趋向于 $z_0 = x_0 + \mathrm{i}y_0$ 相当于 $\begin{cases} x \to x_0 \\ y \to y_0 \end{cases}$, 这比一元实函数极限中 $x \to x_0$ 具有更大的任意性. 就是说, 定义中 z 趋向于 z_0 的方式是任意的, 即不论 z 从什么方向, 以何种方式趋向于 z_0, $f(z)$ 都要趋向于同一个常数 A.

例 21　试证 $\lim\limits_{z \to 0} \dfrac{\operatorname{Im} z}{z}$ 不存在.

证明　令 $z = x + \mathrm{i}y$, 则有 $\dfrac{\operatorname{Im} z}{z} = \dfrac{y}{x + \mathrm{i}y}$. 由此便知, 当 z 沿直线 $y = kx$ (k 为实常数) 趋于零时, 极限

$$\lim_{\substack{z \to 0 \\ y = kx}} \frac{\operatorname{Im} z}{z} = \lim_{\substack{x \to 0 \\ y = kx}} \frac{y}{x + \mathrm{i}y} = \lim_{x \to 0} \frac{kx}{x + \mathrm{i}kx} = \frac{k}{1 + \mathrm{i}k}.$$

注意到 k 不同 (即 z 趋于 0 的方式不同), 极限

$$\lim_{z \to 0} \frac{\operatorname{Im} z}{z}$$

也不同, 因而所求的极限不存在.

极限定义的几何意义是: 无论点 A 的 ε-邻域取得怎样小, 总能找到点 z_0 的 δ-邻域, 一旦变点 z 进入 z_0 的 δ-邻域, 它的像点 $f(z)$ 就落

入 A 的 ε-邻域内(图 1.21).

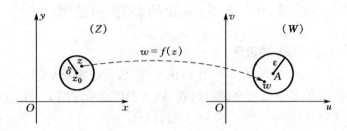

图 1.21

下面的定理指出了复变函数的极限与该函数的实部、虚部极限的依存关系.

定理 1.1 设 $f(z) = u(x,y) + iv(x,y)$ 在 $0 < |z - z_0| < \rho$ 内有定义,其中 $z = x + iy$, $z_0 = x_0 + iy_0$,那么

$$\lim_{z \to z_0} f(z) = A = u_0 + iv_0$$

的充分必要条件是

$$\lim_{\substack{x \to x_0 \\ y \to y_0}} u(x,y) = u_0, \lim_{\substack{x \to x_0 \\ y \to y_0}} v(x,y) = v_0.$$

证明 充分性.由 $\lim\limits_{\substack{x \to x_0 \\ y \to y_0}} u(x,y) = u_0$, $\lim\limits_{\substack{x \to x_0 \\ y \to y_0}} v(x,y) = v_0$,知对任意

的 $\varepsilon > 0$,存在 $\delta > 0$,当 $0 < \sqrt{(x - x_0)^2 + (y - y_0)^2} < \delta$ 时恒有

$$|u - u_0| < \frac{\varepsilon}{2}, \quad |v - v_0| < \frac{\varepsilon}{2}.$$

而 $|f(z) - A| = |(u - u_0) + i(v - v_0)| \leqslant |u - u_0| + |v - v_0|$,

所以当 $0 < |z - z_0| < \delta$ 时,有

$$|f(z) - A| < \frac{\varepsilon}{2} + \frac{\varepsilon}{2} = \varepsilon,$$

即

$$\lim_{z \to z_0} f(z) = A.$$

必要性.设 $\lim\limits_{z \to z_0} f(z) = A$.根据极限定义,对于任给的 $\varepsilon > 0$,存在 $\delta > 0$,当 $0 < |z - z_0| < \delta$,即 $0 < \sqrt{(x - x_0)^2 + (y - y_0)^2} < \delta$ 时,恒有

$$|f(z) - A| < \varepsilon,$$

即
$$\sqrt{(u - u_0)^2 + (v - v_0)^2} < \varepsilon.$$

而
$$|u - u_0| < \sqrt{(u - u_0)^2 + (v - v_0)^2} < \varepsilon,$$

$$|v - v_0| < \sqrt{(u - u_0)^2 + (v - v_0)^2} < \varepsilon,$$

于是
$$\lim_{\substack{x \to x_0 \\ y \to y_0}} u(x, y) = u_0, \lim_{\substack{x \to x_0 \\ y \to y_0}} v(x, y) = v_0.$$

这个定理告诉我们,复变函数极限的存在性等价于其实部和虚部两个二元实函数极限的存在性,这样就把求复变函数的极限转化为求该函数的实部和虚部的极限,也就是求两个二元实函数的极限.

根据定理 1.1,不难证明下面关于极限的四则运算法则.

定理 1.2　如果 $\lim\limits_{z \to z_0} f(z) = A$, $\lim\limits_{z \to z_0} g(z) = B$($A$、$B$ 均为有限复数),那么

(1) $\lim\limits_{z \to z_0} [f(z) \pm g(z)] = A \pm B = \lim\limits_{z \to z_0} f(z) \pm \lim\limits_{z \to z_0} g(z)$;

(2) $\lim\limits_{z \to z_0} [f(z) \cdot g(z)] = A \cdot B = \lim\limits_{z \to z_0} f(z) \cdot \lim\limits_{z \to z_0} g(z)$;

(3) $\lim\limits_{z \to z_0} \dfrac{f(z)}{g(z)} = \dfrac{A}{B} = \dfrac{\lim\limits_{z \to z_0} f(z)}{\lim\limits_{z \to z_0} g(z)}$　$(B \neq 0)$.

例 22　试求:(1) $\lim\limits_{z \to 1+i} \dfrac{\bar{z}}{z}$;　(2) $\lim\limits_{z \to 1} \dfrac{z\bar{z} - \bar{z} + z - 1}{z - 1}$.

解　(1)〔解法 1〕
$$\frac{\bar{z}}{z} = \frac{x - iy}{x + iy} = \frac{x^2 - y^2}{x^2 + y^2} + i\frac{-2xy}{x^2 + y^2}.$$

根据定理 1.1 得
$$\lim_{z \to 1+i} \frac{\bar{z}}{z} = \lim_{\substack{x \to 1 \\ y \to 1}} \frac{x^2 - y^2}{x^2 + y^2} + i\lim_{\substack{x \to 1 \\ y \to 1}} \frac{-2xy}{x^2 + y^2} = -i.$$

〔解法 2〕

$$\lim_{z \to 1+i} \frac{\bar{z}}{z} = \frac{\lim_{z \to 1+i} \bar{z}}{\lim_{z \to 1+i} z} = \frac{\lim_{\substack{x \to 1 \\ y \to 1}} (x - iy)}{\lim_{\substack{x \to 1 \\ y \to 1}} (x + iy)} = \frac{1 - i}{1 + i} = -i.$$

$$(2) \ \lim_{z \to 1} \frac{z\bar{z} - \bar{z} + z - 1}{z - 1} = \lim_{z \to 1} \frac{(z-1)(\bar{z}+1)}{z - 1}$$

$$= \lim_{z \to 1} (\bar{z} + 1) = \lim_{\substack{x \to 1 \\ y \to 0}} (x - iy + 1) = 2.$$

1.6.2　函数的连续性

定义 1.7　设函数 $w = f(z)$ 在点 z_0 的邻域 $|z - z_0| < \rho$ 内有定义,如果　　　　　　　$\lim_{z \to z_0} f(z) = f(z_0)$,

则称 $f(z)$ 在点 z_0 处连续.

如果函数 $f(z)$ 在区域 D 内每一点都连续,则说 $f(z)$ 在区域 D 内连续.

根据这个定义和上述的定理 1.1 及定理 1.2 可得如下定理.

定理 1.3　函数 $f(z) = u(x,y) + iv(x,y)$ 在点 z_0 处连续的充分必要条件是 $u(x,y)$ 和 $v(x,y)$ 在点 (x_0, y_0) 处都连续.

定理 1.4　两个在点 z_0 处连续的函数 $f(z)$ 与 $g(z)$ 的和、差、积、商(分母在 z_0 不为零)在点 z_0 处仍然连续.

定理 1.5　若函数 $\zeta = g(z)$ 在点 z_0 处连续,函数 $w = f(\zeta)$ 在 $\zeta_0 = g(z_0)$ 连续,则复合函数 $w = f[g(z)]$ 在点 z_0 处连续.

例 23　设 $f(z) = x^2 - iy$,证明 $f(z)$ 在 Z 平面上处处连续.

证明　根据题设知

$$\operatorname{Re} f(z) = x^2 = u(x,y),$$
$$\operatorname{Im} f(z) = -y = v(x,y).$$

因为 $u(x,y)$、$v(x,y)$ 在 xOy 平面上处处连续,所以 $f(z)$ 在 Z 平面上处处连续.

例 24　求 $\lim_{z \to i} \dfrac{\bar{z} - 1}{z + 2}$.

解　因为 $\dfrac{\bar{z} - 1}{z + 2}$ 在点 $z = i$ 连续,所以

$$\lim_{z \to i} = \frac{-i-1}{i+2} = -\frac{3}{5} - \frac{i}{5}.$$

显然 z 的多项式函数

$$w = P(z) = a_0 + a_1 z + a_2 z^2 + \cdots + a_n z^n,$$

在复平面内所有的点处都连续,而有理分式函数 $w = \dfrac{P(z)}{Q(z)}$,其中 $P(z)$ 和 $Q(z)$ 都是 z 的多项式,在复平面内除使分母为零的点外也都连续.

如果 $f(z)$ 在区域 D 内和 D 的边界上都连续,则说 $f(z)$ 在闭域 $\overline{D}$ 上连续.所谓 $f(z)$ 在 D 的边界点 z_0 连续是指 z 在 $\overline{D}$ 上以任意方式趋于 z_0 时,函数的极限值等于函数值 $f(z_0)$,即

$$\lim_{z \to z_0} f(z) = f(z_0), z \in \overline{D},$$

见图 1.22.

所谓 $f(z)$ 在曲线 C 上连续,即在曲线 C 上任意点 z_0 处均有

$$\lim_{z \to z_0} f(z) = f(z_0), z \in C.$$

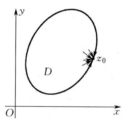

图 1.22

和实变量函数类似,在闭域 $\overline{D}$ 上连续的复变函数 $f(z)$ 在 $\overline{D}$ 上是有界的,即存在正数 M,使

$$|f(z)| \leqslant M, z \in \overline{D}.$$

这个结论对于在闭曲线或连同端点在内的曲线段上连续的函数也成立.

习　题　1

1.将下列复数 z 表示为 $a + ib$ 的形式,并求出它们的实部、虚部、共轭复数、模与辐角主值:

(1)$\dfrac{3}{1-2i}$;　　　　　　　　(2)$\dfrac{i}{1-i} + \dfrac{1-i}{i}$;

(3) $\dfrac{(3+4\mathrm{i})(2-5\mathrm{i})}{2\mathrm{i}}$;　　　　　　　(4) $\left(\dfrac{3-4\mathrm{i}}{1+2\mathrm{i}}\right)^2$;

(5) $\dfrac{2\mathrm{i}}{3-\mathrm{i}}+\dfrac{1}{3\mathrm{i}-1}$;　　　　　　　(6) $\dfrac{\mathrm{i}}{(\mathrm{i}-3)(\mathrm{i}-2)}$;

(7) $\left(\dfrac{1+\sqrt{3}\mathrm{i}}{2}\right)^{10}$;　　　　　　　(8) $\mathrm{i}^8-4\mathrm{i}^{21}+\mathrm{i}$.

2.将下列复数写成三角表示式和指数表示式,并指出其辐角及辐角的主值:

(1) $\dfrac{2}{\mathrm{i}}$;　　　　　(2) $-\dfrac{3}{5}$;　　　　　　(3) $1+\mathrm{i}$;

(4) $\sqrt{3}-\mathrm{i}$;　　　　(5) $-1+\sqrt{3}\mathrm{i}$;　　　　(6) $-3-4\mathrm{i}$;

(7) $3\mathrm{i}$;　　　　　(8) 2.

3.试求下列各式中的 x 和 $y(x,y$ 都是实数):

(1) $(1+2\mathrm{i})x+(3-5\mathrm{i})y=1-3\mathrm{i}$;

(2) $\dfrac{x+1+\mathrm{i}(y-3)}{5+3\mathrm{i}}=1+\mathrm{i}$.

4.证明:

(1) $|z|^2=z\bar{z}$;　　　　　　　　(2) $\overline{z_1\pm z_2}=\bar{z}_1\pm\bar{z}_2$;

(3) $\overline{z_1 z_2}=\bar{z}_1\bar{z}_2$;　　　　　　　(4) $\overline{\left(\dfrac{z_1}{z_2}\right)}=\dfrac{\bar{z}_1}{\bar{z}_2}$　　$(z_2\neq 0)$.

5.当 $|z|\leqslant 1$ 时,求 $|z^n+a|$ 的最大值,其中 n 为正整数,a 为复数.

6.对任何复数 $z,z^2=|z|^2$ 是否成立? 如果是,就给出证明.如果不是,指出对哪些 z 值才成立?

7.证明: $|z_1+z_2|^2+|z_1-z_2|^2=2(|z_1|^2+|z_2|^2)$,并说明其几何意义.

8.设 z_1、z_2、z_3 三点满足条件

$$z_1+z_2+z_3=0,\ |z_1|=|z_2|=|z_3|=1,$$

证明: z_1,z_2,z_3 是内接于单位圆 $|z|=1$ 的正三角形的顶点.

9.计算下列各式的值:

$(1)(\sqrt{3}-i)^5$; $(2)(1+i)^{10}$; $(3)\sqrt[6]{-1}$;

$(4)\sqrt[4]{i}$; $(5)\sqrt[3]{-1-i}$; $(6)\sqrt{3-4i}$;

$(7)\sqrt[3]{64}$; $(8)(1-i)^{100}+(1+i)^{100}$;

$(9)\dfrac{(\cos 5\theta + i\sin 5\theta)^2}{(\cos 3\theta - i\sin 3\theta)^3}.$

10. 设 ω 是 1 的 n 次方根，$\omega \neq 1$，试证 ω 满足方程 $1 + z + z^2 + \cdots + z^{n-1} = 0$.

11. 设 $z = e^{i\theta}$，证明：

$(1)z^n + \dfrac{1}{z^n} = 2\cos n\theta$; $(2)z^n - \dfrac{1}{z^n} = 2i\sin n\theta$.

12. 证明：

(1)若 $|z| = 1$，则 $\left|\dfrac{z-a}{1-\bar{a}z}\right| = 1$;

(2)若 $|a| < 1$，$|z| < 1$，则 $\left|\dfrac{z-a}{1-\bar{a}z}\right| < 1$.

13. 求实数 a 和 b，使得 $z_1 = 1 + i(a-1)$，$z_2 = b + i(b-2)$ 的模相等，并且 $\arg \dfrac{z_2}{z_1} = \dfrac{\pi}{2}$.

14. 如果多项式 $P(z) = a_0 + a_1 z + a_2 z^2 + \cdots + a_n z^n$ 的系数是实数，证明 $P(\bar{z}) = \overline{P(z)}$.

15. 判断下列命题的正确性.

(1)若 c 为实常数，则 $\bar{c} = c$;

(2)若 z 为纯虚数，则 $\bar{z} \neq z$;

$(3)i < 2i$;

(4)零的辐角是 0;

(5)仅存在一个数，使 $\dfrac{1}{z} = -z$;

$(6)|z_1 + z_2| = |z_1| + |z_2|$;

$(7)\dfrac{1}{i}\bar{z} = \overline{iz}.$

16. 如果复数 z_1、z_2 和 z_3 满足等式

$$\frac{z_2 - z_1}{z_3 - z_1} = \frac{z_1 - z_3}{z_2 - z_3},$$

证明：$|z_2 - z_1| = |z_3 - z_1| = |z_2 - z_3|$，并说明这些等式的几何意义.

17. 指出下列各题中点 z 的轨迹或所在的范围，并作图：

(1) $|z - 3| = 4$；　　　　　(2) $|z + 2\mathrm{i}| \geqslant 1$；

(3) $\mathrm{Re}\,(z + 2) = -1$；　　(4) $\mathrm{Im}\,(z - 2\mathrm{i}) = 1$；

(5) $|z - \mathrm{i}| = |z - 1|$；　　(6) $|z + 2| + |z - 1| = 4$；

(7) $\dfrac{1}{2} < \mathrm{Im}\,z < 2$；　　(8) $\mathrm{Re}\,z \geqslant 3$；

(9) $0 < \arg z < \pi$；　　(10) $\arg(z - \mathrm{i}) = \dfrac{\pi}{4}$.

18. 描出下列不等式所确定的区域与闭域，并指明它是有界的还是无界的，是单连通区域还是多连通区域：

(1) $\mathrm{Re}\,z > 1$；　　　　(2) $\mathrm{Im}\,z > 0$；

(3) $1 \leqslant |z| \leqslant 2$；　　(4) $2 < \arg z < 2 + \pi$；

(5) $0 < \mathrm{Im}(\mathrm{i}z) < 2$；　　(6) $|z| > 2$ 且 $|z - 3| > 1$.

19. 证明复平面上的直线方程可写成

$$\alpha \bar{z} + \bar{\alpha} z = c,$$

其中 $\alpha \neq 0$ 为复常数，c 为实常数.

20. 证明复平面上圆的方程可以写成

$$a z \bar{z} + \bar{\alpha} z + \alpha \bar{z} + c = 0,$$

其中 a、c 为实常数，$\alpha \bar{\alpha} > ac$.

21. 将下列方程（t 为实参数）给出的曲线用一个实直角坐标方程表示出：

(1) $z = (-2 + \mathrm{i})t$；　　(2) $z = t + \dfrac{\mathrm{i}}{t}$；

(3) $\mathrm{Re}\,(z^2) = a$；　　(4) $\mathrm{Im}\,(z^2) = a$；

(5) $z = 3\sec t + 5\mathrm{i}\tan t$，$-\dfrac{\pi}{2} < t < \dfrac{\pi}{2}$；

(6) $z = a\mathrm{e}^{\mathrm{i}t} + b\mathrm{e}^{-\mathrm{i}t}$.

22. 把下列曲线写成复变量形式（$z = z(t)$，t 为实数）：

$(1) x^2 + (y-1)^2 = 4;$　　　　$(2) y = x;$

$(3) y = 5;$　　　　　　　　$(4) x = 3.$

23.已知映射 $w = z^3$,求:

(1)点 $z_1 = i, z_2 = 1 + i, z_3 = \sqrt{3} + i$ 在 W 平面上的像;

(2)区域 $0 < \arg z < \dfrac{\pi}{3}$ 在 W 平面上的像.

24.证明函数 $f(z) = \dfrac{1}{2i}\left(\dfrac{z}{\bar{z}} - \dfrac{\bar{z}}{z} \right)$ 在原点无极限,从而在原点不连续.

25.设 $f(z) = z^2 - 1$,证明 $f(z)$ 在 Z 平面上处处连续.

26.试证 $\arg z$ 在原点与负实轴上不连续.

27.设 $f(z)$ 在 z_0 连续且 $f(z_0) \neq 0$,那么可找到 z_0 的一个邻域,在此邻域内,$f(z) \neq 0$.

28.如果 $f(z)$ 在点 z_0 连续,证明 $\overline{f(z)}$,$|f(z)|$ 在点 z_0 也连续.

29.设极限 $\lim\limits_{z \to z_0} f(z)$ 存在且有限,证明 $f(z)$ 在点 z_0 的某一邻域内是有界的.

30.试讨论下列函数在点 $z = 0$ 的连续性.

$(1) f(z) = \begin{cases} 0, & z = 0, \\ \dfrac{(\operatorname{Re} z)^2}{|z|}, & z \neq 0; \end{cases}$

$(2) f(z) = \begin{cases} 0, & z = 0, \\ \dfrac{\operatorname{Re} z^2}{|z^2|}, & z \neq 0. \end{cases}$

小　　结

1. 复数 $z = x + iy$ 的概念

$x = \operatorname{Re} z$ 称为复数 z 的实部,$y = \operatorname{Im} z$ 称为复数 z 的虚部,i 称为虚数单位.当 $\operatorname{Im} z = y = 0$ 时,复数 z 取实数值,因而实数是复数的一部分.与实数不同,两个复数之间一般不能比较大小.

2. 复数的表示法

(1) 复数 $z = x + iy$ 可以用平面上的点 $M(x, y)$ 来表示.

(2) 复数 $z = x + iy$ 可以用平面上起点在原点 $O(0,0)$, 终点在点 $M(x, y)$ 的向量 $\overrightarrow{OM}$ 来表示.

(3) 当 $z = x + iy \neq 0$ 时, 它可以用三角函数表示式 $z = r(\cos\theta + i\sin\theta)$ 来表示. 其中 $r = |z| = \sqrt{x^2 + y^2}$ 称为复数 z 的模; $\theta = \operatorname{Arg} z$ 称为复数 z 的辐角 $\left(\tan\theta = \dfrac{y}{x}\right)$, 它有无穷多个值, 每两个值相差 2π 的整数倍, 它的主值 θ_0 取为 $-\pi < \theta_0 = \arg z \leqslant \pi$, $\operatorname{Arg} z = \arg z + 2k\pi$ (k 取整数).

当 $z = 0$ 时, $|z| = 0$, 它的辐角没有意义.

当 $z = \infty$ 时, $|z| = +\infty$, 其实部、虚部、辐角都没有意义. 在扩充的复平面上只有一个无穷远点.

(4) 当 $z \neq 0$ 时, 它可以用指数函数 $z = re^{i\theta}$ 来表示, 其中 $r = |z|$, $\theta = \operatorname{Arg} z$.

3. 复数的运算

设 $z_1 = x_1 + iy_1$, $z_2 = x_2 + iy_2$.

(1) 相等　$z_1 = z_2$ 即 $x_1 = x_2$, 且 $y_1 = y_2$.

(2) 加(减)法　$z_1 \pm z_2 = (x_1 \pm x_2) + i(y_1 \pm y_2)$.

(3) 乘法　$z_1 z_2 = (x_1 + iy_1)(x_2 + iy_2) = (x_1 x_2 - y_1 y_2) + i(x_1 y_2 + x_2 y_1)$.

(4) 除法　$\dfrac{z_1}{z_2} = \dfrac{z_1 \cdot \bar{z}_2}{z_2 \cdot \bar{z}_2} = \dfrac{x_1 x_2 + y_1 y_2}{x_2^2 + y_2^2} + i\dfrac{x_2 y_1 - x_1 y_2}{x_2^2 + y_2^2}$, $(z_2 \neq 0)$.

若　$z_1 = r_1(\cos\theta_1 + i\sin\theta_1)$, $z_2 = r_2(\cos\theta_2 + i\sin\theta_2)$, 则

$$z_1 z_2 = r_1 r_2 [\cos(\theta_1 + \theta_2) + i\sin(\theta_1 + \theta_2)],$$

$$\frac{z_1}{z_2} = \frac{r_1}{r_2}[\cos(\theta_1 - \theta_2) + i\sin(\theta_1 - \theta_2)] \quad (z_2 \neq 0).$$

(5) 乘幂　若 $z = r(\cos\theta + i\sin\theta)$, 则

$$z^n = r^n(\cos n\theta + i\sin n\theta).$$

当 $|z|=1$ 时得，$(\cos\theta+\mathrm{i}\sin\theta)^n=\cos n\theta+\mathrm{i}\sin n\theta$，这就是棣莫弗公式.

（6）方根　设 $z=r(\cos\theta+\mathrm{i}\sin\theta)$，则

$$\sqrt[n]{z}=\sqrt[n]{r}\left[\cos\left(\frac{\theta}{n}+\frac{2k\pi}{n}\right)+\mathrm{i}\sin\left(\frac{\theta}{n}+\frac{2k\pi}{n}\right)\right],$$

$$k=0,1,\cdots,n-1.$$

在复数的运算中，除了加、减运算用复数的坐标表示比较方便外，其余运算一般宜采用复数的三角函数表示式或指数表示式.

关于复数的模和辐角有以下运算方式

$$|z_1 z_2|=|z_1||z_2|;\quad\left|\frac{z_1}{z_2}\right|=\frac{|z_1|}{|z_2|}\quad(z_2\neq0);$$

$$\mathrm{Arg}(z_1 z_2)=\mathrm{Arg}\,z_1+\mathrm{Arg}\,z_2;$$

$$\mathrm{Arg}\left(\frac{z_1}{z_2}\right)=\mathrm{Arg}\,z_1-\mathrm{Arg}\,z_2.$$

4. 复数坐标表示和三角表示式的转换

复数的坐标表示式 $z=x+\mathrm{i}y$ 和三角表示式 $z=r(\cos\theta+\mathrm{i}\sin\theta)$ 之间可以互相转化，其关键是求出复数 z 的模 r 和辐角 θ 的主值. 由于

$$\tan(\arg z)=\frac{y}{x},$$

注意到，$-\pi<\arg z\leqslant\pi$，$-\frac{\pi}{2}<\arctan\frac{y}{x}<\frac{\pi}{2}$，所以 $\arg z$ 和 $\arctan\frac{y}{x}$ 之间有以下关系（用下表表示）

辐　角	象　　　限		反正切的表示式
$\arg z\,(z\neq0)$	I	$x>0, y\geqslant0$	$\arctan\dfrac{y}{x}$
	II	$x<0, y\geqslant0$	$\arctan\dfrac{y}{x}+\pi$
	III	$x<0, y<0$	$\arctan\dfrac{y}{x}-\pi$
	IV	$x>0, y<0$	$\arctan\dfrac{y}{x}$

5.复变函数的概念

复变函数与一元实函数的定义以及复变函数的极限、连续和下一章即将讨论的复变函数的导数等概念在形式上几乎是相同的.注意到复变函数的定义域是复平面上的点集,因此在讨论有关概念时,应注意到变量 z 的变化方式的任意性.例如在极限定义 $\lim\limits_{z \to z_0} f(z)$ 中,仅当变量 z 在复平面上按任意方式趋于 z_0 时,上述极限存在且相等,才说 $f(z)$ 在 z_0 处的极限存在.但在一元实函数的极限 $\lim\limits_{x \to x_0} f(x)$ 定义中,x 只能沿实轴趋于 x_0.因此,复变函数在一点处极限的存在性比实函数有更高的要求.

6.简单曲线

它是研究复变量的变化范围时经常用到的重要概念之一,特别是简单闭曲线经常作为区域的边界而出现.在复变函数的积分运算中,常常需要把曲线表示为复变量的形式.通常用的最多的是用一元实参变量的复值函数 $z = z(t) = x(t) + iy(t)(\alpha \leqslant t \leqslant \beta)$ 来表示.其中 $x = x(t), y = y(t)(\alpha \leqslant t \leqslant \beta)$ 是该曲线在直角坐标系中的参数方程.

测验作业 1

1.把下列复数 z 写成 $a + ib$ 的形式,并指出它的模和辐角的主值:

(1) $\dfrac{1 - 2i}{3 - 4i} - \dfrac{2 - i}{5i}$;　　　　(2) $\dfrac{1 - 2i}{1 + i}$.

2.已知 $(a - b)^2 i + \dfrac{2}{i} - a = b + 2(a + b)i - 1$,求 $a、b$ 之值.

3.求下列复数 z 的方根:

(1) $\sqrt[3]{-\sqrt{3} + i}$;　　　　(2) $\sqrt[4]{-i}$.

4.设 $P(z)$ 为 z 的实系数 n 次多项式,证明:

$$\overline{P(z)} = P(\bar{z}).$$

5.设 $|z| = 1$,证明:

$$\left| \frac{az + b}{bz + \overline{a}} \right| = 1.$$

6. 已知映射 $w = z^3$，求区域 $\dfrac{\pi}{6} < \arg z < \dfrac{\pi}{4}$ 在 W 平面上的像.

7. 求复数 $z = \dfrac{(-1 - \sqrt{3}i)(\overline{1 + i})}{(i - 1)^2}$ 的模和辐角.

第2章　解析函数

解析函数是复变函数研究的主要对象,这类函数具有很多重要的性质.本章在介绍复变函数的导数与微分的基础上,引出判断函数可导和解析的方法.

2.1　复变函数的导数与柯西-黎曼方程

2.1.1　复变函数的导数与微分

复变函数导数的定义在形式上和高等数学中单元函数导数的定义是一样的.因此,微分学中的求导基本公式,都可不加变更地推广到复变函数中来.

定义 2.1　设函数 $w = f(z)$ 在包含点 z_0 的区域 D 内有定义,点 $z_0 + \Delta z$ 也在 D 内,如果极限

$$\lim_{\Delta z \to 0} \frac{\Delta w}{\Delta z} = \lim_{\Delta z \to 0} \frac{f(z_0 + \Delta z) - f(z_0)}{\Delta z}$$

存在,且为有限值,则称此极限值为函数 $f(z)$ 在点 z_0 处的导数,记为 $f'(z_0)$,即

$$f'(z_0) = \lim_{\Delta z \to 0} \frac{\Delta w}{\Delta z} = \lim_{\Delta z \to 0} \frac{f(z_0 + \Delta z) - f(z_0)}{\Delta z}. \tag{2.1}$$

此时称函数 $f(z)$ 在点 z_0 处可导.

如果在区域 D 内每一点处 $f(z)$ 均可导,就说 $f(z)$ 在区域 D 内可导.这时,区域 D 内每一点都对应于 $f(z)$ 的一个导数值,因而在 D 内又定义了一个函数,称为 $f(z)$ 的导函数,简称为 $f(z)$ 的导数,记为 $f'(z)$.于是 $f(z)$ 在点 z_0 处的导数可以看做是导函数 $f'(z)$ 在点 z_0 处的函数值.

在式(2.1)中,若记 $z_0 + \Delta z = z$,则函数 $f(z)$ 在点 z_0 处的导数又

可以写成

$$f'(z_0) = \lim_{z \to z_0} \frac{f(z) - f(z_0)}{z - z_0}.$$

应当注意,式(2.1)的极限存在要求与 Δz 趋于零的方式无关. 也就是说, $f'(z_0)$ 的存在要求当点 $z_0 + \Delta z$ 沿连接点 z_0 的任意路径趋于点 z_0 时,极限 $\lim\limits_{\Delta z \to 0} \dfrac{f(z_0 + \Delta z) - f(z_0)}{\Delta z}$ 都存在且相等.

导数的定义也可用"$\varepsilon - \delta$"语言叙述如下:

设函数 $w = f(z)$ 在包含 z_0 的区域 D 内有定义, $z_0 + \Delta z$ 在 D 内,若对于任意给定的 $\varepsilon > 0$,相应地存在一个 $\delta > 0$,使得当 $0 < |\Delta z| < \delta$ 时,不等式

$$\left| \frac{f(z_0 + \Delta z) - f(z_0)}{\Delta z} - A \right| < \varepsilon$$

恒成立,则称常数 A 为函数 $f(z)$ 在点 z_0 处的导数.

和导数的情形一样,复变函数微分的定义形式上也与高等数学中单元函数微分的定义相一致.

设函数 $w = f(z)$ 在点 z 可导,则

$$\lim_{\Delta z \to 0} \frac{\Delta w}{\Delta z} = f'(z).$$

由此得

$$\frac{\Delta w}{\Delta z} = f'(z) + \eta,$$

其中 $\lim\limits_{\Delta z \to 0} \eta = 0$. 于是

$$\Delta w = f'(z) \Delta z + \varepsilon,$$

其中 $\varepsilon = \eta \Delta z$ 且 $|\varepsilon| = |\eta| |\Delta z|$ 是比 $|\Delta z|$ 高阶的无穷小.

称 $f'(z) \Delta z$ 为函数 $w = f(z)$ 在点 z 处的微分,记为 $\mathrm{d}w$ 或 $\mathrm{d}f(z)$,即

$$\mathrm{d}w = f'(z) \Delta z. \tag{2.2}$$

此时也称函数 $f(z)$ 在点 z 可微. 特别地,当 $f(z) = z$ 时, $\mathrm{d}f(z) = \mathrm{d}z = \Delta z$. 因此式(2.2)又可写为

$$dw = f'(z)dz.$$

于是,得到

$$f'(z) = \frac{dw}{dz}.$$

由此可见,函数 $f(z)$ 在点 z 可导与在点 z 可微是等价的.

例1 证明函数 $f(z) = z^n$(n 为正整数)在复平面内处处可导,并且

$$f'(z) = nz^{n-1}.$$

证明 设 z 为复平面内任一点,则

$$\lim_{\Delta z \to 0} \frac{f(z+\Delta z)-f(z)}{\Delta z} = \lim_{\Delta z \to 0} \frac{(z+\Delta z)^n - z^n}{\Delta z}$$

$$= \lim_{\Delta z \to 0} \left(nz^{n-1} + \frac{n(n-1)}{2} z^{n-2}\Delta z + \cdots + \Delta z^{n-1} \right)$$

$$= nz^{n-1}.$$

由 z 的任意性,所以 $f(z)$ 在复平面内处处可导,且

$$f'(z) = nz^{n-1}.$$

例2 讨论函数 $f(z) = \bar{z}$ 在复平面内的可导性.

解 设 z 为复平面内任一点,则

$$\lim_{\Delta z \to 0} \frac{f(z+\Delta z)-f(z)}{\Delta z} = \lim_{\Delta z \to 0} \frac{\overline{z+\Delta z} - \bar{z}}{\Delta z}$$

$$= \lim_{\Delta z \to 0} \frac{\bar{z} + \overline{\Delta z} - \bar{z}}{\Delta z} = \lim_{\Delta z \to 0} \frac{\overline{\Delta z}}{\Delta z}.$$

当 Δz 沿平行于实轴方向趋于 0 时(图 2.1),

$$\lim_{\substack{\Delta x \to 0 \\ (\Delta z = \Delta x)}} \frac{\overline{\Delta z}}{\Delta z} = \lim_{\Delta x \to 0} \frac{\Delta x}{\Delta x} = 1.$$

当 Δz 沿平行于虚轴方向趋于 0 时(图 2.1),

$$\lim_{\substack{\Delta y \to 0 \\ (\Delta z = i\Delta y)}} \frac{\overline{\Delta z}}{\Delta z} = \lim_{\Delta y \to 0} \frac{-i\Delta y}{i\Delta y} = -1.$$

所以 $\lim\limits_{\Delta z \to 0} \dfrac{\overline{\Delta z}}{\Delta z}$ 不存在. 由 z 的任意性知

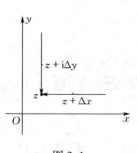

图 2.1

$f(z) = \bar{z}$ 在复平面内处处不可导.

例3　讨论函数 $f(z) = |z|^2$ 的可导性.

解　设 z 为复平面内任一点,则

$$\lim_{\Delta z \to 0} \frac{f(z + \Delta z) - f(z)}{\Delta z} = \lim_{\Delta z \to 0} \frac{|z + \Delta z|^2 - |z|^2}{\Delta z}$$

$$= \lim_{\Delta z \to 0} \frac{(z + \Delta z)(\bar{z} + \overline{\Delta z}) - z\bar{z}}{\Delta z} = \lim_{\Delta z \to 0} \left(\bar{z} + \overline{\Delta z} + z \frac{\overline{\Delta z}}{\Delta z} \right),$$

可见,当 $z = 0$ 时,该极限值为零.故在点 $z = 0$ 处函数 $f(z) = |z|^2$ 可导,且 $f'(0) = 0$.但当 $z \neq 0$ 时,若 Δz 沿着平行于实轴的方向趋近于零,这时极限

$$\lim_{\substack{\Delta z \to 0 \\ (\Delta z = \Delta x)}} \left(\bar{z} + \overline{\Delta z} + z \frac{\overline{\Delta z}}{\Delta z} \right) = \lim_{\Delta x \to 0} \left(\bar{z} + \Delta x + z \cdot \frac{\Delta x}{\Delta x} \right) = \bar{z} + z.$$

而当 Δz 沿平行于虚轴的方向趋近于零时,这时极限

$$\lim_{\substack{\Delta z \to 0 \\ (\Delta z = i\Delta y)}} \left(\bar{z} + \overline{\Delta z} + z \frac{\overline{\Delta z}}{\Delta z} \right) = \lim_{\Delta y \to 0} \left(\bar{z} + (-i\Delta y) + z \cdot \frac{-i\Delta y}{i\Delta y} \right) = \bar{z} - z.$$

由于 $z \neq 0$,所以 $\bar{z} + z \neq \bar{z} - z$,因而 $f(z)$ 在 $z \neq 0$ 的点处都不可导.

2.1.2　柯西-黎曼方程

定理2.1　（可导的必要条件）设函数

$$f(z) = u(x, y) + iv(x, y)$$

在区域 D 内有定义,且在 D 内点 $z_0 = x_0 + iy_0$ 处可导,则在点 (x_0, y_0) 处必有

$$(1) 偏导数 \frac{\partial u}{\partial x}、\frac{\partial u}{\partial y}、\frac{\partial v}{\partial x}、\frac{\partial v}{\partial y} 存在;$$

$$(2) \frac{\partial u}{\partial x} = \frac{\partial v}{\partial y}, \qquad \frac{\partial u}{\partial y} = -\frac{\partial v}{\partial x}. \tag{2.3}$$

称式(2.3)为柯西-黎曼(Cauchy-Riemann)方程,或称为柯西-黎曼条件,简称 C—R 方程或 C—R 条件.

证明　因 $f(z)$ 在点 z_0 处可导,由导数定义

$$f'(z_0) = \lim_{\Delta z \to 0} \frac{f(z_0 + \Delta z) - f(z_0)}{\Delta z}. \tag{2.4}$$

假设 $\Delta z = \Delta x + i\Delta y, f(z_0 + \Delta z) - f(z_0) = \Delta u + i\Delta v$,其中

$$\Delta u = u(x_0 + \Delta x, y_0 + \Delta y) - u(x_0, y_0),$$

$$\Delta v = v(x_0 + \Delta x, y_0 + \Delta y) - v(x_0, y_0).$$

式(2.4)变为

$$f'(z_0) = \lim_{\substack{\Delta x \to 0 \\ \Delta y \to 0}} \frac{\Delta u + i\Delta v}{\Delta x + i\Delta y}. \tag{2.5}$$

因为 $\Delta z = \Delta x + i\Delta y$ 无论按何种方式趋于 0 时,式(2.5)总是成立的,因此我们先令 Δz 沿着平行于实轴的方向趋于 0(图 2.2),此时式(2.5)成为

$$f'(z_0) = \lim_{\Delta x \to 0}\left(\frac{\Delta_x u}{\Delta x} + i\frac{\Delta_x v}{\Delta x}\right) = \lim_{\Delta x \to 0}\frac{\Delta_x u}{\Delta x} + i\lim_{\Delta x \to 0}\frac{\Delta_x v}{\Delta x}.$$

于是知 $\dfrac{\partial u}{\partial x}\Big|_{(x_0, y_0)}$、$\dfrac{\partial v}{\partial x}\Big|_{(x_0, y_0)}$ 必存在,且有

$$f'(z_0) = \frac{\partial u}{\partial x}\Big|_{(x_0, y_0)} + i\frac{\partial v}{\partial x}\Big|_{(x_0, y_0)}. \tag{2.6}$$

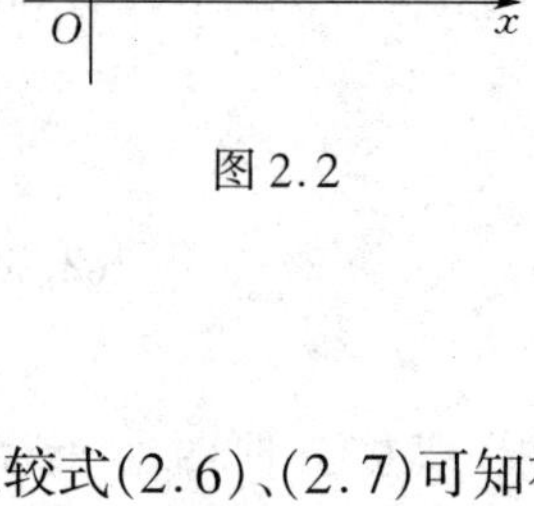

再令 Δz 沿着平行于虚轴的方向趋于 0(图 2.2),此时式(2.5)成为

$$f'(z_0) = \lim_{\Delta y \to 0}\left(\frac{\Delta_y u}{i\Delta y} + \frac{\Delta_y v}{\Delta y}\right)$$

$$= -i\lim_{\Delta y \to 0}\frac{\Delta_y u}{\Delta y} + \lim_{\Delta y \to 0}\frac{\Delta_y v}{\Delta y},$$

于是知 $\dfrac{\partial u}{\partial y}\Big|_{(x_0, y_0)}$、$\dfrac{\partial v}{\partial y}\Big|_{(x_0, y_0)}$ 必存在,且有

$$f'(z_0) = -i\frac{\partial u}{\partial y}\Big|_{(x_0, y_0)} + \frac{\partial v}{\partial y}\Big|_{(x_0, y_0)}. \tag{2.7}$$

图 2.2

比较式(2.6)、(2.7)可知在点 (x_0, y_0) 处 $u(x, y)$ 和 $v(x, y)$ 应满足

$$\frac{\partial u}{\partial x} = \frac{\partial v}{\partial y}, \frac{\partial u}{\partial y} = -\frac{\partial v}{\partial x}.$$

注意 定理 2.1 的条件不是充分的.

例 4 证明函数 $f(x) = \sqrt{|xy|}$ 在 $z = 0$ 处满足 C—R 方程,但 $f(z)$ 在 $z = 0$ 处不可导.

证明 此处

$$u(x,y) = \sqrt{|xy|}, v(x,y) = 0.$$

$$u_x(0,0) = \lim_{\Delta x \to 0} \frac{u(0+\Delta x, 0) - u(0,0)}{\Delta x} = 0 = v_y(0,0),$$

$$u_y(0,0) = \lim_{\Delta y \to 0} \frac{u(0, 0+\Delta y) - u(0,0)}{\Delta y} = 0 = -v_x(0,0).$$

从而 $u(x,y)$、$v(x,y)$ 在 $z = 0$ 处满足 C—R 方程,但

$$\frac{f(0+\Delta z) - f(0)}{\Delta z} = \frac{\sqrt{|\Delta x \cdot \Delta y|}}{\Delta x + \mathrm{i}\Delta y}.$$

当 $\Delta z = \Delta x + \mathrm{i}\Delta y$,沿射线 $\Delta y = k\Delta x (\Delta x > 0)$ 趋于点 $z = 0$ 时,极限值为 $\frac{\sqrt{|k|}}{1+\mathrm{i}k}$.它随着趋于点 $z = 0$ 的方向不同而不同,所以 $f(z)$ 在点 $z = 0$ 处不可导.

把定理 2.1 的条件适当加强,就得复变函数可导的充分必要条件.

定理 2.2 设函数 $f(z) = u(x,y) + \mathrm{i}v(x,y)$ 在区域 D 内有定义,$z_0 = x_0 + \mathrm{i}y_0$ 是 D 内一点,则 $f(z)$ 在 z_0 可导的充分必要条件是 $u(x,y), v(x,y)$ 在 (x_0, y_0) 可微,且在 (x_0, y_0) 处,$u(x,y), v(x,y)$ 满足柯西-黎曼方程

$$\frac{\partial u}{\partial x} = \frac{\partial v}{\partial y}, \quad \frac{\partial u}{\partial y} = -\frac{\partial v}{\partial x}. \tag{2.8}$$

并且当 $f(z)$ 在 z_0 可导时,$f(z)$ 在 z_0 的导数值为

$$f'(z_0) = \frac{\partial u}{\partial x}\bigg|_{(x_0, y_0)} + \mathrm{i}\frac{\partial v}{\partial x}\bigg|_{(x_0, y_0)}$$

$$= \frac{\partial v}{\partial y}\bigg|_{(x_0, y_0)} - \mathrm{i}\frac{\partial u}{\partial y}\bigg|_{(x_0, y_0)}. \tag{2.9}$$

证明 必要性.设 $f(z)$ 在 z_0 可导,令其导数值为 $f'(z_0) = a + \mathrm{i}b$,即

$$\lim_{\Delta z \to 0} \frac{f(z_0 + \Delta z) - f(z_0)}{\Delta z} = f'(z_0),$$

于是当 $z_0 + \Delta z \in D$ 时

$$\frac{f(z_0 + \Delta z) - f(z_0)}{\Delta z} = f'(z_0) + \varepsilon.$$

其中 $\varepsilon = \varepsilon_1 + i\varepsilon_2$,且当 $\Delta z \to 0$ 时 $\varepsilon \to 0$,从而 $\varepsilon_1 \to 0, \varepsilon_2 \to 0$. 所以

$$
\begin{aligned}
f(z_0 + \Delta z) - f(z_0) &= (f'(z_0) + \varepsilon)\Delta z \\
&= [(a + \varepsilon_1) + i(b + \varepsilon_2)](\Delta x + i\Delta y) \\
&= [(a + \varepsilon_1)\Delta x - (b + \varepsilon_2)\Delta y] + i[(b + \varepsilon_2)\Delta x + (a + \varepsilon_1)\Delta y] \\
&= (a\Delta x - b\Delta y + \eta_1) + i(b\Delta x + a\Delta y + \eta_2).
\end{aligned}
$$

这里 $\eta_1 = \varepsilon_1 \Delta x - \varepsilon_2 \Delta y$ 和 $\eta_2 = \varepsilon_2 \Delta x + \varepsilon_1 \Delta y$ 是关于 $|\Delta z| = \sqrt{\Delta x^2 + \Delta y^2}$ 的高阶无穷小. 由于

$$
\begin{aligned}
f(z_0 + \Delta z) - f(z_0) &= u(x_0 + \Delta x, y_0 + \Delta y) - u(x_0, y_0) \\
&\quad + i[v(x_0 + \Delta x, y_0 + \Delta y) - v(x_0, y_0)],
\end{aligned}
$$

所以,$u(x_0 + \Delta x, y_0 + \Delta y) - u(x_0, y_0) = a\Delta x - b\Delta y + \eta_1$,

$$v(x_0 + \Delta x, y_0 + \Delta y) - v(x_0, y_0) = b\Delta x + a\Delta y + \eta_2.$$

根据二元函数在一点的微分定义知,$u(x, y)$、$v(x, y)$ 在 (x_0, y_0) 可微,且

$$\left.\frac{\partial u}{\partial x}\right|_{(x_0, y_0)} = a = \left.\frac{\partial v}{\partial y}\right|_{(x_0, y_0)}, \left.\frac{\partial u}{\partial y}\right|_{(x_0, y_0)} = -b = -\left.\frac{\partial v}{\partial x}\right|_{(x_0, y_0)}.$$

充分性. 设 $u(x, y)$ 和 $v(x, y)$ 在点 (x_0, y_0) 处可微,且式(2.8)成立,则在点 (x_0, y_0) 处

$$u(x_0 + \Delta x, y_0 + \Delta y) - u(x_0, y_0) = \left.\frac{\partial u}{\partial x}\right|_{(x_0, y_0)} \Delta x + \left.\frac{\partial u}{\partial y}\right|_{(x_0, y_0)} \Delta y + \eta_1,$$

$$v(x_0 + \Delta x, y_0 + \Delta y) - v(x_0, y_0) = \left.\frac{\partial v}{\partial x}\right|_{(x_0, y_0)} \Delta x + \left.\frac{\partial v}{\partial y}\right|_{(x_0, y_0)} \Delta y + \eta_2,$$

其中 η_1 和 η_2 是关于 $\sqrt{\Delta x^2 + \Delta y^2}$ 的高阶无穷小. 由式(2.8),设 $a = \left.\frac{\partial u}{\partial x}\right|_{(x_0, y_0)} = \left.\frac{\partial v}{\partial y}\right|_{(x_0, y_0)}, -b = \left.\frac{\partial u}{\partial y}\right|_{(x_0, y_0)} = -\left.\frac{\partial v}{\partial x}\right|_{(x_0, y_0)}$,则

$$
\begin{aligned}
f(z_0 + \Delta z) - f(z_0) &= a\Delta x - b\Delta y + \eta_1 + i(b\Delta x + a\Delta y + \eta_2) \\
&= (a + ib)(\Delta x + i\Delta y) + (\eta_1 + i\eta_2),
\end{aligned}
$$

$$\frac{f(z_0 + \Delta z) - f(z_0)}{\Delta z} = a + ib + \eta,$$

其中 $\eta = \dfrac{\eta_1 + i\eta_2}{\Delta x + i\Delta y}$，随 $\Delta z \to 0$ 而趋于 0. 这是因为

$$|\eta| \leqslant \frac{|\eta_1|}{\sqrt{\Delta x^2 + \Delta y^2}} + \frac{|\eta_2|}{\sqrt{\Delta x^2 + \Delta y^2}},$$

所以

$$\lim_{\Delta z \to 0} \frac{f(z_0 + \Delta z) - f(z_0)}{\Delta z} = a + ib,$$

即

$$f'(z_0) = a + ib = \frac{\partial u}{\partial x}\Big|_{(x_0, y_0)} + i\frac{\partial v}{\partial x}\Big|_{(x_0, y_0)}$$

$$= \frac{\partial v}{\partial y}\Big|_{(x_0, y_0)} - i\frac{\partial u}{\partial y}\Big|_{(x_0, y_0)}.$$

由于二元函数的可微性可以通过其偏导数的连续性得出,于是有下面的判断函数在一点可导的充分条件.

推论　设函数 $f(z) = u(x, y) + iv(x, y)$ 在区域 D 内有定义,则 $f(z)$ 在 D 内一点 $z_0 = x_0 + iy_0$ 可导的充分条件是 $\dfrac{\partial u}{\partial x}$、$\dfrac{\partial u}{\partial y}$、$\dfrac{\partial v}{\partial x}$、$\dfrac{\partial v}{\partial y}$ 在点 (x_0, y_0) 处连续,且 $u(x, y)$ 和 $v(x, y)$ 在点 (x_0, y_0) 处满足 C—R 方程,即

$$\frac{\partial u}{\partial x}\Big|_{(x_0, y_0)} = \frac{\partial v}{\partial y}\Big|_{(x_0, y_0)}, \quad \frac{\partial u}{\partial y}\Big|_{(x_0, y_0)} = -\frac{\partial v}{\partial x}\Big|_{(x_0, y_0)}.$$

定理 2.2 的实用价值在于我们可以根据实函数 $u = u(x, y)$ 和 $v = v(x, y)$ 的性质,来判断复变函数的可导性,并提供了计算可导函数的导数公式(2.9).用它来求导数,可以避免计算极限(2.1)所带来的困难.

例 5　证明函数 $f(z) = z^2$ 在复平面内处处可导.

证明　由 $f(z) = z^2 = (x + iy)^2 = x^2 - y^2 + i2xy$ 得

$$u(x, y) = x^2 - y^2, \quad v(x, y) = 2xy,$$

$$\frac{\partial u}{\partial x} = 2x, \quad \frac{\partial u}{\partial y} = -2y, \quad \frac{\partial v}{\partial x} = 2y, \quad \frac{\partial v}{\partial y} = 2x.$$

显然在复平面内 $u(x, y)$ 和 $v(x, y)$ 的偏导数处处连续,且

$$\frac{\partial u}{\partial x} = \frac{\partial v}{\partial y} = 2x, \frac{\partial u}{\partial y} = -\frac{\partial v}{\partial x} = -2y,$$

即 $u(x,y)$ 和 $v(x,y)$ 处处满足 C—R 方程. 应用定理 2.2 的推论知 $f(z) = z^2$ 在复平面内处处可导.

例 6 讨论函数 $f(z) = z\text{Re }z$ 的可导性.

解 因为 $f(z) = (x + iy)x = x^2 + ixy$, 得

$$u(x,y) = x^2, v(x,y) = xy,$$

$$\frac{\partial u}{\partial x} = 2x, \frac{\partial u}{\partial y} = 0, \frac{\partial v}{\partial x} = y, \frac{\partial v}{\partial y} = x.$$

显然 $u(x,y)$、$v(x,y)$ 处处具有一阶连续偏导数, 仅当 $x = 0, y = 0$ 时 u、v 满足 C—R 方程. 因此, $f(z)$ 仅在点 $z = 0$ 处可导.

例 7 讨论函数 $f(z) = x + iy^2$ 的可导性.

解 因为 $u(x,y) = x, v(x,y) = y^2$, 所以

$$\frac{\partial u}{\partial x} = 1, \frac{\partial u}{\partial y} = 0, \frac{\partial v}{\partial x} = 0, \frac{\partial v}{\partial y} = 2y.$$

由此可知 $u(x,y)$ 和 $v(x,y)$ 在复平面上处处有连续的偏导数. 为使 $u(x,y)$ 和 $v(x,y)$ 满足 C—R 方程

$$\frac{\partial u}{\partial x} = 1 = \frac{\partial v}{\partial y} = 2y, \frac{\partial u}{\partial y} = -\frac{\partial v}{\partial x} = 0.$$

必须且只须 $y = \frac{1}{2}$. 因此, $f(z)$ 仅在直线 $\text{Im }z = \frac{1}{2}$ 上的各点可导.

例 8 讨论函数 $f(z) = x + i2y$ 的可导性.

解 因为 $u(x,y) = x, v(x,y) = 2y$, 所以

$$\frac{\partial u}{\partial x} = 1, \frac{\partial u}{\partial y} = 0, \frac{\partial v}{\partial x} = 0, \frac{\partial v}{\partial y} = 2.$$

可知 $u(x,y)$ 和 $v(x,y)$ 在复平面内处处有连续的偏导数, 但在任意点处都不满足 C—R 方程, 故 $f(z)$ 在复平面内处处不可导.

从以上几个例子可以看出, C—R 条件是判断复变函数在一点可导的必要条件, 在哪一点不满足它, 则函数在该点不可导.

2.1.3 可导与连续的关系

由例 8 可见, 函数 $f(z) = x + i2y$ 在复平面内处处连续, 但处处不

可导;反之却容易证明,若函数 $f(z)$ 在点 z_0 处可导,则在点 z_0 处 $f(z)$ 必连续.事实上

$$\lim_{z \to z_0} [f(z) - f(z_0)] = \lim_{z \to z_0} (z - z_0) \frac{f(z) - f(z_0)}{z - z_0}$$

$$= \lim_{z \to z_0} (z - z_0) \lim_{z \to z_0} \frac{f(z) - f(z_0)}{z - z_0} = 0 \cdot f'(z_0) = 0,$$

知 $\lim\limits_{z \to z_0} f(z) = f(z_0)$,故 $f(z)$ 在点 z_0 处连续.

2.1.4 求导的运算法则

由于复变函数的导数定义形式上与实变量函数导数的定义完全相同,而且复变函数中的极限运算法则也和实变量函数中的极限运算法则一样,因此关于一元实变函数的求导法则对复变函数仍然成立.现简列于下.

(1) $(c)' = 0$,其中 c 为复常数.

(2) $[f_1(z) \pm f_2(z)]' = f_1'(z) \pm f_2'(z)$.

(3) $[f_1(z) \cdot f_2(z)]' = f_1'(z) f_2(z) + f_1(z) f_2'(z)$.

(4) $\left(\dfrac{f_1(z)}{f_2(z)} \right)' = \dfrac{f_1'(z) f_2(z) - f_1(z) f_2'(z)}{[f_2(z)]^2}$ $(f_2(z) \neq 0)$.

(5) $\{f[\varphi(z)]\}' = f'(\xi) \cdot \varphi'(z)$,其中 $\xi = \varphi(z)$.

(6) $f'(z) = \dfrac{1}{\varphi'(w)}$,其中 $w = f(z)$ 和 $z = \varphi(w)$ 是两个互为反函数的单值函数,且 $\varphi'(w) \neq 0$.

例 9 设 $f(z) = (z^3 + 4z)(z^2 - 1)$,求 $f'(1+i)$.

解 $f'(z) = (z^3 + 4z)'(z^2 - 1) + (z^3 + 4z)(z^2 - 1)'$

$$= (3z^2 + 4)(z^2 - 1) + (z^3 + 4z) \cdot 2z,$$

所以 $f'(1+i)$

$$= [3(1+i)^2 + 4][(1+i)^2 - 1] + [(1+i)^2 + 4] \cdot 2(1+i)^2$$

$$= -24 + 18i.$$

例 10 设 $f(z) = (z^2 - 2z + 4)^2$,求 $f'(i)$.

解 $f'(z) = 2(z^2 - 2z + 4)(2z - 2)$,

所以 $f'(i) = 2(i^2 - 2i + 4)(2i - 2) = -4 + 20i$.

2.2　导数的几何意义

为了后面讨论问题的需要,我们先证明下面的命题.

命题 2.1　设 Z 平面上过点 z_0 的连续曲线 C 的参数方程为

$$z = z(t), \alpha \leqslant t \leqslant \beta.$$

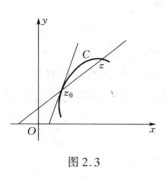

图 2.3

又设 $z_0 = z(t_0)$. 若 $z'(t_0) \neq 0$,则曲线 C 在点 z_0 处有确定的切线,并且切线正向(指向参数 t 增加的方向)和实轴正向的夹角为 $\arg z'(t_0)$(图 2.3).

证明　在曲线 C 上沿 t 增加的方向任取一异于点 z_0 的点 $z = z(t)$. 过 z_0 和 z 作 C 的割线,其方向和向量 $\dfrac{z - z_0}{t - t_0}$ 的方向相同. 因此 $\arg \dfrac{z - z_0}{t - t_0}$ 是此割线与实轴正向的夹角. 由于

$$\lim_{t \to t_0} \frac{z - z_0}{t - t_0} = z'(t_0) \neq 0,$$

所以

$$\lim_{t \to t_0} \arg \frac{z - z_0}{t - t_0} = \arg z'(t_0).$$

这说明当 $t \to t_0$ 时,曲线上点 z 沿 C 趋于 z_0,从而割线的极限位置存在,它是过 z_0 且与实轴正向夹角为 $\arg z'(t_0)$ 的直线.按切线定义,此直线就是曲线 C 在点 z_0 处的切线.

命题 2.1 表明,实变量的复函数 $z = z(t)$ 在其导数不为零的点 t_0 处,对应曲线上点 $z_0 = z(t_0)$ 的切线存在,并且切线与实轴正向的夹角等于导数的辐角 $\arg z'(t_0)$.

现在来讨论导数的几何意义.

设函数 $w = f(z)$ 在区域 D 内连续,z_0 是 D 内一点,$f'(z_0) \neq 0$,考虑 D 内过 z_0 的一条光滑曲线 C(图 2.4(a)),它的参数方程为

$z = z(t)(\alpha \leqslant t \leqslant \beta)$,其正向为参数 t 增大的方向且 $z(t_0) = z_0$,$z'(t_0) \neq 0$,则曲线 C 在点 z_0 处的切线与实轴正向的夹角为 $\arg z'(t_0)$. 经函数 $w = f(z)$ 映射后,设曲线 C 映射为 W 平面上过 $w_0 = f(z_0)$ 的一条连续曲线 Γ(图 2.4(b)),它的参数方程为 $w = w(t) = f[z(t)]$,$\alpha \leqslant t \leqslant \beta$. 其正向为参数 t 增大的方向. 则根据复合函数的求导法则,有

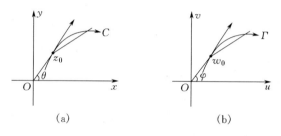

图 2.4

$$w'(t_0) = f'[z(t_0)]z'(t_0) = f'(z_0)z'(t_0) \neq 0.$$

由此可知,Γ 在 $t = t_0$ 处的切线存在,且与 W 平面的实轴正向的夹角为 $\arg w'(t_0) = \arg[f'(z_0)z'(t_0)] = \arg f'(z_0) + \arg z'(t_0)$.

令 $\varphi = \arg w'(t_0)$,$\theta = \arg z'(t_0)$,则

$$\varphi - \theta = \arg f'(z_0). \tag{2.10}$$

由于 $f'(z_0) \neq 0$,因而 $\arg f'(z_0)$ 是一个确定的数,若假定图 2.4 中 x 轴与 u 轴、y 轴与 v 轴的正向相同,而将原曲线切线的正方向与映射后像曲线的切线的正方向间的夹角理解为曲线 C 经过 $w = f(z)$ 映射后在 z_0 处的旋转角,那么,式(2.10)表明:$f'(z_0) \neq 0$ 的辐角 $\arg f'(z_0)$ 是曲线 C 经过 $w = f(z)$ 映射后在 z_0 处的旋转角,$\arg f'(z_0)$ 仅与 z_0 有关,而与过 z_0 的曲线 C 的形状与方向无关,通常称这种性质为旋转角的不变性,这就是导数辐角的几何意义.

现在考虑在 Z 平面内过 z_0 的两条曲线(图 2.5):

$$C_1 : z = z_1(t) \ \text{及} \ C_2 : z = z_2(t).$$

它们经 $w = f(z)$ 映射后,其像为 W 平面上过 $w_0 = f(z_0)$ 的两条曲线

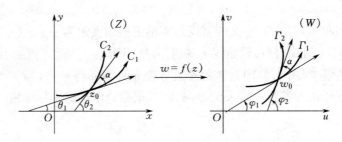

图 2.5

$$\Gamma_1: w = w_1(t) \text{ 及 } \Gamma_2: w = w_2(t).$$

显然

$$\arg f'(z_0) = \arg w_1(t_0) - \arg z_1(t_0) = \varphi_1 - \theta_1,$$
$$\arg f'(z_0) = \arg w_2(t_0) - \arg z_2(t_0) = \varphi_2 - \theta_2.$$

从而得到

$$\varphi_2 - \varphi_1 = \theta_2 - \theta_1.$$

上式右边表示曲线 C_1 与 C_2 在点 z_0 处的夹角,左边表示 C_1 与 C_2 的像曲线 Γ_1 与 Γ_2 在点 $w_0 = f(z_0)$ 处的夹角. 就是说,在映射 $w = f(z)$ 之下,在导数不为零的点处,W 平面上过 w_0 的两条像曲线的夹角 $\varphi_2 - \varphi_1$ 与 Z 平面上过 z_0 的两条像原曲线的夹角 $\theta_2 - \theta_1$ 相等 (即夹角的大小和旋转方向都相同). 我们把 $w = f(z)$ 在 z_0 处具有的这种性质,称为映射 $w = f(z)$ 的保角性. 因此,当 $f'(z_0) \neq 0$ 时,函数 $w = f(z)$ 在点 z_0 处构成的映射是保角的.

下面说明导数模 $|f'(z_0)|$ 的几何意义.

根据导数定义,当 $f'(z_0) \neq 0$ 时,因为

$$f'(z_0) = \lim_{z \to z_0} \frac{f(z) - f(z_0)}{z - z_0}.$$

因此

$$|f'(z_0)| = \lim_{z \to z_0} \left| \frac{f(z) - f(z_0)}{z - z_0} \right| = \lim_{z \to z_0} \frac{|f(z) - f(z_0)|}{|z - z_0|}.$$

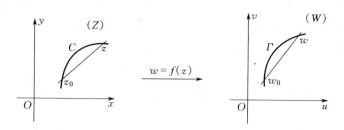

图 2.6

由此可见,在点 z_0 的邻域内,$\dfrac{|f(z) - f(z_0)|}{|z - z_0|}$ 与其极限 $|f'(z_0)|$ 之差是一个无穷小量,且当 $|z - z_0|$ 充分小时,

$$|f(z) - f(z_0)| \approx |f'(z_0)| \, |z - z_0|. \tag{2.11}$$

这表明(如图 2.6)像点间的无穷小距离约等于原像点间的无穷小距离的 $|f'(z_0)|$ 倍,即函数 $w = f(z)$ 把在点 z_0 邻域内任一过点 z_0 的线段的长大约伸缩 $|f'(z_0)|$ 倍,而成为像区域内过点 w_0 的相应线段的长(是伸长还是缩短视 $|f'(z_0)|$ 大于 1 或小于 1 而定).我们把 $|f'(z_0)|$ 称为映射 $w = f(z)$ 在点 z_0 处的伸缩率.这就是导数模的几何意义.当 z_0 取定之后,$|f'(z_0)|$ 是一个确定的数,它仅与 z_0 有关,而与过点 z_0 的曲线 C 之形状和方向无关.我们把函数 $w = f(z)$ 在 z_0 处具有的这种性质称为映射的伸缩率不变性.从几何意义上看,伸缩率不变性表示在 z_0 邻域内的圆周 $|z - z_0| = r$ 经 $w = f(z)$ 映射后,近似地仍为一个圆周 $|w - w_0| \approx |f'(z_0)|r$,其半径与映射前半径之比为 $|f'(z_0)|$.

综上所述,若 $w = f(z)$ 在点 z_0 处可导,且 $f'(z_0) \neq 0$,则映射 $w = f(z)$ 在点 z_0 处具有下列两个性质:

(1)保角性.即过点 z_0 的两曲线在点 z_0 处的夹角经映射 $w = f(z)$ 后所得像曲线在 $w_0 = f(z_0)$ 处的夹角大小和方向保持不变;

(2)保持伸缩率的不变性.

因此,连续函数所构成的映射在其导数不为零的点处都具有保角性和保持伸缩率不变性.

例 11　求映射 $w = f(z) = z^2 + 2z$ 在点 $z = -1 + 2i$ 处的旋转角，并说明该映射将 Z 平面哪一部分放大，哪一部分缩小.

解　由 $f'(z) = 2z + 2 = 2(z + 1)$，得

$$f'(-1 + 2i) = 2(-1 + 2i + 1) = 4i.$$

所以该映射在点 $z = -1 + 2i$ 处的旋转角为 $\arg f'(-1 + 2i) = \dfrac{\pi}{2}$.

又因为 $|f'(z)| = 2|z + 1| = 2\sqrt{(x+1)^2 + y^2}$，这里 $z = x + iy$，所以 $|f'(z)| > 1$ 的充要条件是 $2\sqrt{(x+1)^2 + y^2} > 1$，故该映射把以 $z = -1$ 为圆心，$\dfrac{1}{2}$ 为半径的圆的外部放大，内部缩小.

例 12　求 $f(z) = z^2$ 在下列各点的导数值，并根据导数的几何意义解释这些结果：

(1) $z = i$；(2) $z = 1 + i$；(3) $z = 0$.

解　由于 $f'(z) = 2z$.

(1) 当 $z = i$ 时，$f'(i) = 2i \neq 0$，故在 $z = i$ 处 $f(z) = z^2$ 是保角的. 由

$$\arg f'(i) = \frac{\pi}{2}, |f'(i)| = 2,$$

知 $f(z) = z^2$ 在 $z = i$ 处的旋转角为 $\dfrac{\pi}{2}$，伸缩率为 2. 即在 W 平面上像曲线在 $f(i) = -1$ 处切线的倾角比像原曲线在 $z = i$ 处切线的倾角大 $\dfrac{\pi}{2}$. 在 i 的邻域内函数改变量的模 $|f(z) - f(i)|$ 约为自变量改变量模的 2 倍.

(2) 当 $z = 1 + i$ 时，$f'(1 + i) = 2(1 + i) \neq 0$，故在 $z = 1 + i$ 处 $f(z) = z^2$ 是保角的，由

$$\arg f'(1 + i) = \frac{\pi}{4}. |f'(1 + i)| = 2\sqrt{2},$$

知 $f(z) = z^2$ 在 $z = 1 + i$ 处的旋转角为 $\dfrac{\pi}{4}$，伸缩率为 $2\sqrt{2}$. 即 W 平面上像曲线在点 $f(1 + i) = 2i$ 处切线的倾角比 Z 平面上像原曲线在 $z = 1$

+i 处的切线倾角大 $\dfrac{\pi}{4}$；在 $z = 1 + i$ 的邻域内，函数改变量的模约为自变量改变量模的 $2\sqrt{2}$ 倍.

（3）当 $z = 0$ 时，由于 $f'(0) = 0$，保角性不再成立.事实上，以原点为顶点的任一射线 $\arg z = \theta$ 的像是以 $w = 0$ 为顶点的射线 $\arg w = 2\theta$，它们与正实轴的夹角分别是 θ 和 2θ，这表明映射后所得到的过原点的两条像射线（$\arg w = 0$，$\arg w = 2\theta$）的夹角等于映射前相应过原点的两条射线（$\arg z = 0$，$\arg z = \theta$）夹角的两倍.所以映射 $f(z) = z^2$ 在 $z = 0$ 处不具有保角性.

2.3　解析函数的概念

2.3.1　解析函数的定义

定义 2.2　如果函数 $f(z)$ 在点 z_0 及 z_0 的某一邻域内处处可导，则称 $f(z)$ 在点 z_0 处是解析的，并称 z_0 是函数 $f(z)$ 的解析点.如果 $f(z)$ 在区域 D 内处处可导，则称 $f(z)$ 在 D 内解析，或称 $f(z)$ 为 D 内的解析函数，并把区域 D 称为函数 $f(z)$ 的解析区域.

从定义 2.2 可以看出，函数 $f(z)$ 在一个区域内解析与在该区域内可导是等价的，而函数 $f(z)$ 在一点 z_0 解析与在该点可导的含义却是不同的.前者要求函数 $f(z)$ 在点 z_0 和它的某一邻域内处处可导，而后者只要求 $f(z)$ 在点 z_0 处可导.就是说由函数在一点解析可以断定函数在该点处一定可导.但是，函数在一点处可导，不一定在该点解析（见例 13，例 14），因此，函数在一点处解析和在一点处可导，是两个不同概念.

例 13　从例 5 可知，函数
$$f(z) = z^2$$
在复平面上处处可导，因此它在复平面内是解析的.

例 14　从例 6 可知，函数
$$f(z) = z\,\mathrm{Re}\,z$$
在 $z = 0$ 可导，但在 $z = 0$ 的任意去心邻域内都不可导，因而 $z = 0$ 不是

$f(z) = z\operatorname{Re} z$ 的解析点.

例 15 讨论例 7 中函数

$$f(z) = x + iy^2$$

的解析性.

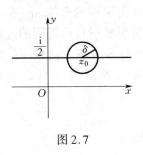

图 2.7

解 根据例 7 讨论可知,函数 $f(z)$ 仅在直线 $\operatorname{Im} z = \dfrac{1}{2}$ 上可导.

如图 2.7 所示,直线 $\operatorname{Im} z = \dfrac{1}{2}$ 上的(任一)点 z_0 的任何一个 δ-邻域内,除去 $\operatorname{Im} z = \dfrac{1}{2}$ 上的点外,都是 $f(z)$ 的不可导的点,即 $f(z)$ 的任何一个可导的点,都不存在使得 $f(z)$ 处处可导的邻域.因此根据解析点的定义,$f(z)$ 在复平面上处处不解析.

定义 2.3 若函数 $f(z)$ 在点 z_0 不解析,但在 z_0 的任一邻域内总有 $f(z)$ 的解析点,则称 z_0 为 $f(z)$ 的奇点.

例如 $z = 0$ 是 $f(z) = \dfrac{1}{z}$ 的奇点.

2.3.2 函数解析的充分必要条件

根据定理 2.2 以及关于函数解析性的定义,不难推出下面的定理.

定理 2.3 设函数 $f(z) = u(x, y) + iv(x, y)$ 在区域 D 内有定义,则 $f(z)$ 在 D 内解析的充分必要条件是:$u(x, y)$、$v(x, y)$ 在 D 内可微,且满足 C—R 方程

$$\frac{\partial u}{\partial x} = \frac{\partial v}{\partial y}, \qquad \frac{\partial u}{\partial y} = -\frac{\partial v}{\partial x}.$$

由定理 2.2 的推论知,$u(x, y)$、$v(x, y)$ 在一点具有一阶连续偏导数且满足 C—R 方程是函数 $f(z) = u(x, y) + iv(x, y)$ 在该点可导的充分条件.后面我们将证明,一个解析函数 $f(z)$ 的导数 $f'(z)$ 也是一个解析函数(本书第三章定理 3.10).因此,$f'(z) = u_x + iv_x = v_y - iu_y$ 是一个连续函数,于是有下面的定理.

定理2.4　函数 $f(z) = u(x, y) + iv(x, y)$ 在区域 D 内解析的充分必要条件是：u_x、u_y、v_x、v_y 在区域 D 内连续，且 $u(x, y)$ 和 $v(x, y)$ 在 D 内满足 C—R 方程

$$\frac{\partial u}{\partial x} = \frac{\partial v}{\partial y}, \frac{\partial u}{\partial y} = -\frac{\partial v}{\partial x}.$$

例 16　判断下列函数的可导性和解析性：

(1) $f(z) = e^x(\cos y + i\sin y)$；

(2) $f(z) = x^2 + iy^2$；

(3) $f(z) = z\operatorname{Re} z$.

解　(1) 因为

$$u(x, y) = e^x\cos y, v(x, y) = e^x\sin y,$$

$$\frac{\partial u}{\partial x} = e^x\cos y, \qquad \frac{\partial u}{\partial y} = -e^x\sin y,$$

$$\frac{\partial v}{\partial x} = e^x\sin y, \qquad \frac{\partial v}{\partial y} = e^x\cos y.$$

在复平面内这四个偏导数处处连续，且

$$\frac{\partial u}{\partial x} = e^x\cos y = \frac{\partial v}{\partial y}, \qquad \frac{\partial u}{\partial y} = -e^x\sin y = -\frac{\partial v}{\partial x}.$$

所以，$f(z)$ 在复平面内处处可导，从而在复平面内是解析的.

(2) 因为

$$u(x, y) = x^2, \qquad v(x, y) = y^2,$$

$$\frac{\partial u}{\partial x} = 2x, \qquad \frac{\partial u}{\partial y} = 0,$$

$$\frac{\partial v}{\partial x} = 0, \qquad \frac{\partial v}{\partial y} = 2y.$$

这四个偏导数在复平面内处处连续，且有 $\frac{\partial u}{\partial y} = -\frac{\partial v}{\partial x}$. 仅当 $y = x$ 时才有 $\frac{\partial u}{\partial x} = \frac{\partial v}{\partial y}$. 所以 $f(z)$ 仅在直线 $y = x$ 上可导，从而在复平面内处处不解析.

(3) 因为 $f(z) = (x + iy)x = x^2 + ixy$，所以

$$u(x, y) = x^2, \qquad v(x, y) = xy,$$

$$\frac{\partial u}{\partial x} = 2x, \quad \frac{\partial u}{\partial y} = 0, \quad \frac{\partial v}{\partial x} = y, \quad \frac{\partial v}{\partial y} = x.$$

这四个偏导数在复平面内处处连续,且仅当 $x = 0$,$y = 0$ 时它们才满足 C—R 方程,所以 $f(z) = z\operatorname{Re} z$ 仅在点 $z = 0$ 处可导,故 $f(z)$ 在复平面内处处不解析.

例 17　若 $f(z) = u(x,y) + iv(x,y)$ 在区域 D 内解析且 $f'(z) \neq 0(z \in D)$,则

$$u(x,y) = c_1, \qquad v(x,y) = c_2$$

(c_1,c_2 为常数)是 D 内两组正交曲线族.

证明　由于 $f'(z) = -iu_y + v_y \neq 0$,故 u_y 与 v_y 必不全为零.

如果在曲线的交点 $P(x_0,y_0)$ 处,u_y 和 v_y 都不为零,则由隐函数求导法知,曲线族 $u(x,y) = c_1$ 和 $v(x,y) = c_2$ 中任一条曲线在点 P 的斜率分别为

$$k_1 = -\frac{u_x}{u_y} \text{和} k_2 = -\frac{v_x}{v_y},$$

故在点 P 处,由 C—R 方程得

$$k_1 \cdot k_2 = \left(-\frac{u_x}{u_y}\right) \cdot \left(-\frac{v_x}{v_y}\right) = \left(-\frac{v_y}{u_y}\right)\left(\frac{u_y}{v_y}\right) = -1.$$

因此,曲线族 $u(x,y) = c_1$ 和 $v(x,y) = c_2$ 在交点 P 处正交.

如果在 P 点

$$u_y = 0 \text{ 且 } v_y \neq 0, \text{或 } v_y = 0, u_y \neq 0,$$

此时容易知道,两曲线族中的曲线在交点处的切线一条是水平的,另一条是铅直的,它们仍然在交点 P 处正交.

例 18　如果 $w = u(x,y) + iv(x,y)$ 在区域 D 内解析,那么在 D 内 w 一定能够单独用 z 来表示.

证明　令 $x = \dfrac{z + \bar{z}}{2}$,$y = \dfrac{z - \bar{z}}{2i}$. 代入 $w = u(x,y) + iv(x,y)$ 中,则 w 可以看做两个变量 z 及 $\bar{z}$ 的函数.要证明 w 仅依赖于 z,只需证明 $\dfrac{\partial w}{\partial \bar{z}} = 0$ 就可以了.

因为 $w = u(x,y) + iv(x,y)$ 在区域 D 内解析,所以二元函数 $u(x,y)$ 和 $v(x,y)$ 在 D 内可微,故由复合函数微分法及 C—R 方程得

$$\frac{\partial w}{\partial \bar{z}} = \frac{\partial u}{\partial x}\frac{\partial x}{\partial \bar{z}} + \frac{\partial u}{\partial y}\frac{\partial y}{\partial \bar{z}} + i\left(\frac{\partial v}{\partial x}\frac{\partial x}{\partial \bar{z}} + \frac{\partial v}{\partial y}\frac{\partial y}{\partial \bar{z}}\right)$$

$$= \frac{\partial u}{\partial x}\cdot\frac{1}{2} + \frac{\partial u}{\partial y}\left(-\frac{1}{2i}\right) + i\left(\frac{\partial v}{\partial x}\cdot\frac{1}{2} + \frac{\partial v}{\partial y}\cdot\left(-\frac{1}{2i}\right)\right)$$

$$= \frac{1}{2}\left(\frac{\partial u}{\partial x} - \frac{\partial v}{\partial y}\right) + \frac{i}{2}\left(\frac{\partial u}{\partial y} + \frac{\partial v}{\partial x}\right) = 0.$$

注　这里形式上把 w 看做 z 与 $\bar{z}$ 的函数,同时把 z 与 $\bar{z}$ 视为独立的自变量(实际上 z 与 $\bar{z}$ 是互为共轭的,它们并不独立),故这个证明也只是形式的证明,严格的数学证明超出大纲的范围.

至于如何将一个在区域 D 内的解析函数 $w = u(x,y) + iv(x,y)$ 化为 z 的单变量函数 $w = f(z)$,这里给出一个简单的方法.它的理论根据是解析函数的惟一性定理(请参阅钟玉泉编写的《复变函数论》二版第四章第 2 节定理 20).具体地说就是若函数 $w = u(x,y) + iv(x,y)$ 在区域 D 内解析,而区域 D 含有实轴上的一段,则有

$$w = u(x,y) + iv(x,y) = u(z,0) + iv(z,0)$$

(即在 $u(x,y) + iv(x,y)$ 中令 $y = 0, x = z$).

例如解析函数

$$w = 2(x-1)y + i(2x - x^2 + y^2 - 1)$$

化成 z 的函数就是(令 $y = 0, x = z$)

$$w = i(2z - z^2 - 1) = -i(z-1)^2.$$

若区域 D 包含有虚轴的一段,则有

$$u(x,y) + iv(x,y) = u(0,-iz) + iv(0,-iz)$$

(即在 $u(x,y) + iv(x,y)$ 中令 $x = 0, y = -iz$).

例如函数

$$w = \ln\sqrt{x^2 + y^2} - i\arctan\frac{x}{y},$$

在除去实轴的复平面内处处解析,化成 z 的函数就是(令 $x = 0$, $y = -iz$)

$$w = \ln\sqrt{0 + (-iz)^2} - i\arctan\frac{0}{-iz} = \ln(-iz).$$

例 19　设 $f(z)=u(x,y)+\mathrm{i}v(x,y)$ 在区域 D 内解析,并且 $f'(z)=0(z\in D)$,则 $f(z)=c$(常数).

证明　由假设

$$f'(z)=\frac{\partial u}{\partial x}+\mathrm{i}\frac{\partial v}{\partial x}=\frac{\partial v}{\partial y}-\mathrm{i}\frac{\partial u}{\partial y}=0,$$

所以

$$\frac{\partial u}{\partial x}=\frac{\partial u}{\partial y}=0,\qquad\frac{\partial v}{\partial x}=\frac{\partial v}{\partial y}=0.$$

从而

$$\mathrm{d}u=0,\qquad\mathrm{d}v=0.$$

于是 $u=c_1$(常数),$v=c_2$(常数). 故 $f(z)=c_1+\mathrm{i}c_2=c$ 为一常数.

2.3.3　解析函数的运算法则

由导数的运算法则易见解析函数有下列的运算法则:

(1)在区域 D 内两个解析函数的和、差、积、商(除去分母为零的点外)仍然是区域 D 内的一个解析函数;

(2)设 $\zeta=g(z)$ 在 Z 平面上的区域 D 内解析,$w=f(\zeta)$ 在 ζ 平面上的区域 G 内解析,且当 $z\in D$ 时,$\zeta=g(z)\in G$,则 $w=f[g(z)]$ 在 D 内解析.

根据解析函数的运算法则可知,复变量 z 的多项式函数

$$P(z)=a_0+a_1z+\cdots+a_nz^n,$$

其中 $a_0,a_1,\cdots,a_n$ 为复常数,在复平面上是解析的;任何有理函数(即两个多项式的商)除去使分母为零的点外是解析的,而且它们的导数的求法与 z 是实变数时相同.

2.4　初等解析函数

在实值函数中,基本初等函数起着特别重要的作用. 这一节,我们把这些函数推广到复数域中. 所谓推广,就是当自变量取实数值时,它们应具有相应实值函数的性质.

2.4.1　指数函数

对于任何复数 $z=x+\mathrm{i}y$,我们用关系式

$$e^z = e^{x+iy} = e^x(\cos y + i\sin y)$$

来定义指数函数 $w = e^z$.

当 z 取实数即 $y = 0$ 时,我们的定义与通常实指数函数的定义是一致的.

由于当 z 为任意有限复数时,e^z 总有意义,所以 $w = e^z$ 的定义域为 $|z| < +\infty$,即为有限复平面.

指数函数的性质:

(1)e^z 是单值函数.事实上,对于给定的 $z = x + iy$,由于 e^x、$\cos y$、$\sin y$ 均取惟一值,所以根据 e^z 的定义,e^z 是单值的.

(2)e^z 恒不为零.

因为 $|e^z| = e^x \neq 0$,即对任何复数 $z = x + iy$,其模恒不为零,所以 $e^z \neq 0$.

(3)对任意复数 z_1、z_2,有

$$e^{z_1} \cdot e^{z_2} = e^{z_1 + z_2}.$$

事实上,由 $z_1 = x_1 + iy_1$,$z_2 = x_2 + iy_2$,可得

$$\begin{aligned}
e^{z_1} \cdot e^{z_2} &= e^{x_1}(\cos y_1 + i\sin y_1) \cdot e^{x_2}(\cos y_2 + i\sin y_2) \\
&= e^{x_1+x_2}(\cos y_1 + i\sin y_1)(\cos y_2 + i\sin y_2) \\
&= e^{x_1+x_2}[\cos(y_1 + y_2) + i\sin(y_1 + y_2)] \\
&= e^{z_1+z_2}.
\end{aligned}$$

(4)e^z 是以 $2\pi i$ 为周期的周期函数.

因为按定义 $e^{2\pi i} = 1$,所以由(3)得

$$e^{z+2\pi i} = e^z \cdot e^{2\pi i} = e^z.$$

(5)e^z 在整个复平面上解析,且

$$(e^z)' = e^z.$$

证明见 2.3 节例 16(1).

2.4.2 对数函数

和实变量函数一样,对数函数定义为指数函数的反函数.

若 $z = e^w$,$z \neq 0$,则称 w 为复变量 z 的对数函数,记作 $\text{Ln } z$,即

$$w = \text{Ln } z.$$

根据这个定义,令

$$w = u + iv, \qquad z = re^{i\theta},$$

于是

$$e^{u+iv} = re^{i\theta},$$

从而

$$\begin{cases} e^u = r, \\ v = \theta + 2k\pi \quad (k = 0, \pm 1, \pm 2, \cdots), \end{cases}$$

即

$$u = \ln r = \ln|z|,$$

$$v = \text{Arg } z.$$

所以,复数域中的对数 Ln z 有如下的代数表示式:

$$\text{Ln } z = \ln|z| + i\text{Arg } z, \tag{2.12}$$

其中 $\ln|z|$ 是实数域中的自然对数.

由于 Arg z 是无穷多值的,因而 Ln $z = \ln|z| + i\text{Arg } z$ 也是无穷多值的,并且每两个值相差 $2\pi i$ 的整数倍.如果规定上式中的 Arg z 取主值 arg z,那么 Ln z 为一单值函数,记为 ln z,称为 Ln z 的主值.于是有

$$\ln z = \ln|z| + i\arg z. \tag{2.13}$$

其他各值均可由 Ln $z = \ln z + 2k\pi i (k = \pm 1, \pm 2, \cdots)$ 表示.对于每一个固定的 k,式(2.13)为一单值函数,称为 Ln z 的一个单值分支.

当 $z = x > 0$ 时,由于 arg $z = 0$,因而 Ln z 的主值 ln $z = \ln x$ 就是实变数中的自然对数.

例20　求 Ln(-1)、Ln$(1-i)$、Ln i 的值和它们的主值.

解　Ln$(-1) = \ln|(-1)| + i\text{Arg}(-1)$

$$= \ln 1 + i[\arg(-1) + 2k\pi]$$

$$= i(\pi + 2k\pi) = (2k+1)\pi i, \quad k = 0, \pm 1, \pm 2, \cdots.$$

当 $k = 0$ 时,得主值 ln$(-1) = \pi i$.

$$\text{Ln}(1-i) = \ln|1-i| + i[\arg(1-i) + 2k\pi]$$

$$= \ln\sqrt{2} + i\left(-\frac{\pi}{4} + 2k\pi\right)$$

$$= \ln\sqrt{2} + i\left(2k - \frac{1}{4}\right)\pi, \quad k = 0, \pm 1, \pm 2, \cdots.$$

当 $k = 0$ 时,得主值 ln$(1-i) = \ln\sqrt{2} - i\frac{\pi}{4}$.

$$\text{Ln i} = \ln|i| + i(\arg i + 2k\pi)$$

$$= i\left(\frac{\pi}{2} + 2k\pi\right) = \left(2k + \frac{1}{2}\right)\pi i, \quad k = 0, \pm 1, \pm 2, \cdots.$$

当 $k = 0$ 时,得主值 $\ln i = \frac{\pi}{2}i$.

对数函数的性质:

$$\text{Ln}(z_1 z_2) = \text{Ln } z_1 + \text{Ln } z_2,$$

$$\text{Ln } \frac{z_1}{z_2} = \text{Ln } z_1 - \text{Ln } z_2.$$

但应注意,这两个等式是在"集合相等"的意义下成立的.

下面讨论对数函数的解析性.就其主值 $\ln z$ 而言,令 $z = x + iy$,则

$$\ln z = \ln|z| + i\arg z = \frac{1}{2}\ln(x^2 + y^2) + i\arg z,$$

其中 $\ln|z| = \frac{1}{2}\ln(x^2 + y^2)$,在复平面内除原点外,处处连续.而 $\arg z$ 在原点与负实轴上都不连续.这是因为在原点处,$\arg z$ 无定义,当然也谈不上连续.现在考察负实轴上的点.设 $z = x + iy$,则当 $x < 0$ 时

$$\lim_{y \to 0^+} \arg z = \pi, \lim_{y \to 0^-} \arg z = -\pi.$$

因此,在负实轴上任一点 $(x,0)$ 处,$\lim\limits_{z \to x}\arg z$ 不存在,当然 $\arg z$ 也不连续.

由 $\arg z$ 的解析表达式知,在 Z 平面上除原点及负实轴上的点外,$\arg z$ 处处连续.综上所述,$\ln z$ 在除去原点及负实轴的 Z 平面内处处连续,由反函数的求导法则可知

$$(\ln z)' = \frac{1}{(e^w)'} = \frac{1}{e^w} = \frac{1}{z},$$

所以,$\ln z$ 在除去原点及负实轴的平面内是解析的.

由于 $\text{Ln } z$ 的每一个单值分支与 $\ln z$ 只相差一个复常数（$2\pi i$ 的整数倍）,所以 $\text{Ln } z$ 的各分支在除去原点及负实轴的复平面内也解析,并且有相同的导数值,$(\text{Ln } z)' = \frac{1}{z}$.

以后,在应用对数函数 $w = \text{Ln } z$ 时,都应指明它是除去原点及负

实轴的平面上哪一个确定的单值解析分支.

例 21　公式 $\ln(z_1 z_2) = \ln z_1 + \ln z_2$ 不一定成立.

事实上,若取 $z_1 = z_2 = -1$,则

$$\ln(z_1 z_2) = \ln 1 = 0,$$

$$\ln z_1 + \ln z_2 = \ln(-1) + \ln(-1)$$

$$= \ln 1 + i\arg(-1) + \ln 1 + i\arg(-1) = 2\pi i.$$

这说明

$$\ln[(-1)(-1)] \neq \ln(-1) + \ln(-1).$$

2.4.3　三角函数

对任意实数 y,由欧拉公式

$$e^{iy} = \cos y + i\sin y,$$

$$e^{-iy} = \cos y - i\sin y,$$

得到

$$\cos y = \frac{e^{iy} + e^{-iy}}{2}, \sin y = \frac{e^{iy} - e^{-iy}}{2i}.$$

对任一复数 z,定义它的正弦函数、余弦函数分别为

$$\sin z = \frac{e^{iz} - e^{-iz}}{2i}, \cos z = \frac{e^{iz} + e^{-iz}}{2},$$

当 z 取实数时,与实值正弦函数和余弦函数是一致的.

根据指数函数性质可以推出正弦函数和余弦函数具有下列性质.

(1)$\sin z$、$\cos z$ 在复平面内均为解析函数,且

$$(\sin z)' = \cos z, \qquad (\cos z)' = -\sin z.$$

现以 $\sin z$ 为例证明于下:

$$(\sin z)' = \left(\frac{e^{iz} - e^{-iz}}{2i}\right)'$$

$$= \frac{1}{2i}[e^{iz} \cdot i - e^{-iz} \cdot (-i)]$$

$$= \frac{1}{2}(e^{iz} + e^{-iz}) = \cos z.$$

(2)$\sin z$,$\cos z$ 是以 2π 为周期的周期函数,即

$$\sin(z + 2\pi) = \sin z, \qquad \cos(z + 2\pi) = \cos z.$$

(3)$\sin z$ 为奇函数，$\cos z$ 为偶函数，即对任意的 z，有
$$\sin(-z) = -\sin z, \qquad \cos(-z) = \cos z.$$

(4)$\sin z$ 的零点(即 $\sin z = 0$ 的根)为 $z = n\pi$，$\cos z$ 的零点为 $z = \left(n + \dfrac{1}{2}\right)\pi$，$n = 0, \pm 1, \pm 2, \cdots$.

事实上，
$$\sin z = \frac{e^{iz} - e^{-iz}}{2i} = \frac{e^{2iz} - 1}{2ie^{iz}}.$$

$\sin z = 0$ 的充要条件是 $e^{2iz} = 1$. 这个方程的根是 $z = n\pi$，$n = 0, \pm 1, \pm 2, \cdots$.

同理可知，$\cos z$ 的零点是 $z = n\pi + \dfrac{\pi}{2}$，$n = 0, \pm 1, \pm 2, \cdots$.

(5)三角公式
$$\sin(z_1 + z_2) = \sin z_1 \cos z_2 + \cos z_1 \sin z_2,$$
$$\cos(z_1 + z_2) = \cos z_1 \cos z_2 - \sin z_1 \sin z_2,$$
$$\sin^2 z + \cos^2 z = 1,$$
$$\sin\left(\frac{\pi}{2} - z\right) = \cos z,$$

等仍成立. 其正确性可由定义直接推出.

(6)$\sin z$、$\cos z$ 是无界的.

事实上，设 $z = x + iy$，由性质(5)得
$$|\sin z| = |\sin x \cos iy + \cos x \sin iy|.$$

因为
$$\cos iy = \frac{e^{-y} + e^{y}}{2} = \mathrm{ch}\, y,$$
$$\sin iy = \frac{e^{-y} - e^{y}}{2i} = i\,\mathrm{sh}\, y,$$

所以，
$$|\sin z|^2 = |\sin x\,\mathrm{ch}\, y + i\cos x\,\mathrm{sh}\, y|^2$$
$$= \sin^2 x\,\mathrm{ch}^2 y + \cos^2 x\,\mathrm{sh}^2 y$$
$$= \sin^2 x\,\mathrm{ch}^2 y + (1 - \sin^2 x)\mathrm{sh}^2 y$$
$$= \mathrm{sh}^2 y + \sin^2 x(\mathrm{ch}^2 y - \mathrm{sh}^2 y).$$

由于 $ch^2 y - sh^2 y = 1$，所以

$$|\sin z|^2 = sh^2 y + \sin^2 x.$$

同理有

$$|\cos z|^2 = ch^2 y - \sin^2 x.$$

由此可见，复变数的正弦函数 $\sin z$ 和余弦函数 $\cos z$ 是无界的.

例如在虚轴上，$z = iy$，$|\cos z| = ch\, y = \dfrac{e^{-y} + e^y}{2}$. 只要 $|y|$ 足够大，$|\cos z|$ 就可以大于任何预先给定的任意正数.

引进了函数 $\sin z$ 和 $\cos z$，我们就可以定义其他复变量的三角函数：

$$\tan z = \frac{\sin z}{\cos z}, \qquad \cot z = \frac{\cos z}{\sin z},$$

$$\sec z = \frac{1}{\cos z}, \qquad \csc z = \frac{1}{\sin z}.$$

它们分别称为 z 的正切、余切、正割、余割函数. 这些函数都在 Z 平面上除使分母为零的点外是解析的，并且它们具有与其相应的实变量函数类似的性质. 比如正切 $\tan z = \dfrac{\sin z}{\cos z}$ 在复平面上除去 $z = n\pi + \dfrac{\pi}{2}$（$n = 0, \pm 1, \pm 2, \cdots$）的点外，处处解析，且

$$(\tan z)' = \frac{1}{\cos^2 z}.$$

正切、余切函数都是以 π 为周期的周期函数，等等.

例 22　求 $\cos i, \sin(1 + 2i)$.

解　根据定义，有

$$\cos i = \frac{e^{i \cdot i} + e^{-i \cdot i}}{2} = \frac{e^{-1} + e}{2}.$$

$$\sin(1 + 2i) = \frac{e^{i(1+2i)} - e^{-i(1+2i)}}{2i}$$

$$= \frac{e^{-2}(\cos 1 + i\sin 1) - e^2(\cos 1 - i\sin 1)}{2i}$$

$$= \frac{e^2 + e^{-2}}{2}\sin 1 + i\frac{e^2 - e^{-2}}{2}\cos 1.$$

2.4.4 反三角函数

反三角函数作为三角函数的反函数定义如下.

如果 $\cos w = z$, 称 w 为复变量 z 的反余弦函数, 记作 Arccos z, 即
$$w = \text{Arccos } z.$$

余弦函数是用指数函数定义的, 由此可以推出反余弦函数与指数函数的反函数——对数函数之间的关系式
$$\text{Arccos } z = -i\text{Ln}(z + \sqrt{z^2 - 1}).$$

事实上, 由 $z = \cos w = \dfrac{1}{2}(e^{iw} + e^{-iw})$ 得
$$2ze^{iw} = e^{2iw} + 1,$$
或
$$(e^{iw})^2 - 2ze^{iw} + 1 = 0.$$
于是
$$e^{iw} = z + \sqrt{z^2 - 1},$$
其中 $\sqrt{z^2 - 1}$ 应理解为双值函数. 两端取对数得
$$\text{Arccos } z = -i\text{Ln}(z + \sqrt{z^2 - 1}).$$
由此可见, 反余弦函数是多值函数. 它的多值性正是 $\cos w$ 的周期性的反映.

类似地还可以定义反正弦函数和反正切函数, 重复上述步骤可以得到它们的表达式
$$\text{Arcsin } z = -i\text{Ln}(iz + \sqrt{1 - z^2}),$$
$$\text{Arctan } z = -\frac{i}{2}\text{Ln}\frac{1 + iz}{1 - iz}.$$
由于这些函数是多值的, 因此研究它们的解析性时, 需要选定它们各自的单值连续分支, 这里就不再一一地讨论了.

2.4.5 双曲函数和反双曲函数

函数
$$\text{sh } z = \frac{e^z - e^{-z}}{2}, \quad \text{ch } z = \frac{e^z + e^{-z}}{2},$$
$$\text{th } z = \frac{e^z - e^{-z}}{e^z + e^{-z}}, \quad \text{cth } z = \frac{e^z + e^{-z}}{e^z - e^{-z}},$$
分别称为双曲正弦、双曲余弦、双曲正切和双曲余切函数. 不难验证, 它们具有下列性质.

(1)$\operatorname{sh} z = -\mathrm{i}\sin \mathrm{i}z,\operatorname{ch} z = \cos \mathrm{i}z,\operatorname{th} z = -\mathrm{i}\tan \mathrm{i}z.$

(2)$\operatorname{sh} z$、$\operatorname{ch} z$ 在复平面内解析,且

$$(\operatorname{sh} z)' = \operatorname{ch} z,(\operatorname{ch} z)' = \operatorname{sh} z.$$

$\operatorname{th} z$ 在复平面上除去$z = \left(k + \dfrac{1}{2}\right)\pi\mathrm{i}(k\ 为整数)$各点外是解析的,且

$$(\operatorname{th} z)' = \frac{1}{\operatorname{ch}^2 z}.$$

(3)$\operatorname{sh} z$、$\operatorname{ch} z$ 是以 $2\pi\mathrm{i}$ 为周期的周期函数,$\operatorname{th} z$、$\operatorname{cth} z$ 是以 $\pi\mathrm{i}$ 为周期的周期函数.

反双曲函数定义为双曲函数的反函数,现把反双曲函数分列于下:

反双曲正弦函数　$\operatorname{Arsh} z = \operatorname{Ln}(z + \sqrt{z^2 + 1}),$

反双曲余弦函数　$\operatorname{Arch} z = \operatorname{Ln}(z + \sqrt{z^2 - 1}),$

反双曲正切函数　$\operatorname{Arth} z = \dfrac{1}{2}\operatorname{Ln}\dfrac{1 + z}{1 - z},$

反双曲余切函数　$\operatorname{Arcth} z = \dfrac{1}{2}\operatorname{Ln}\dfrac{z + 1}{z - 1}.$

显然它们都是无穷多值函数.

2.5　一般幂函数与一般指数函数

在第一章我们已经给出了非零复数 z 的 n 次幂函数 $w = z^n$(n 为正整数).一般幂函数 $w = z^\alpha$(其中 α 为任意复常数)定义为

$$w = z^\alpha = \mathrm{e}^{\alpha\operatorname{Ln} z}\quad (z\neq 0,\infty).$$

此定义是实数域中等式

$$x^\alpha = \mathrm{e}^{\alpha\ln x}(x > 0,\alpha\ 为实数)$$

在复数域中的推广.不难验证,当 α 取整数 $n\geqslant 1$ 或取分数 $\dfrac{1}{n}$(n 为大于 1 的整数)时,它就是我们定义过的幂函数 z^n 和根式函数 $\sqrt[n]{z}$.

由于 $\operatorname{Ln} z$ 是多值函数,所以 $\mathrm{e}^{\alpha\operatorname{Ln} z}$ 一般也是多值函数.如果 $\operatorname{Ln} z$

用其主值 $\ln z$ 表示,则有

$$w = z^{\alpha} = e^{\alpha \operatorname{Ln} z} = e^{\alpha \ln z + i2\alpha k\pi}$$
$$= e^{\alpha \ln z} e^{i2\alpha k\pi}, k = 0, \pm 1, \pm 2, \cdots.$$

由此可见,上式的多值性与含 k 的因式 $e^{i2\alpha k\pi}$ 有关.

现在我们来讨论复数 α 的如下三种特殊情况:

(1)当 α 为整数时, $e^{i2\alpha k\pi} = 1$,则

$$w = z^{\alpha} = e^{\alpha \ln z}$$

是与 k 无关的单值函数.

(2)当 α 为有理数,即 $\alpha = \dfrac{p}{q}$ (p 与 q 为互质整数,且 $q > 0$)时, $e^{i2\alpha k\pi}$ $= e^{i2k\pi\frac{p}{q}} = (e^{i2kp\pi})^{\frac{1}{q}}$,只能取 q 个不同值,即当 $k = 0, 1, 2, \cdots, q-1$ 时的对应值.因此, $w = z^{\frac{p}{q}} = e^{\frac{p}{q}\ln z} e^{i2k\pi\frac{p}{q}}, k = 0, 1, 2, \cdots, q-1$.

(3)当 α 为无理数或复数时, $e^{i2k\pi\alpha}$ 的所有值各不相同, z^{α} 是无穷多值的.

一般指数函数 $w = a^z$ ($a \neq 0, \infty$ 为一复数)定义为

$$w = a^z = e^{z \operatorname{Ln} a}.$$

它是无穷多个独立的、在 Z 平面上单值解析的函数.当 $a = e$ 且 $\operatorname{Ln} e$ 取主值时,便得到通常的指数函数 e^z.

例 23　求 $i^i, 2^{1+i}, i^{\frac{2}{3}}$.

解　$i^i = e^{i \operatorname{Ln} i} = e^{i\left(\frac{\pi}{2}i + 2k\pi i\right)} = e^{-\frac{\pi}{2} - 2k\pi}, k = 0, \pm 1, \pm 2, \cdots.$

$2^{1+i} = e^{(1+i)\operatorname{Ln} 2} = e^{(1+i)(\ln 2 + i2k\pi)}$
$= e^{(\ln 2 - 2k\pi) + i(\ln 2 + 2k\pi)}$
$= e^{(\ln 2 - 2k\pi)}[\cos\ln 2 + i\sin\ln 2], k = 0, \pm 1, \pm 2, \cdots.$

$i^{\frac{2}{3}} = e^{\frac{2}{3}\operatorname{Ln} i} = e^{\frac{2}{3}\left(\frac{\pi}{2} + 2k\pi\right)i}$
$= \cos\left(\frac{\pi}{3} + \frac{4}{3}k\pi\right) + i\sin\left(\frac{\pi}{3} + \frac{4}{3}k\pi\right), k = 0, 1, 2.$

所以 $i^{\frac{2}{3}}$ 的三个值分别为

$$\frac{1}{2} + i\frac{\sqrt{3}}{2}, \quad \frac{1}{2} - i\frac{\sqrt{3}}{2}, \quad -1.$$

习 题 2

1.判断下列函数的可导性和解析性：

(1)$f(z) = x^2 + \mathrm{i}y$；   (2)$f(z) = xy^2 + \mathrm{i}x^2 y$；

(3)$f(z) = x^3 + \mathrm{i}y^3$；   (4)$f(z) = \mathrm{e}^{-x}(\cos y - \mathrm{i}\sin y)$；

(5)$f(z) = z\,\mathrm{Im}\,z - \mathrm{Re}\,z$；   (6)$f(z) = \dfrac{1}{z}$.

2.证明 $f(z) = (x^3 - 3xy^2) + \mathrm{i}(3x^2 y - y^3)$ 在复平面内处处解析，并求 $f'(z)$.

3.设 $f(z) = my^3 + nx^2 y + \mathrm{i}(x^3 + lxy^2)$ 为解析函数，求 l、m、n 的值.

4.洛必达(L′Hospital)法则. 若函数 $f(z)$ 和 $g(z)$ 在点 z_0 解析，且
$$f(z_0) = g(z_0) = 0,\ g'(z_0) \neq 0.$$
则（试证）
$$\lim_{z \to z_0} \frac{f(z)}{g(z)} = \frac{f'(z_0)}{g'(z_0)}.$$

5.若函数 $f(z)$ 在区域 D 内解析，且满足下列条件之一，试证 $f(z)$ 在 D 内必为常数.

(1)$|f(z)|$ 在 D 内为常数.

(2)$\mathrm{Re}\,f(z)$ 或 $\mathrm{Im}\,f(z)$ 在 D 内为常数.

(3)$\arg f(z)$ 在 D 内为常数.

(4)$\overline{f(z)}$ 在 D 内解析.

6.证明柯西-黎曼方程的极坐标形式是
$$\frac{\partial u}{\partial r} = \frac{1}{r}\frac{\partial v}{\partial \theta},\qquad \frac{\partial v}{\partial r} = -\frac{1}{r}\frac{\partial u}{\partial \theta}\quad (r > 0).$$

7.已知 $f(z) = u + \mathrm{i}v$ 在区域 D 内解析，且 $v = u^2$，试证 $f(z)$ 在 D 内是常数.

8.设 $f(z) = u + \mathrm{i}v$ 为解析，证明：

(1)$\begin{vmatrix} u_x & v_x \\ u_y & v_y \end{vmatrix} = |f'(z)|^2$；

(2)对具有连续偏导数的函数 $\varphi(u,v)$,证明

$$\varphi_x^2 + \varphi_y^2 = (\varphi_u^2 + \varphi_v^2)|f'(z)|^2.$$

9.如果 $f(z)$ 在区域 D 内解析,试证 $\overline{f(\bar{z})}$ 在区域 D 内也解析.

10.求出下列函数的奇点:

$(1)f(z) = \dfrac{z^2}{2z+1}$;　　　　　　$(2)f(z) = \dfrac{2z-1}{z(z^2+1)}$;

$(3)f(z) = \dfrac{z}{\dfrac{1}{2} - \sin z}$;　　　　　$(4)f(z) = \dfrac{1}{z^2(e^z - 1)}$.

11.求 $w = z^2$ 在 $z = i$ 处的伸缩率和旋转角.

12.试求出经过映射 $w = iz$,将 Z 平面上的带形区域 $0 < \operatorname{Re} z < 1$ 变成 W 平面上怎样的区域.

13.问函数 $w = z^2$ 将 Z 平面上的直线 $y = x$ 和 $x = 1$ 变为 W 平面上什么样的曲线,并验证对应于二直线交点的像点的辐角等于此交点的辐角加上在此交点处的 $\arg f'(z)$.

14.证明在映射 $w = e^z$ 下,互相正交的直线族 $\operatorname{Re} z = c_1$ 和 $\operatorname{Im} z = c_2$ 依次映射成互相正交的直线族 $v = u \tan c_1$ 与圆族 $u^2 + v^2 = e^{-2c_2}$.

15.问下列各式是否正确:

$(1)\overline{e^z} = e^{\bar{z}}$;　　　　　　$(2)\overline{\cos z} = \cos \bar{z}$;

$(3)\overline{\sin z} = \sin \bar{z}$;　　　　　$(4)\overline{\operatorname{ch} z} = \operatorname{ch} \bar{z}$.

16.计算下列各式的值:

$(1)\cos(1+i)$;　　　　　$(2)\sin i$;

$(3)\tan(2-i)$;　　　　　$(4)e^{1-i}$;

$(5)i^{1+i}$;　　　　　　$(6)3^i$;

$(7)\operatorname{Ln}(-3+4i)$;　　　　$(8)\operatorname{Ln}(-i)$.

17.求出下列方程的全部解:

$(1)\sin z = 0$;　　　　　$(2)\cos z = 0$;

$(3)1 + e^z = 0$;　　　　　$(4)\cos z + \sin z = 0$.

18.若 $z = re^{i\theta}$,试证:

$$\operatorname{Re}[\ln(z-1)] = \frac{1}{2}\ln(1 + r^2 - 2r\cos\theta).$$

小　　结

　　本章主要讨论了函数的可导性与解析性两个概念,学习本章时要注意以下几点.

　　(1)复变函数导数的定义在形式上和一元实变量函数导数的定义是一样的,且求导法则也类同.而复变函数的解析性是利用复变函数的可导性来定义的,因此这两个概念之间有密切联系,但又有区别.函数在一个区域内的可导性与函数在该区域内的解析性是等价的,但函数在一点可导却不能保证函数在该点解析.而函数在一点解析则在该点一定可导.

　　(2)复变函数的解析性并不等价于其实部和虚部的可微性(这一点与函数极限的存在性及函数的连续性是不同的).它除了要求其实部和虚部的可微性外,还要求其实部和虚部满足柯西-黎曼方程(即 C—R 方程),因此必须牢记 C—R 方程.要掌握好函数解析的充分必要条件,特别是充分条件,并会用充分条件判断函数的可导性和解析性.由于我们遇到的函数多半是初等函数,因此在判断函数在一点的可导性或在一个区域内的解析性时,C—R 方程是主要依据,在哪点不满足它,函数在哪点不可导;在哪个区域内不满足它,函数在哪个区域内不解析.

　　(3)要掌握以下关于解析函数的求导方法.

　　①利用导数定义求导数.

　　②利用导数公式和求导法则求导数.

　　③利用下面的求导公式求导

$$f'(z) = \frac{\partial u}{\partial x} + \mathrm{i}\,\frac{\partial v}{\partial x} = \frac{\partial v}{\partial y} - \mathrm{i}\,\frac{\partial u}{\partial y}.$$

注意在用公式或法则求函数的导数时,一定要在导数存在的前提下才可进行.

　　(4)复变函数中的初等函数和实变量的同名函数是不同的.但当复变函数中的自变量取实数值时,二者又是一致的.因此前者又可以看做是后者的推广.推广后的复变量的初等函数由于自变量的取值范围扩大了,所以它除了保留原实变量初等函数的某些性质外,还具有自身不同于实变量初等函数的一些性质.例如复变量的指数函数 e^z 是以 $2\pi i$ 为周期的周期函数,而实变量的指数函数 e^x 不是周期函数.再如实变量的正弦函数和余弦函数的有界性,对数函数的单值性及负数没有对数的限制代之以复变量的正弦和余弦函数是无界的,对数函数是无穷多值的,且对任意非零复数对数函数都有定义.因此学习时要特别注意复变量的初等函数与实变量的初等函数之间的异同.

(5)初等解析函数中的各函数均以指数函数为基础来定义的,因此在研究初等解析函数的性质时,都可归结到指数函数来研究.例如对数函数的多值性固然是由复数辐角的多值性引起的,但是对数函数作为指数函数的反函数也可用指数函数的周期性来解释.

测验作业 2

1.计算下列各式的值:

(1)$\sin(3+2i)$;　　　　　(2)$i^{\sqrt{2}}$;　　　　　(3)$\mathrm{Ln}(-1-i)$;

(4)$\ln(-1)$;　　　　　(5)$(1+i)^{\frac{2}{3}}$;　　　(6)$e^{1+\pi i}+\cos i$.

2.设 $z=x+iy$,试用含 x 和 y 的式子表示下列各式:

(1)$|e^{i-2z}|$;　　(2)$|\sin z|$;　　(3)$\mathrm{Re}\, e^{\frac{1}{z}}$.

3.判断下列函数的可导性和解析性:

(1)$f(z)=\bar{z}z^2$;　　　　(2)$f(z)=2x^3+i3y^3$;

(3)$f(z)=\dfrac{1}{\bar{z}}$;

(4)$f(z)=e^x(x\cos y-y\sin y)+ie^x(y\cos y+x\sin y)$.

4.把下列解析函数表成 z 的函数.

(1)$f(z)=2xy-2y+i(y^2+2x-x^2-1)$;

(2)$f(z)=x^3-3xy^2+i(3x^2y-y^3)$.

5.求在函数 $w=f(z)=(1+z)^2$ 映射下区域 $D:0<\arg(z+1)<\dfrac{\pi}{4}$ 的像.

第 3 章　复变函数的积分

复变函数的积分理论,对于研究解析函数的性质,起着重要的作用.本章在给出复变函数积分概念的基础上,主要讨论解析函数积分的性质、积分的基本定理和基本公式.

3.1　复变函数积分的概念

3.1.1　预备知识

如果一条光滑或分段光滑的简单曲线规定了其起点和终点,则称该曲线为有向曲线.曲线的方向是这样规定的:

(1)当曲线 C 是开口弧段时,若规定它的一个端点 A 为起点,另一个端点 B 为终点,则沿 C 由 A 到 B 的方向为曲线 C 的正向,由 B 到 A 的方向称为负向,并把该负向曲线记作 C^{-}(图 3.1(a)(b)).

(2)当曲线 C 是简单闭曲线时,通常规定逆时针方向为正向,顺时针方向为负向.如果闭曲线作为某区域的边界,其正向规定为:当观察者沿闭曲线前进时,区域总保持在观察者的左侧.图 3.1(c)、(d)、(e)中各边界曲线箭头所指的方向对所论区域(不画阴影部分)均为正向.特别地,复平面内的简单闭曲线作为其内部的边界,正向是逆时针方向(图 3.1(c));而作为其外部的边界,正向是顺时针方向(图 3.1(d));若区域是图 3.1(e)中的复连域,则把外圈边界曲线称为外边界,所有含于外边界内部的边界曲线称为内边界.这时,外边界的正向是逆时针方向,而内边界的正向是顺时针方向.

3.1.2　复变函数积分的定义

定义 3.1　设函数 $w=f(z)=u(x,y)+iv(x,y)$ 在光滑或分段光滑的有向曲线 C 上有定义.将曲线 C 任意分成 n 份,起点为 α,终点为 β,分点依次是 $\alpha=z_0,z_1,z_2,\cdots,z_n=\beta$(图 3.2).在各小弧段 $\overparen{z_{k-1}z_k}$

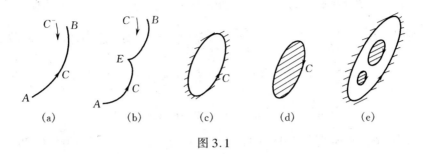

图 3.1

$(k=1,2,\cdots,n)$上任取一点 ζ_k,做和式

$$S_n = \sum_{k=1}^{n} f(\zeta_k)\Delta z_k,$$

其中 $\Delta z_k = z_k - z_{k-1}$,记弧段 $\overset{\frown}{z_{k-1}z_k}$ 的长度为 Δs_k,$\lambda = \max_{1\leqslant k\leqslant n}\{\Delta s_k\}$,则当 n 无限增大,且 $\lambda \to 0$ 时,如果不论对 C 的分法及 ζ_k 的取法如何,S_n 有惟一极限,那么称这个极限值为函数 $f(z)$ 沿曲线 C 的积分,记作 $\int_C f(z)\mathrm{d}z$,即

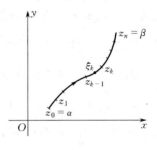

图 3.2

$$\int_C f(z)\mathrm{d}z = \lim_{\substack{\lambda\to 0\\(n\to\infty)}} \sum_{k=1}^{n} f(\zeta_k)\Delta z_k. \quad (3.1)$$

这时也称函数 $f(z)$ 沿曲线 C 可积.

3.1.3 积分存在的条件

由定义 3.1,显然 $f(z)$ 沿曲线 C 可积的必要条件是在曲线 C 上 $f(z)$ 有界.下面给出积分存在的充分条件.

定理 3.1 若函数 $f(z) = u(x,y) + \mathrm{i}v(x,y)$ 沿曲线 C 连续,则 $f(z)$ 沿曲线 C 可积,且

$$\int_C f(z)\mathrm{d}z = \int_C u(x,y)\mathrm{d}x - v(x,y)\mathrm{d}y + \mathrm{i}\int_C v(x,y)\mathrm{d}x + u(x,y)\mathrm{d}y.$$

$$(3.2)$$

证 设 $z_k = x_k + \mathrm{i}y_k$,$\zeta_k = \xi_k + \mathrm{i}\eta_k$,则

$$\Delta z_k = z_k - z_{k-1} = (x_k - x_{k-1}) + i(y_k - y_{k-1}) = \Delta x_k + i\Delta y_k,$$

所以　$\displaystyle S_n = \sum_{k=1}^{n} f(\zeta_k)\Delta z_k = \sum_{k=1}^{n}[u(\xi_k,\eta_k) + iv(\xi_k,\eta_k)](\Delta x_k + i\Delta y_k)$

$$= \sum_{k=1}^{n}[u(\xi_k,\eta_k)\Delta x_k - v(\xi_k,\eta_k)\Delta y_k] +$$

$$i\sum_{k=1}^{n}[v(\xi_k,\eta_k)\Delta x_k + u(\xi_k,\eta_k)\Delta y_k].$$

因为 $f(z)$ 沿曲线 C 是连续的,从而 $u(x,y)$, $v(x,y)$ 沿曲线 C 都是连续的,由曲线积分的存在定理,当 $\lambda \to 0$ $(n \to \infty)$ 时,上式右端两个和式的极限都存在,从而 S_n 的极限亦存在,即 $f(z)$ 沿曲线 C 可积,且有公式(3.2).

公式(3.2)表明, $f(z)$ 沿曲线 C 积分的计算,可以化为其实部、虚部两个二元实函数沿 C 的曲线积分的计算.

注意 $\displaystyle \int_C f(z)\mathrm{d}z \xrightarrow{\text{形式上}} \int_C (u + iv)(\mathrm{d}x + i\mathrm{d}y)$.

例 1 设 C 为连接点 a 及 b 的任一曲线,试证

(1) $\displaystyle \int_C \mathrm{d}z = b - a$;　(2) $\displaystyle \int_C z\mathrm{d}z = \frac{1}{2}(b^2 - a^2)$.

证明 (1) 由 $f(z) = 1$ 得

$$S_n = \sum_{k=1}^{n}\Delta z_k = \sum_{k=1}^{n}(z_k - z_{k-1}) = b - a.$$

从而　　　　　　$\displaystyle \int_C \mathrm{d}z = \lim_{\substack{\lambda \to 0 \\ (n \to \infty)}} S_n = b - a.$

(2) 因 $f(z) = z$ 在 C 上是连续的,所以积分 $\displaystyle \int_C z\mathrm{d}z$ 必存在,且与 C 的分法及 ζ_k 的取法无关. 取 $\zeta_k = z_{k-1}$ 及 $\zeta_k = z_k$ 作和

$$S_n^{(1)} = \sum_{k=1}^{n} z_{k-1}\Delta z_k = \sum_{k=1}^{n} z_{k-1}(z_k - z_{k-1}),$$

$$S_n^{(2)} = \sum_{k=1}^{n} z_k\Delta z_k = \sum_{k=1}^{n} z_k(z_k - z_{k-1}).$$

由于上述两个和的极限都等于 $\displaystyle \int_C z\mathrm{d}z$,所以

$$\int_C z\,\mathrm{d}z = \frac{1}{2}\lim_{\substack{n\to\infty \\ \lambda\to 0}}\big[S_n^{(1)} + S_n^{(2)}\big],$$

$$\frac{1}{2}\big[S_n^{(1)} + S_n^{(2)}\big] = \frac{1}{2}\sum_{k=1}^n\big[z_{k-1}(z_k - z_{k-1}) + z_k(z_k - z_{k-1})\big]$$

$$= \frac{1}{2}\sum_{k=1}^n(z_k^2 - z_{k-1}^2) = \frac{1}{2}(b^2 - a^2).$$

所以　　　　　　　　　　$$\int_C z\,\mathrm{d}z = \frac{1}{2}(b^2 - a^2).$$

由此例可得,当 C 为闭曲线时,$\displaystyle\int_C \mathrm{d}z = 0, \int_C z\,\mathrm{d}z = 0.$

3.1.4　积分的基本性质

根据复变函数积分和曲线积分间的关系,及曲线积分的性质,不难验证复变函数积分具有下列性质.

(1)常数因子可以提到积分号外,即

$$\int_C kf(z)\mathrm{d}z = k\int_C f(z)\mathrm{d}z \quad (k \text{ 为常数}).$$

(2)函数代数和的积分等于各函数积分的代数和,即

$$\int_C [f_1(z) \pm f_2(z)]\mathrm{d}z = \int_C f_1(z)\mathrm{d}z \pm \int_C f_2(z)\mathrm{d}z.$$

(3)如果曲线 C 是由光滑曲线段 $C_1, C_2, \cdots, C_n$ 依次连接组成的逐段光滑曲线,则

$$\int_C f(z)\mathrm{d}z = \int_{C_1} f(z)\mathrm{d}z + \int_{C_2} f(z)\mathrm{d}z + \cdots + \int_{C_n} f(z)\mathrm{d}z.$$

(4)改变积分所沿曲线的方向,积分值改变符号,即

$$\int_{C^-} f(z)\mathrm{d}z = -\int_C f(z)\mathrm{d}z.$$

(5)积分的模不大于被积表达式模的积分,即

$$\left|\int_C f(z)\mathrm{d}z\right| \leqslant \int_C |f(z)||\mathrm{d}z| = \int_C |f(z)|\mathrm{d}s.$$

这里 $|\mathrm{d}z|$ 表示弧长的微分,即

$$|\mathrm{d}z| = \sqrt{(\mathrm{d}x)^2 + (\mathrm{d}y)^2} = \mathrm{d}s.$$

事实上,由于

$$\left|\sum_{k=1}^{n}f(\zeta_k)\Delta z_k\right|\leqslant\sum_{k=1}^{n}|f(\zeta_k)||\Delta z_k|\leqslant\sum_{k=1}^{n}|f(\zeta_k)|\Delta s_k,$$

其中 $|\Delta z_k|$、Δs_k 分别表示曲线 C 上弧段 $\overset{\frown}{z_{k-1}z_k}$ 所对应的弦长和弧长,两边取极限得到

$$\left|\int_C f(z)\mathrm{d}z\right|\leqslant\int_C|f(z)||\mathrm{d}z|=\int_C|f(z)|\mathrm{d}s.$$

定理 3.2(积分估值)　若沿曲线 C,$f(z)$ 连续,且有正数 M 使 $|f(z)|\leqslant M$,则

$$\left|\int_C f(z)\mathrm{d}z\right|\leqslant ML,$$

其中 L 为曲线 C 的长度.

证明　由于 $f(z)$ 在 C 上恒有 $|f(z)|\leqslant M$,所以

$$\int_C|f(z)|\mathrm{d}s\leqslant\int_C M\mathrm{d}s=M\int_C\mathrm{d}s=ML.$$

而由性质(5)又有

$$\left|\int_C f(z)\mathrm{d}z\right|\leqslant\int_C|f(z)|\mathrm{d}s,$$

故

$$\left|\int_C f(z)\mathrm{d}z\right|\leqslant ML.$$

3.1.5　积分的计算

复变函数的积分简称复积分可以用积分定义来计算,也可以转化为其实部、虚部两个二元实函数的曲线积分.根据曲线积分的计算公式,当把曲线积分的积分路径 C 表示为参数式时,则复积分又可以转化为下面单变量的定积分.

假设光滑曲线 C 的参数方程为 $x=x(t),y=y(t)(\alpha\leqslant t\leqslant\beta)$,把它写成复数形式即得 $z=x(t)+\mathrm{i}y(t)=z(t)(\alpha\leqslant t\leqslant\beta)$.设 $z(\alpha)$,$z(\beta)$ 分别对应着积分所沿曲线弧 C 的起点和终点,并设 $f(z)$ 在 C 上连续,则

$$\int_C f(z)\mathrm{d}z=\int_C u(x,y)\mathrm{d}x-v(x,y)\mathrm{d}y+\mathrm{i}\int_C v(x,y)\mathrm{d}x+u(x,y)\mathrm{d}y$$

$$= \int_{\alpha}^{\beta} \{u[x(t),y(t)]x'(t) - v[x(t),y(t)]y'(t)\}\mathrm{d}t +$$

$$\mathrm{i}\int_{\alpha}^{\beta} \{v[x(t),y(t)]x'(t) + u[x(t),y(t)]y'(t)\}\mathrm{d}t$$

$$= \int_{\alpha}^{\beta} \{u[x(t),y(t)] + \mathrm{i}v[x(t),y(t)]\}[x'(t) + \mathrm{i}y'(t)]\mathrm{d}t$$

$$= \int_{\alpha}^{\beta} f[x(t) + \mathrm{i}y(t)][x'(t) + \mathrm{i}y'(t)]\mathrm{d}t$$

$$= \int_{\alpha}^{\beta} f[z(t)]z'(t)\mathrm{d}t,$$

即

$$\int_{C} f(z)\mathrm{d}z = \int_{\alpha}^{\beta} f[z(t)]z'(t)\mathrm{d}t. \tag{3.3}$$

用公式(3.3)计算复变函数积分时,是从积分路径 C 的参数方程着手的,先写出积分路径 C 的参数方程,而后把它代入到积分中即把积分化为定积分.值得注意的是,定积分的下限和上限分别对应于 C 的起点和终点.

例2　计算积分

$$I = \int_{C} \bar{z}\mathrm{d}z,$$

其中 C 的起点为 O,终点为 $1+\mathrm{i}$,积分路径为:

(1) $y = x$;(2) $y = x^2$;(3)沿实轴由 0 到 1 及由 1 到 $1+\mathrm{i}$ 的直线段所组成的折线段.

解　(1)将直线段 $y = x$ 写成参数式

$$\begin{cases} x = t, \\ y = t, \end{cases} \quad 0 \leqslant t \leqslant 1,$$

则由 $z = 0$ 到 $z = 1+\mathrm{i}$ 的直线段复数形式的参数方程为 $z = t + \mathrm{i}t = (1+\mathrm{i})t, 0 \leqslant t \leqslant 1$.

因而 $\mathrm{d}z = z'(t)\mathrm{d}t = (1+\mathrm{i})\mathrm{d}t$.应用复积分计算公式(3.3)有

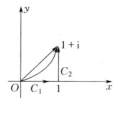

图 3.3

$$\int_C \bar{z}\,\mathrm{d}z = \int_0^1 \overline{(1+\mathrm{i})t}(1+\mathrm{i})\mathrm{d}t = \overline{(1+\mathrm{i})}(1+\mathrm{i})\int_0^1 t\,\mathrm{d}t$$

$$= 2\cdot\frac{t^2}{2}\bigg|_0^1 = 1.$$

(2) 将抛物线 $y = x^2$ 写成参数方程

$$\begin{cases} x = t, \\ y = t^2, \end{cases}$$

则从 O 到 $1+\mathrm{i}$ 的抛物线弧段复数形式的参数方程为

$$z = z(t) = t + \mathrm{i}t^2, 0 \leqslant t \leqslant 1,$$

所以

$$\int_C \bar{z}\,\mathrm{d}z = \int_0^1 \overline{t+\mathrm{i}t^2}\cdot(t+\mathrm{i}t^2)'\mathrm{d}t = \int_0^1 (t-\mathrm{i}t^2)\cdot(1+\mathrm{i}2t)\mathrm{d}t$$

$$= \int_0^1 [(t+2t^3)+\mathrm{i}(2t^2-t^2)]\mathrm{d}t = \left(\frac{t^2}{2}+\frac{2t^4}{4}\right)\bigg|_0^1 + \mathrm{i}\,\frac{1}{3}t^3\bigg|_0^1$$

$$= 1 + \frac{\mathrm{i}}{3}.$$

(3) $C = C_1 + C_2$，其中

C_1 的参数方程为 $z = t, 0 \leqslant t \leqslant 1$;

C_2 的参数方程为 $z = 1 + \mathrm{i}t, 0 \leqslant t \leqslant 1$.

$$I = \int_{C_1} \bar{z}\,\mathrm{d}z + \int_{C_2} \bar{z}\,\mathrm{d}z = \int_0^1 t\,\mathrm{d}t + \int_0^1 \overline{1+\mathrm{i}t}\cdot(1+\mathrm{i}t)'\mathrm{d}t$$

$$= \frac{1}{2}t^2\bigg|_0^1 + \mathrm{i}\int_0^1 (1-\mathrm{i}t)\mathrm{d}t = \frac{1}{2} + \mathrm{i}\left(t-\mathrm{i}\,\frac{t^2}{2}\right)\bigg|_0^1$$

$$= \frac{1}{2} + \mathrm{i} - \mathrm{i}^2\cdot\frac{1}{2} = 1 + \mathrm{i}.$$

此例说明，具有相同起点和终点，同一个复变函数的积分，其值随积分路径的不同可能不同.

例3 计算积分

$$I = \int_C z\,\mathrm{d}z,$$

其中 C 的起点为 1，终点为 i，积分路径为：

(1)沿实轴从 1 到 0，再沿虚轴由 0 到 i 所组成的折线段；

(2)沿直线 $x + y = 1$ 由 1 到 i.

解 （1）设 $C = C_1 + C_2$ ，其中

$$C_1 : z = 1 - t , 0 \leqslant t \leqslant 1 ;$$
$$C_2 : z = \mathrm{i}t , 0 \leqslant t \leqslant 1 .$$

因此

$$I = \int_C z \mathrm{d}z = \int_{C_1} z \mathrm{d}z + \int_{C_2} z \mathrm{d}z$$

$$= -\int_0^1 (1 - t) \mathrm{d}t + \int_0^1 \mathrm{i}t \cdot (\mathrm{i}) \mathrm{d}t$$

$$= \frac{1}{2}(1 - t)^2 \Big|_0^1 - \frac{t^2}{2} \Big|_0^1 = -\frac{1}{2} - \frac{1}{2} = -1 .$$

（2） C 的参数方程为

$$z = z(t) = t + \mathrm{i}(1 - t) , 0 \leqslant t \leqslant 1 .$$

因此

$$I = \int_C z \mathrm{d}z = \int_1^0 [t + \mathrm{i}(1 - t)](1 - \mathrm{i}) \mathrm{d}t$$

$$= (1 - \mathrm{i}) \left(\frac{t^2}{2} - \frac{\mathrm{i}}{2}(1 - t)^2 \right) \Big|_1^0$$

$$= (1 - \mathrm{i}) \left(-\frac{\mathrm{i}}{2} - \frac{1}{2} \right) = -1 .$$

例 3 中两个积分具有相同的被积函数和积分曲线的起点和终点，尽管积分路径互不相同，但积分值却相等，这说明有些函数的积分值可能与积分路径无关.

例 4 证明

$$\int_C \frac{1}{(z - a)^n} \mathrm{d}z = \begin{cases} 2\pi\mathrm{i}, & n = 1, \\ 0, & n \neq 1 \ \text{的整数}, \end{cases} \tag{3.4}$$

其中 C 是以 a 为中心, R 为半径的圆周.

证明 C 的参数方程为

$$z - a = R\mathrm{e}^{\mathrm{i}\theta} , 0 \leqslant \theta \leqslant 2\pi .$$

应用公式(3.3)有

$$\int_C \frac{1}{(z - a)^n} \mathrm{d}z = \int_0^{2\pi} \frac{\mathrm{i}R\mathrm{e}^{\mathrm{i}\theta}}{(R\mathrm{e}^{\mathrm{i}\theta})^n} \mathrm{d}\theta = \frac{\mathrm{i}}{R^{n-1}} \int_0^{2\pi} \mathrm{e}^{-\mathrm{i}(n-1)\theta} \mathrm{d}\theta$$

$$= \frac{\mathrm{i}}{R^{n-1}} \int_0^{2\pi} [\cos(n - 1)\theta - \mathrm{i}\sin(n - 1)\theta] \mathrm{d}\theta .$$

因为

$$\int_0^{2\pi} [\cos(n-1)\theta] d\theta = \begin{cases} 0, & n \neq 1, \\ 2\pi, & n = 1; \end{cases}$$

$$\int_0^{2\pi} [\sin(n-1)\theta] d\theta = 0.$$

所以　　　　　　$\int_C \dfrac{1}{(z-a)^n} dz = \begin{cases} 2\pi i, & n = 1, \\ 0, & n \neq 1. \end{cases}$

注意　此积分值与圆周 C 的半径无关. 式(3.4)很重要, 以后作为公式经常用到.

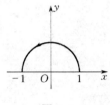

图 3.5

例 5　设 C 为上半单位圆周, 方向如图 3.5所示, 计算

$$(1) \int_C (z-1) dz; \quad (2) \int_C |z-1| |dz|.$$

解　设 C 的参数方程为

$$x = \cos\theta, y = \sin\theta, 0 \leqslant \theta \leqslant \pi.$$

它的复数形式的参数方程为

$$z = e^{i\theta}, 0 \leqslant \theta \leqslant \pi.$$

(1) $\displaystyle\int_C (z-1) dz = \int_0^{\pi} (e^{i\theta} - 1) i e^{i\theta} d\theta$

$\displaystyle = \int_0^{\pi} i e^{i2\theta} d\theta - \int_0^{\pi} i e^{i\theta} d\theta$

$\displaystyle = i \int_0^{\pi} (\cos 2\theta + i \sin 2\theta) d\theta - i \int_0^{\pi} (\cos\theta + i \sin\theta) d\theta$

$= 2.$

(2) $\displaystyle\int_C |z-1| |dz| = \int_0^{\pi} |e^{i\theta} - 1| ds$

$\displaystyle = \int_0^{\pi} \sqrt{(\cos\theta - 1)^2 + \sin^2\theta} \sqrt{\cos^2\theta + \sin^2\theta} d\theta$

$\displaystyle = \int_0^{\pi} \sqrt{4\sin^2\frac{\theta}{2}} d\theta = 2 \int_0^{\pi} \sin\frac{\theta}{2} d\theta$

$= 4.$

例 6 试证

$$\left| \int_C \frac{1}{z-1} \mathrm{d}z \right| \leqslant 2,$$

其中 C 为连接点 O 到点 $1+\mathrm{i}$ 的直线段.

证明 C 的参数方程为

$$z = z(t) = (1+\mathrm{i})t, \quad 0 \leqslant t \leqslant 1.$$

沿直线段 C 函数 $\dfrac{1}{z-1}$ 连续,且

$$
\begin{aligned}
|z-1|^2 &= (z-1)(\bar{z}-1) = z\bar{z} - \bar{z} - z + 1 \\
&= |z|^2 - 2\operatorname{Re} z + 1 = 2t^2 - 2t + 1,
\end{aligned}
$$

所以

$$
\begin{aligned}
\left| \frac{1}{z-1} \right| &= \frac{1}{|z-1|} = \frac{1}{\sqrt{2t^2 - 2t + 1}} \\
&= \frac{1}{\sqrt{2\left(t - \dfrac{1}{2}\right)^2 + \dfrac{1}{2}}}, \quad 0 \leqslant t \leqslant 1.
\end{aligned}
$$

显然当 $t = \dfrac{1}{2}$ 时,上式分母取最小值,从而

$$\left| \frac{1}{z-1} \right| \leqslant \sqrt{2}.$$

而 C 的长度为 $\sqrt{2}$,故由定理 3.2 得

$$\left| \int_C \frac{1}{z-1} \mathrm{d}z \right| \leqslant 2.$$

3.2 柯西积分定理

3.2.1 柯西积分定理

由上节例题可见,例 3 中的被积函数 $f(z) = z$ 在单连通区域 Z 平面上处处解析,它沿连接起点 $z=1$ 与终点 $z=\mathrm{i}$ 的任何路径 C 的积分值都相同,即积分与路径无关,或者说沿 Z 平面上任何闭曲线积分值都为零.例 2 中的被积函数 $f(z) = \bar{z}$ 在单连通区域 Z 平面上处处不解

析,而积分与连接起点 $z = 0$ 及终点 $z = 1 + i$ 的路径 C 有关,即沿 Z 平面上任何闭曲线的积分,其值不恒为零.例 4 被积函数 $f(z) = \dfrac{1}{z - a}$ 只以 $z = a$ 为奇点,即在 z 平面上"除去一点 a"的非单连通区域内处处解析,但是积分

$$\int_C \frac{1}{z - a} \mathrm{d}z = 2\pi\mathrm{i} \neq 0,$$

其中 C 表示圆周:$|z - a| = R > 0$. 即在此区域内积分与路径有关.

由此可见,复变函数积分的值与路径无关的条件,或者说沿区域内任何闭曲线积分值为零的条件,可能与被积函数的解析性及解析区域的单连通性有关,关于这个问题 1825 年柯西(Cauchy)给出了如下的定理,对此做了肯定的回答.

定理 3.3(柯西积分定理)　设函数 $f(z)$ 在单连通区域 D 内解析,C 为 D 内任一条简单闭曲线,则

$$\int_C f(z)\mathrm{d}z = 0. \tag{3.5}$$

此定理是复变函数积分的理论基础,但定理的证明比较冗长,1851 年,黎曼在假设"$f'(z)$ 在 D 内连续"的条件下,得到如下简单的证明(实际上这个假设是多余的,1900 年,古莎(Goursat)发表了此定理的新证明方法,其证明过程比较繁长,有兴趣的读者可参阅钟玉泉编写的《复变函数论》,1988 年高等教育出版社出版).

令 $f(z) = u(x, y) + \mathrm{i}v(x, y)$,因为 $f'(z) = \dfrac{\partial u}{\partial x} + \mathrm{i}\dfrac{\partial v}{\partial x} = \dfrac{\partial v}{\partial y} - \mathrm{i}\dfrac{\partial u}{\partial y}$ 在 D 内连续,因而 $\dfrac{\partial u}{\partial x}$、$\dfrac{\partial u}{\partial y}$、$\dfrac{\partial v}{\partial x}$、$\dfrac{\partial v}{\partial y}$ 在 D 内都是连续的,并且满足 C—R 方程

$$\frac{\partial u}{\partial x} = \frac{\partial v}{\partial y}, \frac{\partial u}{\partial y} = -\frac{\partial v}{\partial x}.$$

根据公式(3.2)及格林(Green)公式得

$$\int_C f(z)\mathrm{d}z = \int_C u\,\mathrm{d}x - v\,\mathrm{d}y + \mathrm{i}\int_C v\,\mathrm{d}x + u\,\mathrm{d}y$$

$$= \iint_{D_1} \left(-\frac{\partial v}{\partial x} - \frac{\partial u}{\partial y} \right) \mathrm{d}x\mathrm{d}y + \mathrm{i}\iint_{D_1} \left(\frac{\partial u}{\partial x} - \frac{\partial v}{\partial y} \right) \mathrm{d}x\mathrm{d}y$$
$$= 0 + 0 = 0,$$

其中 D_1 表示以 C 为边界的闭区域.

从这个定理出发,可以推出以下一系列相关的定理.

定理 3.4　设 $f(z)$ 在 Z 平面上的单连通区域 D 内解析,C 为 D 内任一闭曲线(不必是简单的),则

$$\int_C f(z)\mathrm{d}z = 0.$$

证明　因为 C 总可以看成区域 D 内有限多条简单闭曲线衔接而成(图 3.6),由积分性质(3)及柯西积分定理 3.3,即可得证.

定理 3.5　设 $f(z)$ 在分段光滑的闭曲线 C 所围成的区域 D 内是解析的,在闭域 D 上连续,则

$$\int_C f(z)\mathrm{d}z = 0.$$

因 $f(z)$ 在 C 上连续,故积分 $\int_C f(z)\mathrm{d}z$ 存在.在 D 内作闭曲线 C_n 逼近于 C,由定理 3.3 $\int_{C_n} f(z)\mathrm{d}z = 0$,取极限可得出所要结论,严格证明从略.

图 3.6

推论　如果 $f(z)$ 在 Z 平面上的单连通区域 D 内解析,则 $f(z)$ 在 D 内积分与路径无关,即对 D 内任意两点 z_0、z_1,C_1 和 C_2 是 D 内连接 z_0、z_1 的任意两条曲线,则

$$\int_{C_1} f(z)\mathrm{d}z = \int_{C_2} f(z)\mathrm{d}z.$$

证明　如图 3.7 所示,由柯西积分定理有

$$\int_{C_1} f(z)\mathrm{d}z + \int_{C_2^-} f(z)\mathrm{d}z = 0,$$

因此

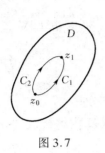

图 3.7

$$\int_{C_1} f(z)\mathrm{d}z = -\int_{C_2^-} f(z)\mathrm{d}z = \int_{C_2} f(z)\mathrm{d}z.$$

就是说,若 $f(z)$ 在单连通区域 D 内解析,则沿 D 内任一曲线 C 的积分 $\int_C f(z)\mathrm{d}z$ 只与其起点 z_0 及终点 z_1 有关,而与积分路径 C 的形状无关,对于这种积分我们约定写成

$$\int_{z_0}^{z_1} f(z)\mathrm{d}z, \tag{3.6}$$

并把 z_0 和 z_1 分别称为积分的下限和上限.

3.2.2 原函数的概念

在积分(3.6)中,当下限 z_0 固定,而上限在 D 内变动时,则积分 $\int_{z_0}^{z} f(\zeta)\mathrm{d}\zeta$ 在 D 内定义了 z 的一个函数,记为

$$F(z) = \int_{z_0}^{z} f(\zeta)\mathrm{d}\zeta.$$

类似于高等数学中变上限定积分所确定的函数的性质,有下面的定理.

定理 3.6 如果函数 $f(z)$ 在单连通区域 D 内解析,则 $F(z)$ 在 D 内也解析,并且 $F'(z) = f(z)$.

证明 只需证明对 D 内任一点 z 均有 $F'(z) = f(z)$.下面用导数定义来推证.

在 D 内任取一点 z,以 z 为心作一个含于 D 内的小圆 Γ,取 $|\Delta z|$ 充分小,使点 $z + \Delta z$ 在 Γ 内.由于在 D 内 $f(z)$ 的积分与路径无关,故以直线段 L 连接 z 及 $z + \Delta z$ (图 3.8),根据积分性质(3)得

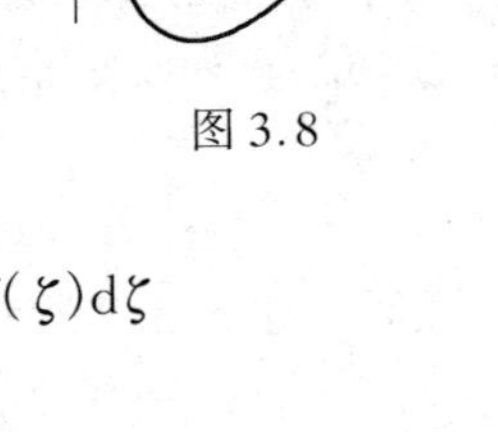

图 3.8

$$F(z + \Delta z) - F(z) = \int_{z_0}^{z+\Delta z} f(\zeta)\mathrm{d}\zeta - \int_{z_0}^{z} f(\zeta)\mathrm{d}\zeta$$

$$= \int_{z}^{z+\Delta z} f(\zeta)\mathrm{d}\zeta$$

$$= \int_z^{z+\Delta z} [f(z) + f(\zeta) - f(z)] \mathrm{d}\zeta$$

$$= \int_z^{z+\Delta z} f(z) \mathrm{d}\zeta + \int_z^{z+\Delta z} [f(\zeta) - f(z)] \mathrm{d}\zeta$$

$$= f(z)\Delta z + \int_z^{z+\Delta z} [f(\zeta) - f(z)] \mathrm{d}\zeta,$$

$$\frac{F(z+\Delta z) - F(z)}{\Delta z} = f(z) + \frac{1}{\Delta z} \int_z^{z+\Delta z} [f(\zeta) - f(z)] \mathrm{d}\zeta,$$

从而

$$\frac{F(z+\Delta z) - F(z)}{\Delta z} - f(z) = \frac{1}{\Delta z} \int_z^{z+\Delta z} [f(\zeta) - f(z)] \mathrm{d}\zeta.$$

由于 $f(z)$ 在 D 内解析,从而在 D 内连续,并注意到 L 为直线段,故对于任意给定的 $\varepsilon > 0$,总存在 $\delta > 0$,使满足 $|\zeta - z| < \delta$ 的 ζ 都在 Γ 内,即当 $|\Delta z| < \delta$ 时,有

$$|f(\zeta) - f(z)| < \varepsilon.$$

于是应用积分的估值定理得

$$\left| \frac{F(z+\Delta z) - F(z)}{\Delta z} - f(z) \right| = \left| \frac{1}{\Delta z} \int_z^{z+\Delta z} [f(\zeta) - f(z)] \mathrm{d}\zeta \right|$$

$$\leqslant \frac{1}{|\Delta z|} \int_z^{z+\Delta z} |f(\zeta) - f(z)| \, |\mathrm{d}\zeta|$$

$$< \frac{1}{|\Delta z|} \int_z^{z+\Delta z} \varepsilon \mathrm{d}s = \frac{1}{|\Delta z|} \cdot |\Delta z| \varepsilon = \varepsilon.$$

因此

$$\lim_{\Delta z \to 0} \frac{F(z+\Delta z) - F(z)}{\Delta z} = f(z).$$

即

$$F'(z) = f(z).$$

在定理的证明过程中仅用到函数 $f(z)$ 的连续性及积分 $\int_C f(z)\mathrm{d}z$ 与路径无关这两个条件,这实际上证明了下面一个更一般的定理.

定理 3.7　设 $f(z)$ 在单连通区域 D 内连续,且 $\int f(\zeta)\mathrm{d}\zeta$ 沿 D 内任一简单闭曲线的积分值为零(从而积分与路径无关),则函数

$$F(z) = \int_{z_0}^z f(\zeta)\mathrm{d}\zeta \quad (z_0 \text{ 为 } D \text{ 内一点})$$

在 D 内解析,且 $F'(z) = f(z)$.

定义 3.2　如果 $\Phi(z)$ 的导数等于 $f(z)$,即 $\Phi'(z) = f(z)$,则称 $\Phi(z)$ 为 $f(z)$ 的一个原函数.

显然 $F(z) = \int_{z_0}^{z} f(\zeta) \mathrm{d}\zeta$ 是 $f(z)$ 的一个原函数,不难证明,函数 $f(z)$ 的任何两个原函数之差恒等于常数.事实上

$$[\Phi(z) - F(z)]' = \Phi'(z) - F'(z) = f(z) - f(z) = 0.$$

$$\Phi(z) - F(z) = C \quad (C \text{ 为常数}).$$

可见,如果函数 $f(z)$ 在区域 D 内有一个原函数 $F(z)$,则它必有无穷多个原函数.

定义 3.3　若 $F'(z) = f(z)$,称 $F(z) + C$(C 为任意常数)为 $f(z)$ 的不定积分,记作 $\int f(z) \mathrm{d}z = F(z) + C$.

定理 3.8(牛顿-莱布尼茨公式)　设 $\Phi(z)$ 是单连通区域 D 内解析函数 $f(z)$ 的任一原函数,则

$$\int_{z_0}^{z_1} f(z) \mathrm{d}z = \Phi(z_1) - \Phi(z_0). \tag{3.7}$$

证明　由定理 3.6 知 $F(z) = \int_{z_0}^{z} f(\zeta) \mathrm{d}\zeta$ 是 $f(z)$ 的一个原函数,所以有

$$\int_{z_0}^{z} f(z) \mathrm{d}z = \Phi(z) + C \quad (C \text{ 为某一常数}).$$

令 $z = z_0$ 得 $C = -\Phi(z_0)$,因此

$$\int_{z_0}^{z} f(z) \mathrm{d}z = \Phi(z) - \Phi(z_0),$$

令 $z = z_1$ 得

$$\int_{z_0}^{z_1} f(z) \mathrm{d}z = \Phi(z_1) - \Phi(z_0).$$

例 7　计算积分

$$I = \int_{1+i}^{2+4i} z^2 \mathrm{d}z.$$

解　因为 z^2 在整个复平面上解析，且 $\dfrac{1}{3}z^3$ 是它的一个原函数，应用公式(3.7)，有

$$I = \frac{1}{3}z^3 \Big|_{1+\mathrm{i}}^{2+4\mathrm{i}} = -\frac{1}{3}(86+18\mathrm{i}).$$

在用公式(3.7)计算复积分时，定积分的换元积分法和分部积分法仍成立(证明留作习题)．

例 8　$\displaystyle\int_{1-\pi\mathrm{i}}^{1+\pi\mathrm{i}} \mathrm{e}^{\frac{z}{2}}\,\mathrm{d}z$．

解　因为 $\mathrm{e}^{\frac{z}{2}}$ 在复平面内解析，用换元积分法有

$$\int_{1-\pi\mathrm{i}}^{1+\pi\mathrm{i}} \mathrm{e}^{\frac{z}{2}}\,\mathrm{d}z = 2\mathrm{e}^{\frac{z}{2}} \Big|_{1-\pi\mathrm{i}}^{1+\pi\mathrm{i}} = 4\mathrm{e}^{\frac{1}{2}}\mathrm{i}.$$

例 9　计算积分 $\displaystyle\int_0^{\mathrm{i}} z\sin z\,\mathrm{d}z$．

解　由于 $z\sin z$ 在复平面内处处解析，用分部积分法得

$$\int_0^{\mathrm{i}} z\sin z\,\mathrm{d}z = -z\cos z\Big|_0^{\mathrm{i}} + \int_0^{\mathrm{i}} \cos z\,\mathrm{d}z = -\mathrm{i}\cos\mathrm{i} + \sin z\Big|_0^{\mathrm{i}}$$

$$= -\mathrm{i}\cos\mathrm{i} + \sin\mathrm{i} = -\mathrm{i}(\cos\mathrm{i} + \mathrm{i}\sin\mathrm{i}) = -\mathrm{i}\mathrm{e}^{-1}.$$

3.3　复连通区域上的柯西积分定理

在柯西积分定理中，它的全部理论是建立在两个假设之上：

(1)所考虑的区域 D 是单连通区域；

(2)$f(z)$ 在 D 内为解析函数．

如果这两个条件有一个不具备，一般说来定理的结论不再成立．若在区域 D 内有函数 $f(z)$ 的奇点，我们将这些点从区域 D 内除去，于是在区域 D 内就含有"点洞"，从而单连通区域就变为复连通区域，因此，只需讨论复连通区域上解析函数的积分．

定理 3.9(复合闭路定理)　设区域 D 是复连通区域，C_0 为 D 的外边界，$C_1, C_2, \cdots, C_n$ 为 D 的内边界(图 3.9)，它们都是分段光滑的，其中 $C_1, C_2, \cdots, C_n$ 都在 C_0 的内部，且 $C_1, C_2, \cdots, C_n$ 中的每一个都

在其余的外部,用 C 表示 D 的总边界.若函数 $f(z)$ 在 D 内解析,在 $\overline{D}$ 上连续,则

$$\int_{C_0} f(z)\mathrm{d}z = \sum_{k=1}^{n} \int_{C_k} f(z)\mathrm{d}z, \tag{3.8}$$

$$\int_C f(z)\mathrm{d}z = 0. \tag{3.9}$$

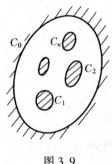

图 3.9

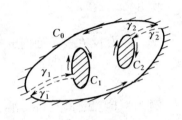

图 3.10

证明 为了简明起见,只就 $n=2$ 的情形(图 3.10)证明之.对于一般情况,其证法与此相同.取辅助线 γ_1 与 γ_2,用它们将 C_0 与 C_1,C_0 与 C_2 连接.设想将 D 沿 γ_1 与 γ_2 切开,切开后的区域 D' 就是单连通域(图 3.10),其边界线为 C'.由定理 3.3,有

$$\int_{C'} f(z)\mathrm{d}z = 0.$$

考虑到沿辅助线 γ_1 与 γ_2 的积分,正好沿正、反方向各进行一次,在相加的过程中互相抵消,于是得到

$$\int_{C_0} f(z)\mathrm{d}z + \int_{C_1^-} f(z)\mathrm{d}z + \int_{C_2^-} f(z)\mathrm{d}z = 0,$$

即

$$\int_{C_0} f(z)\mathrm{d}z = \int_{C_1} f(z)\mathrm{d}z + \int_{C_2} f(z)\mathrm{d}z.$$

公式(3.8)的含义是,在定理 3.9 的条件下,当积分的取向相同时,

沿外边界曲线的积分等于沿内边界各曲线的积分之和.

例 10 计算 $\int_C \dfrac{1}{(z-a)^n}\mathrm{d}z$,其中 C 是围绕点 a 的任一简单闭曲线.

解 函数 $f(z) = \dfrac{1}{(z-a)^n}$ 在复平面内除点 a 外的区域内处处解析. 以奇点 a 为中心,适当小的 r 为半径作圆周 C_1(图 3.11),使 C_1 在 C 的内部. 由(3.8)式得

$$\int_C \frac{1}{(z-a)^n}\mathrm{d}z = \int_{C_1} \frac{1}{(z-a)^n}\mathrm{d}z = \begin{cases} 2\pi\mathrm{i}, & n=1, \\ 0, & n\neq 1. \end{cases}$$

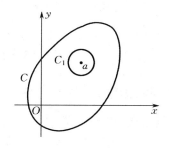

图 3.11

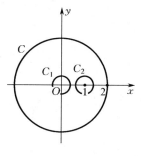

图 3.12

例 11 计算 $\int_C \dfrac{z-2}{z^2-z}\mathrm{d}z$,其中 C 为圆周 $|z|=2$,且取正向.

解 $f(z) = \dfrac{z-2}{z^2-z} = \dfrac{2}{z} - \dfrac{1}{z-1}$,在 C 内除 $z=0$、$z=1$ 外处处解析. 分别以 $z=0$、$z=1$ 为中心,适当小的 r_1、r_2 为半径作圆周 C_1、C_2,使它们都在 C 的内部,且互不包含、互不相交(如图 3.12). 由公式(3.8)有

$$\int_C \frac{z-2}{z^2-z}\mathrm{d}z = \int_{C_1} \frac{z-2}{z^2-z}\mathrm{d}z + \int_{C_2} \frac{z-2}{z^2-z}\mathrm{d}z$$

$$= \int_{C_1} \left(\frac{2}{z} - \frac{1}{z-1} \right)\mathrm{d}z + \int_{C_2} \left(\frac{2}{z} - \frac{1}{z-1} \right)\mathrm{d}z$$

$$\int_{C_1}\frac{2}{z}\mathrm{d}z - \int_{C_1}\frac{1}{z-1}\mathrm{d}z + \int_{C_2}\frac{2}{z}\mathrm{d}z - \int_{C_2}\frac{1}{z-1}\mathrm{d}z$$

$$= 4\pi\mathrm{i} - 0 + 0 - 2\pi\mathrm{i}$$

$$= 2\pi\mathrm{i}.$$

3.4 柯西积分公式

这一节我们将要证明一个在区域 D 内解析的函数在 D 内任一点的函数值都可用其边界值来表示,这就是下面的柯西积分公式.

定理 3.10(单连通区域上的柯西积分公式) 设 D 是由简单闭曲线 C 围成的单连通区域,函数 $f(z)$ 在 D 内解析,在 $\overline{D} = D + C$ 上连续,则有

$$f(z) = \frac{1}{2\pi\mathrm{i}}\int_C \frac{f(\zeta)}{\zeta - z}\mathrm{d}\zeta \quad (z\in D). \tag{3.10}$$

证明 根据假设,函数 $F(\zeta) = \dfrac{f(\zeta)}{\zeta - z}$ 在 D 内除去点 z 外处处解析.以点 z 为中心,以适当小的正数 r 为半径作圆周 $C_r : |\zeta - z| = r$,使 C_r 及其内部都含于 D(图 3.13).由定理 3.9 知

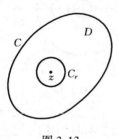

图 3.13

$$\int_C \frac{f(\zeta)}{\zeta - z}\mathrm{d}\zeta = \int_{C_r}\frac{f(\zeta)}{\zeta - z}\mathrm{d}\zeta,$$

且右端的积分与 C_r 的半径无关,由于

$$\int_{C_r}\frac{f(\zeta)}{\zeta - z}\mathrm{d}\zeta = \int_{C_r}\frac{f(z) + f(\zeta) - f(z)}{\zeta - z}\mathrm{d}\zeta$$

$$= \int_{C_r}\frac{f(z)}{\zeta - z}\mathrm{d}\zeta + \int_{C_r}\frac{f(\zeta) - f(z)}{\zeta - z}\mathrm{d}\zeta$$

$$= 2\pi\mathrm{i}f(z) + \int_{C_r}\frac{f(\zeta) - f(z)}{\zeta - z}\mathrm{d}\zeta.$$

因为 $f(z)$ 在点 z 解析,从而 $f(z)$ 在点 z 连续,于是,对任意的 $\varepsilon > 0$,

存在 $\delta > 0$,当 $|\zeta - z| < \delta$ 时,有

$$|f(\zeta) - f(z)| < \varepsilon.$$

选取 $r < \delta$,则

$$\left| \int_{C_r} \frac{f(\zeta) - f(z)}{\zeta - z} \mathrm{d}\zeta \right| \leqslant \int_{C_r} \frac{|f(\zeta) - f(z)|}{|\zeta - z|} |\mathrm{d}\zeta|$$

$$< \frac{\varepsilon}{r} \int_{C_r} \mathrm{d}s = \frac{\varepsilon}{r} \cdot 2\pi r = 2\pi\varepsilon.$$

这说明 $\left| \int_{C_r} \dfrac{f(\zeta) - f(z)}{\zeta - z} \mathrm{d}\zeta \right|$ 比任意小的正数 $2\pi\varepsilon$ 还要小,而

$\dfrac{f(\zeta) - f(z)}{\zeta - z}$ 在 D 内除点 z 外处处解析,从而在 C_r 上是连续的,所以

积分 $\int_{C_r} \dfrac{f(\zeta) - f(z)}{\zeta - z} \mathrm{d}\zeta$ 是一个确定的复数.一个确定复数的模又比任

意小的正数还要小,这个数只能是零,即

$$\int_{C_r} \frac{f(\zeta) - f(z)}{\zeta - z} \mathrm{d}\zeta = 0.$$

于是

$$\int_{C_r} \frac{f(\zeta)}{\zeta - z} \mathrm{d}\zeta = 2\pi \mathrm{i} f(z),$$

即

$$f(z) = \frac{1}{2\pi \mathrm{i}} \int_{C} \frac{f(\zeta)}{\zeta - z} \mathrm{d}\zeta.$$

称式(3.10)为柯西积分公式.公式(3.10)表明,解析函数在区域 D 内任一点的值均可用它在边界上的值通过积分表示出来.这种借助积分表示函数值的方式在积分计算和理论研究中都有重要应用.

特别地,如果 C 是一个圆周 $|z - z_0| = R$,$f(z)$ 满足定理 3.10 的条件,则

$$f(z_0) = \frac{1}{2\pi} \int_0^{2\pi} f(z_0 + R\mathrm{e}^{i\theta}) \mathrm{d}\theta. \tag{3.11}$$

事实上,由公式(3.10)立即有

$$f(z_0) = \frac{1}{2\pi \mathrm{i}} \int_{C} \frac{f(z)}{z - z_0} \mathrm{d}z$$

$$= \frac{1}{2\pi i} \int_0^{2\pi} f(z_0 + Re^{i\theta}) \frac{iRe^{i\theta}}{Re^{i\theta}} d\theta.$$

$$= \frac{1}{2\pi} \int_0^{2\pi} f(z_0 + Re^{i\theta}) d\theta.$$

这表明一个解析函数在圆心处的函数值等于它在圆周上所有值的平均值,公式(3.11)称为**解析函数的平均值公式**.

例 12 求下列积分的值:

(1) $\int_C \frac{e^{iz}}{z+i} dz, C: |z+i| = 1$;

(2) $\int_C \frac{z}{(5-z^2)(z-i)} dz, C: |z| = 2$.

解 (1) $f(z) = e^{iz}$ 在复平面内解析,而 $\frac{e^{iz}}{z+i}$ 在 C 内有奇点 $z = -i$,由公式(3.10)得

$$\int_C \frac{e^{iz}}{z+i} dz = 2\pi i e^{iz} \big|_{z=-i} = 2\pi i e.$$

(2) $f(z) = \frac{z}{5-z^2}$ 在 $|z| \leqslant 2$ 内解析,而 $\frac{z}{(5-z^2)(z-i)}$ 在 C 内有奇点 $z = i$,由公式(3.10)得

$$\int_C \frac{z}{(5-z^2)(z-i)} dz = \int_C \frac{\frac{z}{5-z^2}}{z-i} dz = 2\pi i \frac{z}{5-z^2} \Big|_{z=i}$$

$$= 2\pi i \frac{i}{5-i^2} = -\frac{\pi}{3}.$$

例 13 设 $f(z) = \int_C \frac{e^{i\zeta}}{\zeta - z} d\zeta, C: |\zeta| = 2$,且点 z 不在 C 上,求:

(1) $f'(i)$;(2) $f(3+4i)$.

解 (1) 若 $|z| < 2$,则由柯西积分公式

$$f(z) = 2\pi i e^{i\zeta} \big|_{\zeta=z} = 2\pi i e^{iz},$$

所以 $f'(z) = -2\pi e^{iz}, f'(i) = -2\pi e^{-1}$.

(2) 若 $|z| > 2$,则 $f(z) = 0$,故 $f(3+4i) = 0$.

定理 3.11(复连通区域上的柯西积分公式) 设区域 D 是复连通

区域, C_0 为 D 的外边界, $C_1, C_2, \cdots, C_n$ 为 D 的内边界, $C = C_0 + C_1^-$ $+ \cdots + C_n^-$ 为 D 的总边界. 若函数 $f(z)$ 在 D 内解析, 在 $\bar{D}$ 上连续, 则

$$f(z) = \frac{1}{2\pi i} \int_C \frac{f(\zeta)}{\zeta - z} d\zeta \quad (z \in D). \tag{3.12}$$

证明 设 C_r 为圆周 $|\zeta - z| = r$.
选取 $r > 0$ 适当小, 使 C_r 在 C_0 之内, 在 $C_1, C_2, \cdots, C_n$ 之外 (图 3.14). 由 复连通区域上的柯西积分定理, 有

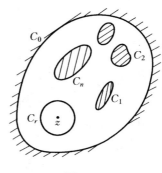

$$\int_{C_r} \frac{f(\zeta)}{\zeta - z} d\zeta = \int_C \frac{f(\zeta)}{\zeta - z} d\zeta.$$

由公式 (3.10), 有

$$f(z) = \frac{1}{2\pi i} \int_{C_r} \frac{f(\zeta)}{\zeta - z} d\zeta = \frac{1}{2\pi i} \int_C \frac{f(\zeta)}{\zeta - z} d\zeta.$$

这就证明了式 (3.12).

图 3.14

例 14 计算 $\int_C \dfrac{z}{(2z+1)(z-1)} dz$, 其中 C 为环域 $\dfrac{3}{4} < |z| < 2$ 的 边界 (图 3.15).

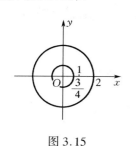

解 函数 $f(z) = \dfrac{z}{(2z+1)(z-1)}$ 在 $\dfrac{3}{4} <$ $|z| < 2$ 内除点 $z = 1$ 外处处解析, 故由公式 (3.12) 得

$$\int_C \frac{z}{(2z+1)(z-1)} dz = \int_C \frac{\frac{z}{2z+1}}{z-1} dz$$
$$= 2\pi i \frac{z}{2z+1} \Big|_{z=1} = \frac{2}{3} \pi i.$$

图 3.15

通过以上几个例子可以看出, 柯西积分公式可以改写成

$$\int_C \frac{f(\zeta)}{\zeta - z} d\zeta = 2\pi i f(z) \quad (z \in D),$$

其中 D 是单连通区域或复连通区域. 借此公式可以计算某些函数沿简 单闭曲线或复合闭路的积分.

例 15　用柯西积分公式计算例 11 的积分.

解　如图 3.12,作圆周 C_1,C_2. 由公式 3.8 得

$$\int_C \frac{z-2}{z^2-z}\mathrm{d}z = \int_{C_1} \frac{z-2}{z^2-z}\mathrm{d}z + \int_{C_2} \frac{z-2}{z^2-z}\mathrm{d}z$$

$$= \int_{C_1} \frac{\dfrac{z-2}{z-1}}{z}\mathrm{d}z + \int_{C_2} \frac{\dfrac{z-2}{z}}{z-1}\mathrm{d}z$$

$$= 2\pi\mathrm{i}\frac{z-2}{z-1}\bigg|_{z=0} + 2\pi\mathrm{i}\frac{z-2}{z}\bigg|_{z=1}$$

$$= 2\pi\mathrm{i}\times 2 + 2\pi\mathrm{i}\times(-1) = 2\pi\mathrm{i}.$$

与例 10 结果相同.

3.5　高阶导数公式

本节我们应用柯西积分公式证明解析函数的导函数仍为解析函数,从而推出解析函数具有任意阶导数.

定理 3.12　若函数 $f(z)$ 在区域 D 内解析,在 $\overline{D} = D + C$(C 为 D 的边界)上连续,则在 D 内任一点 z 处,函数 $f(z)$ 具有各阶导数,且

$$f^{(n)}(z) = \frac{n!}{2\pi\mathrm{i}}\int_C \frac{f(\zeta)}{(\zeta-z)^{n+1}}\mathrm{d}\zeta, n=1,2,\cdots. \tag{3.13}$$

证明　用数学归纳法证之. 首先证明 $n=1$ 的情况,即证

$$f'(z) = \frac{1}{2\pi\mathrm{i}}\int_C \frac{f(\zeta)}{(\zeta-z)^2}\mathrm{d}\zeta.$$

根据导数定义

$$f'(z) = \lim_{\Delta z \to 0}\frac{f(z+\Delta z)-f(z)}{\Delta z}.$$

由柯西积分公式

$$f(z) = \frac{1}{2\pi\mathrm{i}}\int_C \frac{f(\zeta)}{\zeta-z}\mathrm{d}\zeta,$$

$$f(z+\Delta z) = \frac{1}{2\pi\mathrm{i}}\int_C \frac{f(\zeta)}{\zeta-(z+\Delta z)}\mathrm{d}\zeta.$$

从而有

$$\frac{f(z+\Delta z)-f(z)}{\Delta z}=\frac{1}{\Delta z}\left[\frac{1}{2\pi i}\int_C\frac{f(\zeta)}{\zeta-(z+\Delta z)}d\zeta-\frac{1}{2\pi i}\int_C\frac{f(\zeta)}{\zeta-z}d\zeta\right]$$

$$=\frac{1}{2\pi i}\int_C\frac{f(\zeta)}{[\zeta-(z+\Delta z)](\zeta-z)}d\zeta.$$

因此,只需证明

$$\left|\frac{1}{2\pi i}\int_C\frac{f(\zeta)}{[\zeta-(z+\Delta z)](\zeta-z)}d\zeta-\frac{1}{2\pi i}\int_C\frac{f(\zeta)}{(\zeta-z)^2}d\zeta\right|$$

$$=\left|\frac{1}{2\pi i}\int_C\frac{\Delta z\cdot f(\zeta)}{(\zeta-z-\Delta z)(\zeta-z)^2}d\zeta\right|,$$

当$|\Delta z|$充分小时不超过任给的正数 ε.

设 M 是$|f(\zeta)|$在边界曲线 C 上的最大值, $d>0$ 为点 z 到 C 上各点 ζ 间的最短距离,于是当 $\zeta\in C$ 时,$|\zeta-z|\geqslant d>0$(图 3.16),不妨设 $|\Delta z|<\dfrac{d}{2}$,则有

$$|\zeta-z-\Delta z|\geqslant|\zeta-z|-|\Delta z|>d-\frac{d}{2}=\frac{d}{2},$$

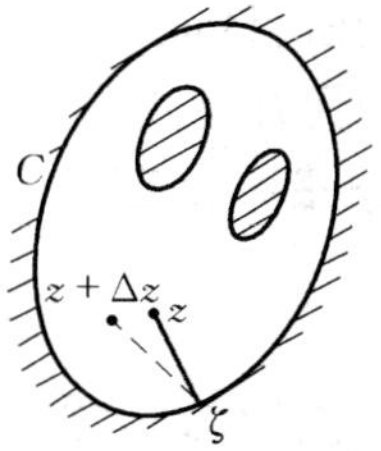

从而

图 3.16

$$\left|\frac{1}{2\pi i}\int_C\frac{\Delta z\cdot f(\zeta)}{(\zeta-z-\Delta z)(\zeta-z)^2}d\zeta\right|\leqslant\frac{1}{2\pi}\int_C\frac{|\Delta z||f(\zeta)|}{|\zeta-z-\Delta z||\zeta-z|^2}|d\zeta|$$

$$\leqslant\frac{|\Delta z|}{2\pi}\cdot\frac{ML}{\frac{d}{2}\cdot d^2}=\frac{ML}{\pi d^3}|\Delta z|,$$

其中 L 为 C 的长度. 为使上式不超过任意给定的正数 ε,只要取

$$|\Delta z|<\delta=\min\left\{\frac{d}{2},\frac{\pi d^3\varepsilon}{ML}\right\}.$$

由此可知,

$$f'(z)=\lim_{\Delta z\to 0}\frac{f(z+\Delta z)-f(z)}{\Delta z}$$

$$=\frac{1}{2\pi i}\int_C\frac{f(\zeta)}{(\zeta-z)^2}d\zeta.$$

因此,当 $n=1$ 时公式(3.13)是成立的.

现在假设 $n=k$ 时,公式(3.13)成立,即

$$f^{(k)}(z) = \frac{k!}{2\pi i}\int_C \frac{f(\zeta)}{(\zeta-z)^{k+1}}\mathrm{d}\zeta,$$

再证明 $n=k+1$ 时公式(3.13)也成立. 为此将 $f^{(k)}(z)$ 看做 $f(z)$,仿照 $n=1$ 的证明方法(这里不再重复)可以证得

$$f^{(k+1)}(z) = \frac{(k+1)!}{2\pi i}\int_C \frac{f(\zeta)}{(\zeta-z)^{k+2}}\mathrm{d}\zeta.$$

由数学归纳法,公式(3.13)对任意的正整数 n 都成立.

公式(3.13)称为解析函数的**高阶导数公式**. 它表明,解析函数存在任意阶导数,因而解析函数的导函数仍然是解析函数. 由此可以推出解析函数的各阶导函数也都是连续函数. 而高等数学中区间上的可微函数,在此区间上不一定有二阶导数,更谈不上有高阶导数了. 这个公式的应用往往不在于用求积分代替求导数,而是用求导数的方法来计算积分,即

$$\int_C \frac{f(\zeta)}{(\zeta-z)^{n+1}}\mathrm{d}\zeta = \frac{2\pi i}{n!}f^{(n)}(z).$$

例 16 计算下列积分:

(1) $\displaystyle\int_C \frac{z^3}{(z-i)^4}\mathrm{d}z, C:|z|=2;$

(2) $\displaystyle\int_C \frac{\mathrm{e}^{-z}\cos z}{z^2}\mathrm{d}z, C:|z|=1.$

解 (1) z^3 在 $|z|\leqslant 2$ 上解析,$\dfrac{z^3}{(z-i)^4}$ 在 C 内有一个奇点 $z=i$,在公式(3.13)中取 $f(z)=z^3, n=3$,得

$$\int_C \frac{z^3}{(z-i)^4}\mathrm{d}z = \frac{2\pi i}{3!}(z^3)^{(3)}\Big|_{z=i} = 2\pi i.$$

(2) $\mathrm{e}^{-z}\cos z$ 在 $|z|\leqslant 1$ 上解析,在公式(3.13)中取 $f(z)=\mathrm{e}^{-z}\cos z, n=1$,得

$$\int_C \frac{\mathrm{e}^{-z}\cos z}{z^2}\mathrm{d}z = 2\pi i(\mathrm{e}^{-z}\cos z)'\big|_{z=0} = -2\pi i.$$

例 17 设 $f(z)=\displaystyle\int_C \frac{\cos(\pi\zeta)}{(\zeta-z)^3}\mathrm{d}\zeta, C:|\zeta|=r>1,$ 且 z 不在 C 上,

求 $f(1)$.

解　当 $|z| < r$ 时,由高阶导数公式

$$f(z) = \frac{2\pi i}{2!}[\cos(\pi\zeta)]''\Big|_{\zeta=z} = -i\pi^3\cos(\pi z),$$

故　$f(1) = -i\pi^3\cos\pi = i\pi^3$.

例 18　计算积分

$$I = \int_C \frac{z}{(2z+1)(z-1)^2}dz, C:|z| = 2.$$

解　被积函数的奇点 $-\dfrac{1}{2}$、1 均在 C

内.在 C 内分别以 $-\dfrac{1}{2}$ 和 1 为中心,适当

小的正数 r_1 和 r_2 为半径作圆周 C_1 和

C_2,使 C_1 和 C_2 互不包含、互不相交(图

3.17),由复合闭路定理,有

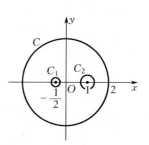

图 3.17

$$\int_C \frac{z}{(2z+1)(z-1)^2}dz$$

$$= \int_{C_1} \frac{z}{(2z+1)(z-1)^2}dz + \int_{C_2} \frac{z}{(2z+1)(z-1)^2}dz$$

$$= \int_{C_1} \frac{\dfrac{z}{2(z-1)^2}}{\left(z+\dfrac{1}{2}\right)}dz + \int_{C_2} \frac{\dfrac{z}{2z+1}}{(z-1)^2}dz$$

$$= 2\pi i \frac{z}{2(z-1)^2}\Big|_{z=-\frac{1}{2}} + 2\pi i\left(\frac{z}{2z+1}\right)'\Big|_{z=1}$$

$$= -\frac{2\pi i}{9} + \frac{2\pi i}{9} = 0.$$

例 19　计算积分 $\displaystyle\int_C \frac{e^z+z}{z^2(z-1)^3}dz, C:\left|z-\dfrac{1}{2}\right| = 1.$

解　$f(z) = \dfrac{e^z+z}{z^2(z-1)^3} = \dfrac{e^z}{z^2(z-1)^3} + \dfrac{1}{z(z-1)^3}$

在 C 内除点 0 和 1 外处处解析.分别以 0 和 1 为中心,适当小的半径

r_1、r_2 作圆周 C_1、C_2，使它们都在 C 的内部，且 C_1 和 C_2 互不包含、互不相交（如图 3.18）. 由定理 3.19 得

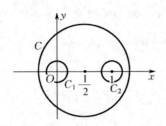

图 3.18

$$\int_C \frac{e^z + z}{z^2(z-1)^3} dz = \int_{C_1} \left(\frac{e^z}{z^2(z-1)^3} + \frac{1}{z(z-1)^3} \right) dz +$$

$$\int_{C_2} \left(\frac{e^z}{z^2(z-1)^3} + \frac{1}{z(z-1)^3} \right) dz$$

$$= \int_{C_1} \frac{\dfrac{e^z}{(z-1)^3}}{z^2} dz + \int_{C_1} \frac{\dfrac{1}{(z-1)^3}}{z} dz +$$

$$\int_{C_2} \frac{\dfrac{e^z}{z^2}}{(z-1)^3} dz + \int_{C_2} \frac{\dfrac{1}{z}}{(z-1)^3} dz$$

$$= 2\pi i \left[\frac{e^z}{(z-1)^3} \right]'_{z=0} + 2\pi i \frac{1}{(z-1)^3} \bigg|_{z=0} +$$

$$\frac{2\pi i}{2!} \left(\frac{e^z}{z^2} \right)'' \bigg|_{z=1} + \frac{2\pi i}{2!} \left(\frac{1}{z} \right)'' \bigg|_{z=1}$$

$$= (3e - 8)\pi i.$$

例 20　设 n 为自然数，试证：

$$I_1 = \int_0^{2\pi} e^{r\cos\theta} \cos(r\sin\theta - n\theta) d\theta = \frac{2\pi}{n!} r^n,$$

$$I_2 = \int_0^{2\pi} e^{r\cos\theta} \sin(r\sin\theta - n\theta) d\theta = 0.$$

证明 $I_1 + iI_2 = \int_0^{2\pi} e^{r\cos\theta} [\cos(r\sin\theta - n\theta) + i\sin(r\sin\theta - n\theta)] d\theta$

$$= \int_0^{2\pi} e^{r\cos\theta} e^{i(r\sin\theta - n\theta)} d\theta$$

$$= \int_0^{2\pi} e^{r\cos\theta} e^{ir\sin\theta} e^{-in\theta} d\theta$$

$$= \int_0^{2\pi} e^{re^{i\theta}} e^{-in\theta} d\theta = \int_0^{2\pi} \frac{e^{re^{i\theta}}}{(e^{i\theta})^n} d\theta.$$

令 $z = e^{i\theta}$,则当 θ 由 0 变到 2π 时,z 沿单位圆 $|z| = 1$ 逆时针方向绕行一周,所以

$$I_1 + iI_2 = \int_{|z|=1} \frac{e^{rz}}{iz^{n+1}} dz = \frac{1}{i} \int_{|z|=1} \frac{e^{rz}}{z^{n+1}} dz$$

$$= \frac{2\pi i}{i\, n!} (e^{rz})^{(n)} \big|_{z=0} = \frac{2\pi}{n!} r^n.$$

比较等式两端的实部和虚部,即得所要证明的两个等式.

例 21 设函数 $f(z)$ 在单连通区域 D 内连续,C 为 D 内任意一条简单闭曲线,若 $\int_C f(z) dz = 0$,证明函数 $f(z)$ 在 D 内解析.

证明 在 D 内任意取定一点 z_0,z 为 D 内任意一点,由已知,对 D 内任意一条闭曲线 C,$\int_C f(z) dz = 0$,所以 $\int_{z_0}^{z} f(\zeta) d\zeta$ 的值与连接 z_0 与 z 的路线无关,令 $F(z) = \int_{z_0}^{z} f(\zeta) d\zeta$,由定理 3.7 可知 $F(z)$ 在 D 内解析,且 $F'(z) = f(z)$,由定理 3.12 知,解析函数的导函数仍为解析函数,故 $f(z)$ 在 D 内解析.

例 21 实际上是摩洛拉(Morera)定理,它可以看做是柯西积分定理(定理 3.3)的逆定理,它连同柯西积分定理,用积分的方法刻画了解析函数的积分性质,从而推出函数 $f(z)$ 在区域 D 内解析的又一个等价命题:

函数 $f(z)$ 在单连通区域 D 内解析的充分必要条件是:$f(z)$ 在 D 内连续,且对 D 内任一闭曲线 C,有 $\int_C f(z) dz = 0$.

3.6　解析函数与调和函数的关系

前一节证明了区域 D 内的解析函数在 D 内具有任意阶导数. 因此, 在 D 内它的实部 $u(x,y)$ 和虚部 $v(x,y)$ 都具有二阶连续偏导数. 下面讨论如何选取 $u(x,y)$ 和 $v(x,y)$, 才能使函数 $u(x,y)+iv(x,y)$ 在区域 D 内解析.

设 $f(z)=u(x,y)+iv(x,y)$ 在区域 D 内解析, 则

$$\frac{\partial u}{\partial x}=\frac{\partial v}{\partial y}, \quad \frac{\partial u}{\partial y}=-\frac{\partial v}{\partial x}.$$

由此得

$$\frac{\partial^2 u}{\partial x^2}=\frac{\partial^2 v}{\partial y\partial x}, \frac{\partial^2 u}{\partial y^2}=-\frac{\partial^2 v}{\partial x\partial y}.$$

因为 $\dfrac{\partial^2 v}{\partial x\partial y}$、$\dfrac{\partial^2 v}{\partial y\partial x}$ 在 D 内连续, 所以

$$\frac{\partial^2 v}{\partial x\partial y}=\frac{\partial^2 v}{\partial y\partial x},$$

故在 D 内有

$$\frac{\partial^2 u}{\partial x^2}+\frac{\partial^2 u}{\partial y^2}=0.$$

同理在 D 内有

$$\frac{\partial^2 v}{\partial x^2}+\frac{\partial^2 v}{\partial y^2}=0.$$

即 u 和 v 在 D 内满足拉普拉斯(Laplace)方程.

定义 3.3　如果二元实函数 $\varphi(x,y)$ 在区域 D 内具有二阶连续偏导数, 并且满足拉普拉斯方程

$$\frac{\partial^2 \varphi}{\partial x^2}+\frac{\partial^2 \varphi}{\partial y^2}=0,$$

那么称 $\varphi(x,y)$ 为区域 D 内的调和函数.

定理 3.13　设函数 $f(z)=u(x,y)+iv(x,y)$ 在区域 D 内解析, 则 $f(z)$ 的实部 $u(x,y)$ 和虚部 $v(x,y)$ 都是区域 D 内的调和函数.

定义 3.4 设 $u(x,y)$ 为区域 D 内的调和函数,则称使得 $u+\mathrm{i}v$ 在 D 内构成解析函数的调和函数 $v(x,y)$ 为 $u(x,y)$ 的共轭调和函数.

定理 3.14 若 $f(z)=u(x,y)+\mathrm{i}v(x,y)$ 在区域 D 内解析,则在区域 D 内,$v(x,y)$ 必为 $u(x,y)$ 的共轭调和函数.

注意 如果 u 和 v 是区域 D 内任意两个调和函数,那么 $u+\mathrm{i}v$ 在 D 内未必是解析函数,要想使 $u+\mathrm{i}v$ 在区域 D 内解析,u 和 v 还必须满足 C—R 方程.因此,若已知一个解析函数的实部 $u(x,y)$(或虚部 $v(x,y)$),就可以求出它的虚部 $v(x,y)$(或实部 $u(x,y)$).

假设 D 是单连通区域,$u(x,y)$ 为 D 内的调和函数.下面介绍用曲线积分求 $u(x,y)$ 的共轭调和函数 $v(x,y)$ 的方法.

因为 $u(x,y)$ 为已知的调和函数,故

$$\frac{\partial^2 u}{\partial x^2}+\frac{\partial^2 u}{\partial y^2}=0,$$

即

$$\frac{\partial}{\partial x}\left(\frac{\partial u}{\partial x}\right)=\frac{\partial}{\partial y}\left(-\frac{\partial u}{\partial y}\right).$$

由二元实函数全微分判别法知

$$-\frac{\partial u}{\partial y}\mathrm{d}x+\frac{\partial u}{\partial x}\mathrm{d}y$$

是某个二元实函数的全微分,这个函数就是

$$v(x,y)=\int_{(x_0,y_0)}^{(x,y)}-\frac{\partial u}{\partial y}\mathrm{d}x+\frac{\partial u}{\partial x}\mathrm{d}y+C, \tag{3.14}$$

该积分与路径无关.其中 (x_0,y_0) 为 $u(x,y)$ 调和区域 D 内的一个定点,(x,y) 为 D 内任一点,C 为任意常数.

由高等数学的知识知道

$$\frac{\partial v}{\partial x}=-\frac{\partial u}{\partial y},\frac{\partial v}{\partial y}=\frac{\partial u}{\partial x}.$$

这就是 C—R 条件,由定理 2.4 知 $u+\mathrm{i}v$ 在 D 内解析.

公式(3.14)不必硬记,由

$$\mathrm{d}v=\frac{\partial v}{\partial x}\mathrm{d}x+\frac{\partial v}{\partial y}\mathrm{d}y\xrightarrow{\text{C—R 方程}}-\frac{\partial u}{\partial y}\mathrm{d}x+\frac{\partial u}{\partial x}\mathrm{d}y,$$

两端积分即得.

类似地,已知调和函数 $u(x,y)$ 的共轭调和函数 $v(x,y)$,也可以求 $u(x,y)$,使 $u+\mathrm{i}v$ 为解析函数.即

$$\mathrm{d}u=\frac{\partial u}{\partial x}\mathrm{d}x+\frac{\partial u}{\partial y}\mathrm{d}y\xrightarrow{\text{C—R方程}}\frac{\partial v}{\partial y}\mathrm{d}x-\frac{\partial v}{\partial x}\mathrm{d}y,$$

两端积分,有

$$u(x,y)=\int_{(x_0,y_0)}^{(x,y)}\frac{\partial v}{\partial y}\mathrm{d}x-\frac{\partial v}{\partial x}\mathrm{d}y+C,\tag{3.15}$$

且积分与路径无关.

例 22　验证 $u(x,y)=x^3-3xy^2$ 是 Z 平面上的调和函数,并求以 $u(x,y)$ 为实部的解析函数 $f(z)=u+\mathrm{i}v$,使其满足 $f(0)=\mathrm{i}$.

解　因在 Z 平面上任一点有

$$\frac{\partial u}{\partial x}=3x^2-3y^2,\frac{\partial u}{\partial y}=-6xy,$$

$$\frac{\partial^2 u}{\partial x^2}=6x,\frac{\partial^2 u}{\partial y^2}=-6x,$$

所以 $\dfrac{\partial^2 u}{\partial x^2}$、$\dfrac{\partial^2 u}{\partial y^2}$ 在 Z 平面上处处连续,且满足

$$\frac{\partial^2 u}{\partial x^2}+\frac{\partial^2 u}{\partial y^2}=0,$$

故 $u(x,y)$ 在 Z 平面上为调和函数.

由公式(3.14)得

$$\begin{aligned}v(x,y)&=\int_{(0,0)}^{(x,y)}6xy\mathrm{d}x+(3x^2-3y^2)\mathrm{d}y+C\\&=\int_0^x 0\mathrm{d}x+\int_0^y(3x^2-3y^2)\mathrm{d}y+C\\&=3x^2y-y^3+C,\end{aligned}$$

故

$$f(z)=x^3-3xy^2+\mathrm{i}(3x^2y-y^3+C)=z^3+\mathrm{i}C.$$

由 $f(0)=\mathrm{i}$,得 $C=1$,所以

$$f(z)=z^3+\mathrm{i}.$$

我们也可以直接利用 C—R 方程由解析函数 $f(z)=u+\mathrm{i}v$ 的实部 u(虚部 v)求其虚部 v(实部 u).

例 23 已知调和函数 $v(x,y) = x^2 - y^2 + xy$,求解析函数 $f(z) = u + iv$,使 $f(0) = 0$.

解 因为 $\dfrac{\partial v}{\partial x} = 2x + y, \dfrac{\partial v}{\partial y} = -2y + x$,由公式(3.15)得

$$u = \int_{(0,0)}^{(x,y)} (-2y + x)\mathrm{d}x - (2x + y)\mathrm{d}y$$

$$= \int_0^x x\mathrm{d}x - \int_0^y (2x + y)\mathrm{d}y$$

$$= \frac{x^2}{2} - 2xy - \frac{y^2}{2} + C.$$

另解,因 $f(z) = u(x,y) + iv(x,y)$ 为解析函数,所以由 C—R 方程

$$\frac{\partial u}{\partial x} = \frac{\partial v}{\partial y} = -2y + x,$$

于是

$$u = \int (-2y + x)\mathrm{d}x = -2xy + \frac{x^2}{2} + \varphi(y),$$

又

$$\frac{\partial u}{\partial y} = -2x + \varphi'(y) = -\frac{\partial v}{\partial x} = -2x - y,$$

得

$$\varphi'(y) = -y,$$

$$\varphi(y) = -\frac{y^2}{2} + C.$$

所以

$$u = -2xy + \frac{x^2}{2} - \frac{y^2}{2} + C = \frac{x^2}{2} - 2xy - \frac{y^2}{2} + C,$$

故

$$f(z) = \frac{x^2}{2} - 2xy - \frac{y^2}{2} + C + i(x^2 - y^2 + xy)$$

$$= \left(\frac{1}{2} + i\right)z^2 + C.$$

又 $f(0) = 0$,得 $C = 0$,所以

$$f(z) = \left(\frac{1}{2} + i\right)z^2.$$

习 题 3

1.计算积分 $\int_C (x - y + \mathrm{i} x^2)\mathrm{d}z$,其中积分路径 C 为:

(1)从原点到 $1 + \mathrm{i}$ 的直线段;

(2)从原点到 1,再由 1 到 $1 + \mathrm{i}$ 的折线段;

(3)从原点到 i,再由 i 到 $1 + \mathrm{i}$ 的折线段.

2.计算积分 $\int_C \mathrm{Im}\, z\,\mathrm{d}z$,其中积分路径 C 为:

(1)从原点到 $2 + \mathrm{i}$ 的直线段;

(2)半圆周:$|z| = 1, 0 \leqslant \arg z \leqslant \pi$,起点为 1;

(3)圆周 $|z - a| = R(R > 0)$.

3.计算积分 $\int_0^{2+\mathrm{i}} z^2 \mathrm{d}z$,其中积分路径为:

(1)直线段 $y = \dfrac{x}{2}$; (2)抛物线 $y = \dfrac{x^2}{4}$.

4.计算积分 $\int_C \dfrac{\bar{z}}{|z|}\mathrm{d}z$,其中积分路径 C 为正向圆周:

(1)$|z| = 2$; (2)$|z| = 4$.

5.设 $f(z)$ 和 $g(z)$ 在单连通区域 D 内解析,α 和 β 是 D 内两点,证明分部积分公式

$$\int_\alpha^\beta f(z)g'(z)\mathrm{d}z = f(z)g(z)\big|_\alpha^\beta - \int_\alpha^\beta f'(z)g(z)\mathrm{d}z,$$

这里从 α 到 β 的积分是沿 D 内连接 α 和 β 的一条简单曲线.

6.利用积分估值定理,证明:

(1)$\left| \int_C \dfrac{1}{z^2}\mathrm{d}z \right| \leqslant 2$,其中 C 是连接 i 到 $2 + \mathrm{i}$ 的直线段;

(2)$\left| \int_C (x^2 + \mathrm{i}y^2)\mathrm{d}z \right| \leqslant \pi$,其中 C 是连接 $-\mathrm{i}$ 到 i 的右半单位圆周.

7.设曲线 $C : |z| = 1$,说明下列各等式是否正确,为什么?

(1) $\displaystyle\int_C \bar{z}\mathrm{d}z = 0$; 　　　　　　(2) $\displaystyle\int_C \frac{1}{z}\mathrm{d}z = 0$;

(3) $\displaystyle\int_C \frac{1}{z^2}\mathrm{d}z = 0$; 　　　　　(4) $\displaystyle\int_C \frac{1}{z-3}\mathrm{d}z = 0$;

(5) $\displaystyle\int_C \frac{1}{z-\dfrac{1}{2}}\mathrm{d}z = \int_{C_1} \frac{1}{z-\dfrac{1}{2}}\mathrm{d}z$, 其中 $C_1:\left|z-\dfrac{1}{2}\right| = \dfrac{1}{8}$.

8. 设函数 $f(z)$ 在复平面内解析, C 是复平面内不经过点 a 的任意简单闭曲线, 试求下列各积分的值:

(1) $\displaystyle\int_C \frac{f(z)}{z-a}\mathrm{d}z$; 　　(2) $\displaystyle\int_{C^-} \frac{f(z)}{z-a}\mathrm{d}z$; 　　(3) $\displaystyle\int_C \frac{f(z)}{(z-a)^3}\mathrm{d}z$.

9. 设 $f(z) = \displaystyle\int_{|\zeta|=2} \frac{3\zeta^2+4}{\zeta-z}\mathrm{d}\zeta$, 且 $|z|\neq 2$, 求:

(1) $f(\mathrm{i})$; 　　　　　(2) $f'(\mathrm{i})$.

10. 指出下列各积分的值, 并说明其理由, 其中 C 为单位圆周: $|z| = 1$.

(1) $\displaystyle\int_C \frac{1}{\cos z}\mathrm{d}z$; 　　　　　(2) $\displaystyle\int_C \frac{1}{z^2+2z+5}\mathrm{d}z$;

(3) $\displaystyle\int_C \frac{z}{z-\dfrac{1}{2}}\mathrm{d}z$; 　　　　(4) $\displaystyle\int_C \frac{\mathrm{e}^z}{z}\mathrm{d}z$.

11. 计算下列各积分:

(1) $\displaystyle\int_0^{\pi\mathrm{i}} \sin z\,\mathrm{d}z$; 　　　　　(2) $\displaystyle\int_0^{\mathrm{i}} (2\mathrm{e}^{\mathrm{i}z} + z)\mathrm{d}z$;

(3) $\displaystyle\int_{-2}^{-2+\mathrm{i}} (z+2)^2\mathrm{d}z$; 　　(4) $\displaystyle\int_{\pi}^{\pi+2\mathrm{i}} \cos\frac{z}{2}\mathrm{d}z$.

12. 求积分 $\displaystyle\int_C \frac{1}{z+2}\mathrm{d}z$ 的值, 其中 $C:|z| = 1$, 并由此证明

$$\int_0^{\pi} \frac{1+2\cos\theta}{5+4\cos\theta}\mathrm{d}\theta = 0.$$

13. 计算下列各积分 (所给积分路径均为正向).:

(1) $\displaystyle\int_C \frac{\mathrm{e}^{2z}}{2z+1}\mathrm{d}z$, 　　　　　$C:|z| = 1$;

(2) $\displaystyle\int_C \frac{\mathrm{e}^z}{z-3}\mathrm{d}z$,　　　　　　$C: |z| = 2$;

(3) $\displaystyle\int_C z^3 \sin z\,\mathrm{d}z$,　　　　　　C 为包围 $z = 0$ 的闭曲线;

(4) $\displaystyle\int_C \frac{\mathrm{e}^{\mathrm{i}z}}{z^2+1}\mathrm{d}z$,　　　　　　$C: |z - 2\mathrm{i}| = \dfrac{3}{2}$;

(5) $\displaystyle\int_C \frac{\mathrm{e}^z}{z^2 + \frac{\pi}{2}\mathrm{i}z}\mathrm{d}z$,　　　　　　$C: |z| = 2$;

(6) $\displaystyle\int_C \frac{\sin \frac{\pi}{4}z}{z^2-1}\mathrm{d}z$,　　　　　　$C: |z-1| = 1$;

(7) $\displaystyle\int_C \frac{\cos z}{(z-\mathrm{i})^3}\mathrm{d}z$,　　　　　　$C: |z-\mathrm{i}| = 1$;

(8) $\displaystyle\int_C \frac{z}{(2z+1)(z-1)^2}\mathrm{d}z$,　　$C: |z| = 2$;

(9) $\displaystyle\int_C \frac{\mathrm{e}^z}{z^2(z-2)}\mathrm{d}z$,　　　　　　$C: |z| = 1$;

(10) $\displaystyle\int_C \frac{1}{z^3(z+1)(z-2)}\mathrm{d}z$,　$C: |z| = r > 0$ 且 $r \neq 1, 2$.

14. 求下列积分值:

(1) $\displaystyle\int_C \frac{1}{z^2(z^2+4)}\mathrm{d}z$,　　　　　$C: |z-\mathrm{i}| = 2$;

(2) $\displaystyle\int_C \frac{1}{z^2(2z-1)}\mathrm{d}z$,　　　　　$C: \left|z - \dfrac{1}{2}\right| = 1$;

(3) $\displaystyle\int_C \frac{z^2+3z+1}{5z^2-z^4}\mathrm{d}z$,　　　　$C: |z-\mathrm{i}| = 4$;

(4) $\displaystyle\int_C \frac{\mathrm{e}^z}{z(1-z)^3}\mathrm{d}z$,　　　　　C 为不经过点 0 和 1 的正向闭曲线;

(5) $\displaystyle\int_C \frac{1}{(2z+\mathrm{i})(z-\mathrm{i})^2}\mathrm{d}z$,　　C 为以 ± 1、$\pm 2\mathrm{i}$ 为顶点的平行四边形的正向边界;

(6) $\displaystyle\int_C \frac{\sin 2z}{(2z-\pi)^2}\mathrm{d}z$,　　　　　$C: |z-1| = 1$.

15. 设 $f(z) = \int_C \dfrac{2\zeta^3 - \zeta^2 + 1}{(\zeta - z)^2} \mathrm{d}\zeta, C: |\zeta| = 2,$ 且 $|z| \neq 2,$ 求 $f'(0).$

16. 设 $f(z)$ 在单连域 D 内解析且不为零, C 为 D 内任意简单闭曲线, 试证:

$$\int_C \frac{f'(z)}{f(z)} \mathrm{d}z = 0.$$

17. 若 $f(z)$ 在区域 D 内解析, 在 $\overline{D} = D + C$ 上连续, 且对 D 内任一点 $z,$ 都有

$$\int_C \frac{f(\zeta)}{(\zeta - z)^2} \mathrm{d}\zeta = 0,$$

试证 $f(z)$ 在 D 内为一常数.

18. 证明 $\dfrac{1}{2\pi\mathrm{i}} \displaystyle\int_C \dfrac{\mathrm{e}^{z\zeta}}{\zeta^{n+1}} \mathrm{d}\zeta = \dfrac{z^n}{n!},$ 其中 n 为自然数, C 是绕原点的任一闭曲线.

19. 设 $f(z)$ 和 $g(z)$ 在单连通区域 D 内解析, C 为 D 的边界, $f(z)$ 和 $g(z)$ 在 D 上连续, 且在 C 上 $f(z) = g(z),$ 试证在 $\overline{D}$ 上 $f(z) = g(z).$

20. 设函数 $f(z)$ 在 $0 < |z| < 1$ 内解析, 且沿任何圆周 $C: |z| = r$ $(0 < r < 1)$ 的积分值为零, 问 $f(z)$ 是否必须在 $z = 0$ 解析? 试举例说明之.

21. 设 u 为区域 D 内的调和函数, 且 $f = \dfrac{\partial u}{\partial x} - \mathrm{i} \dfrac{\partial u}{\partial y},$ 问 f 是否为 D 内的解析函数? 为什么?

22. 证明 $u = x^2 - y^2$ 和 $v = \dfrac{y}{x^2 + y^2}$ 都是调和函数, 但 $u + \mathrm{i}v$ 不是解析函数.

23. 分别由下列各条件求出解析函数 $f(z) = u(x,y) + \mathrm{i}v(x,y).$

(1) $u(x,y) = 2(x-1)y,$ $\qquad\qquad f(2) = \mathrm{i};$

(2) $u(x,y) = \mathrm{e}^x (x\cos y - y\sin y),$ $\quad f(0) = 0;$

(3) $v(x,y) = x^2 - y^2 + xy,$ $\qquad\qquad f(0) = 1;$

(4) $v(x,y) = \dfrac{y}{x^2 + y^2},$ $\qquad\qquad\qquad f(2) = 0.$

小　结

复变函数积分是本章的主要概念,研究的主要内容是复变函数积分的计算,介绍了复变函数积分的性质.

复变函数积分的计算主要有以下几种方法:

(1)设 $f(z)$ 在曲线 C 上连续(不一定解析),若 C 的参数方程为 $z = z(t), \alpha \leqslant t \leqslant \beta$,则

$$\int_C f(z)\mathrm{d}z = \int_\alpha^\beta f[z(t)]z'(t)\mathrm{d}t,$$

其中 α、β 分别对应于 C 的起点和终点;

(2)设 $f(z)$ 在 D 内解析,其积分路线不是 D 内的闭曲线,则可以使用牛顿—莱布尼茨公式

$$\int_{z_1}^{z_2} f(z)\mathrm{d}z = F(z)\Big|_{z_1}^{z_2} \quad (F'(z) = f(z)),$$

这时实积分的换元积分法、分部积分法仍然有效,若积分所沿的积分路径是封闭曲线,根据被积函数的特征,可以考虑用柯西积分定理、柯西积分公式或高阶导数公式来计算.

柯西积分定理是解析函数积分的理论基础,由柯西积分定理推出的柯西积分公式表明,一个在区域 D 内的解析函数可以用一个积分来表示,即解析函数在区域 D 内任一点处的值均可用它在边界上的值通过积分表示出来.这说明解析函数的值与值之间是有密切联系的.用柯西积分公式又证明了解析函数的高阶导数公式.一个解析函数存在任意阶的导数,因而解析函数的导函数仍然是解析函数.

在这一章的最后,讨论了解析函数与调和函数的关系,进而证明了区域 D 内的解析函数的实部和虚部均为 D 内的调和函数.同时给出了由已知调和函数作为实(虚)部构造解析函数的方法.

测验作业 3

1.计算下列各积分:

(1)$\int_C |z| dz$,其中:①C 是连接从 0 到 $2-i$ 的直线段,②C 是 $|z|=1$ 上从 $-i$ 到 i 的左半圆周;

(2)$\int_C z e^z dz$,其中 C 是连接从 0 到 i 的直线段;

(3)$\int_C \dfrac{e^z}{z(2z+1)^3} dz$,其中 C 是 $|z|=1$.

2.已知 $f(z) = \dfrac{a_1}{z-z_0} + \dfrac{a_2}{(z-z_0)^2} + \cdots + \dfrac{a_n}{(z-z_0)^n} + \varphi(z)$,

其中 $\varphi(z)$ 在区域 D 内解析,$z_0 \in D$,$a_1, a_2, \cdots, a_n$ 为常数,C 是 D 内围绕 z_0 的任一闭曲线,证明:

$$\frac{1}{2\pi i} \int_C f(z) dz = a_1.$$

3.利用积分估值定理证明:

$$\left| \int_C \frac{e^z}{z} dz \right| \leqslant \pi e,$$

其中 C 是 $|z|=1$ 上由 1 到 -1 的上半圆周.

4.已知

$$f(z) = \int_{|\zeta|=2} \frac{\sin \dfrac{\pi}{4} \zeta}{(\zeta - z)^2} d\zeta,$$

求 $f(1-2i), f(1), f'(1)$.

5.证明　$u(x,y) = x^3 y - xy^3$ 为复平面内的调和函数,并求解析函数 $f(z) = u(x,y) + iv(x,y)$,使 $f(0)=0$.

6.若 $f(z)$ 在单连通区域 D 内解析,且满足 $|1-f(z)| < 1$,试证:

(1)$f(z) \neq 0$ 在 D 内处处成立;

(2)$\int_C \dfrac{f'(z)}{f(z)} dz = 0$,$C$ 是 D 内任一闭曲线.

第 4 章　级　　数

前两章我们用微分和积分的方法研究了解析函数的性质.这一章,我们将从解析函数的柯西(Cauchy)积分公式出发,给出解析函数的幂级数表示——泰勒(Taylor)级数和洛朗(Laurent)级数,它们都是研究解析函数的重要工具.

4.1　复数列与复数项级数

4.1.1　复数列的一般概念

若复数集 E 可以和自然数建立一一对应关系,则将 E 中的元素依照对应的自然数的顺序排列起来:$\alpha_1,\alpha_2,\cdots,\alpha_n,\cdots$ 称为复数列,记为 $\{\alpha_n\}$.

定义 4.1　设已给复数列 $\{\alpha_n\}$ 及常数 α,若对于任意给定的正数 ε,总存在一个自然数 N,使得对 $n>N$ 的一切 α_n,不等式

$$|\alpha_n-\alpha|<\varepsilon$$

都成立,则称复数 α 为这个复数列的极限,记为

$$\lim_{n\to\infty}\alpha_n=\alpha \text{ 或 } \alpha_n\to\alpha(n\to\infty),$$

也称这个复数列收敛于 α.

显然,如果复数列有极限,则极限值是惟一的.

定理 4.1　复数列 $\{\alpha_n\}=\{a_n+ib_n\}$ 收敛于 $\alpha=a+ib$ 的充分必要条件是

$$\lim_{n\to\infty}a_n=a,\lim_{n\to\infty}b_n=b.$$

证明　必要性.如果 $\lim_{n\to\infty}\alpha_n=\alpha$,那么对于任意给定的 $\varepsilon>0$,存在自然数 N,当 $n>N$ 时,有

$$|\alpha_n-\alpha|<\varepsilon.$$

因为 $$|a_n - a| \leqslant |\alpha_n - \alpha|,$$
$$|b_n - b| \leqslant |\alpha_n - \alpha|,$$

所以这时也有, $|a_n - a| < \varepsilon$, $|b_n - b| < \varepsilon$. 故得

$$\lim_{n \to \infty} a_n = a, \lim_{n \to \infty} b_n = b.$$

充分性. 如果 $\lim\limits_{n \to \infty} a_n = a$, $\lim\limits_{n \to \infty} b_n = b$, 那么对于任意给定的 $\varepsilon > 0$, 存在自然数 N, 当 $n > N$ 时,

$$|a_n - a| < \frac{\varepsilon}{2}, |b_n - b| < \frac{\varepsilon}{2}.$$

从而有 $$|\alpha_n - \alpha| \leqslant |a_n - a| + |b_n - b| < \varepsilon,$$

所以 $$\lim_{n \to \infty} \alpha_n = \alpha.$$

定义 4.2 设已给一复数列 $\{\alpha_n\}$, 如果存在一个正数 M, 使 $|\alpha_n| \leqslant M (n = 1, 2, \cdots)$, 则称复数列 $\{\alpha_n\}$ 是有界的. 否则称 $\{\alpha_n\}$ 是无界的.

显然, 有极限的数列一定是有界数列, 但是有界数列却不一定有极限.

定义 4.3 对于一个复数列 $\{\alpha_n\}$, 如果任给 $M > 0$, 都存在自然数 N, 当 $n > N$ 时有

$$|\alpha_n| > M,$$

则称 $\{\alpha_n\}$ 趋于 ∞, 记作

$$\lim_{n \to \infty} \alpha_n = \infty.$$

从几何上看, 序列 $\{\alpha_n\}$ 趋于 ∞ 表示: 任意给定以原点为中心, 半径为 M 的圆 $|z| \leqslant M$, 可以找到一个 N, 当 $n > N$ 时, 复数 α_n 一定在此圆之外.

4.1.2 复数项级数的一般概念

定义 4.4 设 $\alpha_n = a_n + ib_n (n = 1, 2, \cdots)$ 为一复数列, 表达式

$$\sum_{n=1}^{\infty} \alpha_n = \alpha_1 + \alpha_2 + \cdots + \alpha_n + \cdots \tag{4.1}$$

称为复数项级数, 称其前 n 项的和

$$s_n = \alpha_1 + \alpha_2 + \cdots + \alpha_n$$

为级数的部分和.

定义 4.5　如果当 $n \to \infty$ 时,部分和 s_n 存在有限的极限 s,即 $\lim\limits_{n \to \infty} s_n$ $= s$,则称级数(4.1)是收敛的,并称 s 为级数(4.1)的和,记为 $\sum\limits_{n=1}^{\infty} \alpha_n =$ s. 如果 s_n 不存在有限的极限,则称级数(4.1)为发散的.

例 1　证明级数

$$1 + \alpha + \alpha^2 + \cdots + \alpha^n + \cdots \quad (\alpha \text{ 为复数})$$

当 $|\alpha| < 1$ 时收敛,其和为 $\dfrac{1}{1-\alpha}$,而当 $|\alpha| \geqslant 1$ 时发散.

证明　部分和

$$s_n = 1 + \alpha + \alpha^2 + \cdots + \alpha^{n-1} = \frac{1 - \alpha^n}{1 - \alpha}.$$

由于当 $|\alpha| < 1$ 时 $\lim\limits_{n \to \infty} |\alpha|^n = 0$,从而有

$$\lim_{n \to \infty} \alpha^n = 0.$$

所以

$$\lim_{n \to \infty} s_n = \lim_{n \to \infty} \left(\frac{1 - \alpha^n}{1 - \alpha} \right) = \frac{1}{1 - \alpha}.$$

于是由定义 4.5,得该级数收敛,其为 $\dfrac{1}{1-\alpha}$.

当 $|\alpha| > 1$ 时,显然有 $\lim\limits_{n \to \infty} \alpha^n = \infty$,因而

$$\lim_{n \to \infty} \frac{1 - \alpha^n}{1 - \alpha} = \infty,$$

这表明该级数发散.

当 $\alpha = 1$ 时,显然有

$$s_n = \underbrace{1 + 1 + \cdots + 1}_{n \uparrow} = n \to \infty \, (n \to \infty),\text{因此级数也发散.}$$

当 $|\alpha| = 1$,且 $\alpha \neq 1$ 时,令 $\alpha = \mathrm{e}^{\mathrm{i}\theta} (\theta \neq 2k\pi, k \text{ 取整数})$,则有

$$s_n = \frac{1 - \alpha^n}{1 - \alpha} = \frac{1 - \mathrm{e}^{\mathrm{i}n\theta}}{1 - \mathrm{e}^{\mathrm{i}\theta}}.$$

因为 $\mathrm{e}^{\mathrm{i}n\theta} = \cos n\theta + \mathrm{i}\sin n\theta$,所以它对任何固定的 θ,当 $n \to \infty$ 时,不存在极限,即 s_n 当 $n \to \infty$ 极限不存在,因此该级数发散.

定理 4.2 级数 $\sum\limits_{n=1}^{\infty} \alpha_n = \sum\limits_{n=1}^{\infty} (a_n + \mathrm{i}b_n)$ 收敛的充分必要条件是实数项级数 $\sum\limits_{n=1}^{\infty} a_n$ 和 $\sum\limits_{n=1}^{\infty} b_n$ 同时收敛.

证明 充分性. 设 $\sum\limits_{n=1}^{\infty} a_n = a$, $\sum\limits_{n=1}^{\infty} b_n = b$, 由于

$$s_n = \sum_{k=1}^{n} (a_k + \mathrm{i}b_k) = \sum_{k=1}^{n} a_k + \mathrm{i}\sum_{k=1}^{n} b_k,$$

所以

$$\lim_{n\to\infty} s_n = \lim_{n\to\infty} \sum_{k=1}^{n} a_n + \mathrm{i}\lim_{n\to\infty} \sum_{k=1}^{n} b_k = a + \mathrm{i}b.$$

从而 $\sum\limits_{n=1}^{\infty} \alpha_n$ 收敛.

必要性. 设 $s = \lim\limits_{n\to\infty} \sum\limits_{k=1}^{n} (a_k + \mathrm{i}b_k) = a + \mathrm{i}b$, 则

$$\lim_{n\to\infty} \left[\sum_{k=1}^{n} (a_k + \mathrm{i}b_k) - (a + \mathrm{i}b) \right] = 0,$$

即

$$\lim_{n\to\infty} \left[\left(\sum_{k=1}^{n} a_k - a \right) + \mathrm{i}\left(\sum_{k=1}^{n} b_k - b \right) \right] = 0.$$

于是有

$$\lim_{n\to\infty} \left(\sum_{k=1}^{n} a_k - a \right) = 0, \quad \lim_{n\to\infty} \left(\sum_{k=1}^{n} b_k - b \right) = 0.$$

从而

$$\lim_{n\to\infty} \sum_{k=1}^{n} a_k = a, \quad \lim_{n\to\infty} \sum_{k=1}^{n} b_k = b.$$

即 $\sum\limits_{n=1}^{\infty} a_n$、$\sum\limits_{n=1}^{\infty} b_n$ 都收敛.

定理 4.2 表明, 一个复数项级数的收敛性等价于该级数各项的实部与虚部构成的两个实数项级数的收敛性, 且前者和的实部与虚部分别等于后者这两个实数项级数的和. 这就将复数项级数的敛散性问题转化为实数项级数的敛散性问题. 由实数项级数 $\sum\limits_{n=1}^{\infty} a_n$ 和 $\sum\limits_{n=1}^{\infty} b_n$ 收敛的必要条件 $\lim\limits_{n\to\infty} a_n = 0$, $\lim\limits_{n\to\infty} b_n = 0$, 即可得到 $\lim\limits_{n\to\infty} \alpha_n = 0$. 从而推出复数项

级数 $\sum\limits_{n=1}^{\infty} \alpha_n$ 收敛的必要条件是 $\lim\limits_{n \to \infty} \alpha_n = 0.$

定理 4.3　如果级数 $\sum\limits_{n=1}^{\infty} |\alpha_n|$ 收敛,那么级数 $\sum\limits_{n=1}^{\infty} \alpha_n$ 也收敛.

证明　因为 $\sum\limits_{n=1}^{\infty} |\alpha_n| = \sum\limits_{n=1}^{\infty} \sqrt{a_n^2 + b_n^2}$,而

$$|a_n| \leqslant \sqrt{a_n^2 + b_n^2}, \quad |b_n| \leqslant \sqrt{a_n^2 + b_n^2},$$

故由正项级数收敛性的比较判别法知 $\sum\limits_{n=1}^{\infty} |a_n|$ 和 $\sum\limits_{n=1}^{\infty} |b_n|$ 都收敛,从而 $\sum\limits_{n=1}^{\infty} a_n$ 和 $\sum\limits_{n=1}^{\infty} b_n$ 也都收敛.由定理 4.2 可知级数 $\sum\limits_{n=1}^{\infty} \alpha_n = \sum\limits_{n=1}^{\infty} (a_n + ib_n)$ 收敛.

定义 4.6　如果级数 $\sum\limits_{n=1}^{\infty} |\alpha_n|$ 收敛,那么称级数 $\sum\limits_{n=1}^{\infty} \alpha_n$ 绝对收敛.

例 2　判断下列级数的收敛性:

(1) $\sum\limits_{n=1}^{\infty} \left(\dfrac{1}{n^2} + \dfrac{i}{2^n} \right);$　　(2) $\sum\limits_{n=1}^{\infty} \left(\dfrac{1}{n^2} + \dfrac{i}{n} \right);$　　(3) $\sum\limits_{n=1}^{\infty} \dfrac{i^n}{n^2}.$

解　(1)因为级数 $\sum\limits_{n=1}^{\infty} \dfrac{1}{n^2}$, $\sum\limits_{n=1}^{\infty} \dfrac{1}{2^n}$ 都收敛,由定理 4.2 知级数 $\sum\limits_{n=1}^{\infty} \left(\dfrac{1}{n^2} + \dfrac{i}{2^n} \right)$ 收敛.

(2)由于 $\sum\limits_{k=1}^{n} \dfrac{1}{n}$ 发散,所以级数 $\sum\limits_{n=1}^{\infty} \left(\dfrac{1}{n^2} + \dfrac{i}{n} \right)$ 发散.

(3)因为 $\sum\limits_{n=1}^{\infty} \left| \dfrac{i^n}{n^2} \right| = \sum\limits_{n=1}^{\infty} \dfrac{1}{n^2}$ 是收敛的正项级数,所以由定理 4.3 可知级数 $\sum\limits_{n=1}^{\infty} \dfrac{i^n}{n^2}$ 是收敛的,且为绝对收敛.

4.2　幂级数

定义 4.7　设 $f_n(z), n = 1, 2, \cdots,$ 是定义在区域 D 内的函数列,

称表达式

$$\sum_{n=1}^{\infty} f_n(z) = f_1(z) + f_2(z) + \cdots + f_n(z) + \cdots \qquad (4.2)$$

为区域 D 内的函数项级数.

如果对于 D 内给定的点 z_0，数项级数

$$\sum_{n=1}^{\infty} f_n(z_0) = f_1(z_0) + f_2(z_0) + \cdots + f_n(z_0) + \cdots$$

收敛，则称 z_0 为级数(4.2)的收敛点，或者说级数(4.2)在点 z_0 收敛. 级数(4.2)所有收敛点的集合 D' 称为级数的收敛域. 显然 $D' \subset D$.

由于级数(4.2)的和随 D' 上的点 z 而确定，因此这个和就是 D' 内点 z 的一个函数，记为 $f(z)$，即

$$f(z) = \sum_{n=1}^{\infty} f_n(z), z \in D'.$$

我们称 $f(z)$ 为级数(4.2)在 D' 内的和函数.

下面我们讨论函数项级数的一种特殊情形，也是实际应用中广泛出现的一种情形，就是各项都是幂函数构成的级数.

4.2.1 幂级数的概念

在级数

$$\sum_{n=0}^{\infty} c_n(z - z_0)^n = c_0 + c_1(z - z_0) + c_2(z - z_0)^2 + \cdots + c_n(z - z_0)^n + \cdots$$

$$(4.3)$$

中 z 为复变量，$c_n(n = 0, 1, 2, \cdots)$ 和 z_0 均为复常数. 通常称级数(4.3)为幂级数，$c_n(n = 0, 1, 2, \cdots)$ 称为级数(4.3)的系数.

如果做变换 $z - z_0 = t$，则幂级数(4.3)可以写成如下形式(把 t 改写为 z)：

$$\sum_{n=0}^{\infty} c_n z^n = c_0 + c_1 z + c_2 z^2 + \cdots + c_n z^n + \cdots.$$

幂级数是最简单的解析函数项级数. 显然级数(4.3)在点 $z = z_0$ 处收敛. 为了搞清该级数除点 z_0 外其他点的敛散性，与实变量幂级数类似，下面的阿贝尔(Abel)定理是基础.

定理 4.4(阿贝尔定理) 如果幂级数(4.3)在某点 $z_1(z_1 \neq z_0)$ 收敛,则级数(4.3)在圆域 $K: |z - z_0| < |z_1 - z_0|$ (即以 z_0 为中心,圆周通过 z_1 的圆)内绝对收敛.

证明 设 z 为所述圆域 K 内任一点,因为 $\sum\limits_{n=1}^{\infty} c_n(z_1 - z_0)^n$ 收敛,由级数收敛的必要条件,有

$$\lim_{n \to \infty} c_n(z_1 - z_0)^n = 0.$$

因此,存在正数 M,使

$$|c_n(z_1 - z_0)^n| \leqslant M \quad (n = 0,1,2,\cdots).$$

于是

$$|c_n(z - z_0)^n| = |c_n(z_1 - z_0)^n| \left| \frac{z - z_0}{z_1 - z_0} \right|^n \leqslant M \left| \frac{z - z_0}{z_1 - z_0} \right|^n.$$

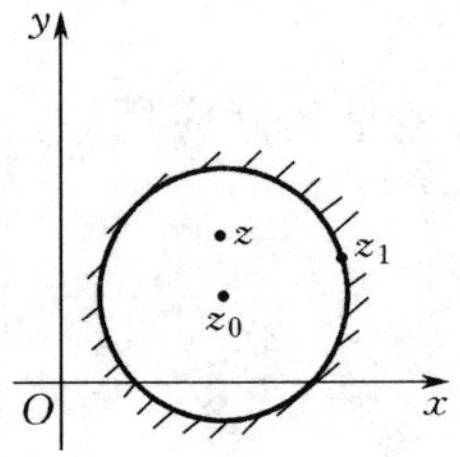

而当 $|z - z_0| < |z_1 - z_0|$ 时, $\left| \dfrac{z - z_0}{z_1 - z_0} \right| < 1$, 因而级数 $\sum\limits_{n=0}^{\infty} M \left| \dfrac{z - z_0}{z_1 - z_0} \right|^n$ 收敛,由正项级数比较判别法知 $\sum\limits_{n=0}^{\infty} |c_n(z - z_0)^n|$ 收敛.从而 $\sum\limits_{n=0}^{\infty} c_n(z - z_0)^n$ 绝对收敛,由于 z 是圆 $K: |z - z_0| < |z_1 - z_0|$ 内的任一点,于是定理得证.

图 4.1

由阿贝尔定理可知,如果幂级数(4.3)在点 z_1 处收敛,那么该级数在以 z_0 为中心,以 $|z_1 - z_0|$ 为半径的圆周内部的任一点 z 处也一定收敛.至于该级数在圆周 $|z - z_0| = |z_1 - z_0|$ 上(除 z_1 外)及其外部的收敛性需另行判定(图 4.1).

推论 如果幂级数(4.3)在某点 z_2 发散,则它在满足 $|z - z_0| > |z_2 - z_0|$ 的任一点 z 处级数(4.3)必发散.

证明 用反证法.设 z 为满足 $|z - z_0| > |z_2 - z_0|$ 的任一点,若在点 z 处级数(4.3)收敛,则由阿贝尔定理知

$$\sum_{n=0}^{\infty} c_n (z_2 - z_0)^n$$

收敛,这与题设矛盾.因而满足条件$|z - z_0| >$|$z_2 - z_0|$的点 z 都使级数(4.3)发散(图4.2).

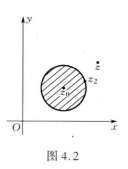

由定理 4.3 的推论可知,如果幂级数(4.3)在点 z_2 处发散,那么该级数在以 z_0 为中心,$|z_2 - z_0|$ 为半径的圆周外部的任意点 z 处也必然发散,至于在此圆周上(除 z_2 外)及其内部该级数的敛散性,需另行讨论.

图 4.2

4.2.2 收敛圆与收敛半径

根据阿贝尔定理及其推论可知,存在一个以 z_0 为中心,R 为半径的圆,使得幂级数(4.3)在这个圆内(即当$|z - z_0| < R$ 时)是收敛的,而在这个圆外(即当$|z - z_0| > R$ 时)是发散的.

圆$|z - z_0| < R$ 和圆周$|z - z_0| = R$ 分别称为幂级数(4.3)的收敛圆和收敛圆周,R 称为幂级数(4.3)的收敛半径.收敛半径 R 可能是零,即收敛圆缩为一点(圆心);可能是有限的正数;也可能是正无穷大,即收敛圆扩展为整个复平面.

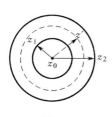

事实上,若任意一点 $z \neq z_0$ 代入幂级数(4.3)中所得到的常数项级数都发散,即收敛域仅由一点 z_0 组成,此时收敛圆缩为一点 z_0,在这种情况下,约定 $R = 0$;若有一点 $z_1 \neq z_0$,使幂级数(4.3)收敛,则由阿贝尔定理知幂级数(4.3)在圆$|z - z_0| < |z_1 - z_0| = R_1$ 内是收敛的,而在$|z - z_0| = R_1$ 的外部,幂级数(4.3)的敛散

图 4.3

性有两种可能,第一种可能是除 $z = \infty$ 外处处收敛,显然在这种情况下,可取 $R = +\infty$,即收敛圆成为整个复平面.第二种可能是级数(4.3)不是处处收敛,即存在 $z_2 \neq \infty$,使级数(4.3)发散,由推论可知,幂级数(4.3)在圆周$|z - z_0| = |z_2 - z_0| = R_2$ 外部是发散的,显然 $R_1 \leqslant R_2$.若 $R_1 = R_2$ 则取 $R = R_1 = R_2$,即收敛圆为$|z - z_0| < R$.若 $R_1 <$

R_2，我们再考察满足条件$|z'-z_0|=R'(R_1<R'<R_2)$的点z'．若在点z'处，幂级数(4.3)收敛．则它必在$|z-z_0|=R'$内也收敛，若在点z'处幂级数(4.3)发散，则它在$|z-z_0|=R'$的外部也发散(图4.3)．仿此无限继续下去，可使幂级数(4.3)的敛散性暂不能确定的那个环形域的宽度逐渐变小，最后就可以得到一个正数R，使得幂级数(4.3)在$|z-z_0|<R$内收敛，而在$|z-z_0|=R$的外部，幂级数(4.3)发散．圆$|z-z_0|<R$即为幂级数(4.3)收敛圆．

幂级数(4.3)在其收敛圆周上的敛散性有以下三种可能：①处处收敛；②处处发散；③既有收敛点，又有发散点(参看例3)．

下面讨论幂级数(4.3)收敛半径的具体求法．

根据正项级数的达朗贝尔(D'Alembert)比值判别法，若

$$\lim_{n\to\infty}\frac{|c_{n+1}(z-z_0)^{n+1}|}{|c_n(z-z_0)^n|}=\lim_{n\to\infty}\left|\frac{c_{n+1}}{c_n}\right|\cdot|z-z_0|=\rho|z-z_0|,$$

其中$\rho=\lim_{n\to\infty}\left|\dfrac{c_{n+1}}{c_n}\right|$．则当$\rho|z-z_0|$小于1时，级数$\sum_{k=1}^{n}|c_n(z-z_0)^n|$收敛，于是级数(4.3)收敛且为绝对收敛．而当$\rho|z-z_0|>1$时，由于此时级数的一般项不趋于0(即当$N$充分大且$n>N$时，$|c_n(z-z_0)^n|>|c_N(z-z_0)^N|\neq0,c_N\neq0)$，于是级数(4.3)发散．因此，下面的定理成立．

定理 4.5　如果

$$\lim_{n\to\infty}\left|\frac{c_{n+1}}{c_n}\right|=\rho,$$

则级数(4.3)的收敛半径

$$R=\begin{cases}0, & \rho=+\infty,\\ +\infty, & \rho=0,\\ \dfrac{1}{\rho}, & \rho\neq0,\rho\neq+\infty.\end{cases}\tag{4.4}$$

由正项级数的柯西根值判别法，还可以推得下面的定理．

定理 4.6　如果

$$\lim_{n\to\infty}\sqrt[n]{|c_n|}=\rho,$$

则幂级数(4.3)的收敛半径

$$R = \begin{cases} 0, & \rho = +\infty, \\ +\infty, & \rho = 0, \\ \dfrac{1}{\rho}, & \rho \neq 0, \rho \neq +\infty. \end{cases} \tag{4.5}$$

例 3　试求下列各幂级数的收敛半径,并说明在收敛圆周上的收敛性.

(1) $\displaystyle\sum_{n=1}^{\infty} \frac{z^n}{n^2}$;　　　　(2) $\displaystyle\sum_{n=0}^{\infty} z^n$;　　　　(3) $\displaystyle\sum_{n=1}^{\infty} \frac{z^n}{n}$;

(4) $\displaystyle\sum_{n=1}^{\infty} n!\,(z-\mathrm{i})^n$;　(5) $\displaystyle\sum_{n=1}^{\infty} [\ln(n+1)]^{-n} z^n$.

解　(1)由于

$$\lim_{n\to\infty} \left| \frac{c_{n+1}}{c_n} \right| = \lim_{n\to\infty} \frac{n^2}{n^2+1} = 1,$$

所以 $R=1$. 在圆周 $|z|=1$ 上

$$\sum_{n=1}^{\infty} \left| \frac{z^n}{n^2} \right| = \sum_{n=1}^{\infty} \frac{1}{n^2}$$

处处收敛,所以 $\displaystyle\sum_{n=1}^{\infty} \frac{z^n}{n^2}$ 在圆周 $|z|=1$ 上处处收敛.

(2)由于

$$\lim_{n\to\infty} \left| \frac{c_{n+1}}{c_n} \right| = 1,$$

所以 $R=1$. 在圆周 $|z|=1$ 上,令 $z=\mathrm{e}^{\mathrm{i}\theta}$,由于

$$\lim_{n\to\infty} z^n = \lim_{n\to\infty} \mathrm{e}^{\mathrm{i}n\theta} = \begin{cases} 1, & \theta = 0, \\ \text{不存在}, & 0 < \theta < 2\pi, \end{cases}$$

所以该级数在 $|z|=1$ 上处处发散.

(3)由于

$$\lim_{n\to\infty} \frac{c_{n+1}}{c_n} = \lim_{n\to\infty} \frac{n}{n+1} = 1,$$

所以 $R=1$.

当 $z=1$ 时,该级数为调和级数 $\displaystyle\sum_{n=1}^{\infty} \frac{1}{n}$,它是发散的. 而当 $z=-1$

时,该级数为 $\sum\limits_{n=1}^{\infty}\dfrac{(-1)^n}{n}$ 是收敛的,可见该级数在圆周 $|z|=1$ 上既有收敛点也有发散点.

(4)由于 $c_n=n!,n=1,2,\cdots,$ 得

$$\lim_{n\to\infty}\frac{c_{n+1}}{c_n}=\lim_{n\to\infty}\frac{(n+1)!}{n!}=\lim_{n\to\infty}(n+1)=\infty,$$

所以 $R=0$,此级数仅在点 $z=\mathrm{i}$ 处收敛.

(5)由

$$\lim_{n\to\infty}\sqrt[n]{|c_n|}=\lim_{n\to\infty}\frac{1}{\ln(n+1)}=0,$$

所以 $R=+\infty$,该级数在复平面上处处收敛.

4.2.3　幂级数的运算

和实变量幂级数一样,复变量的幂级数也可以进行有理运算. 若

$$f_1(z)=\sum_{n=0}^{\infty}a_n(z-z_0)^n,\quad|z-z_0|<R_1,$$

$$f_2(z)=\sum_{n=0}^{\infty}b_n(z-z_0)^n,\quad|z-z_0|<R_2,$$

那么这两个幂级数在以 z_0 为中心,$R=\min(R_1,R_2)$ 为半径的圆内可以像多项式那样进行加法、减法和乘法运算,所得到的幂级数的和函数分别是 $f_1(z)$ 与 $f_2(z)$ 的和、差与积,所得到的幂级数的收敛半径大于或等于 R_1 与 R_2 中较小的一个.

另外,把实函数展为幂级数时经常使用的变量替换法对于复变量的幂级数依然成立. 即如果当 $|z|<r$ 时,$f(z)=\sum\limits_{n=0}^{\infty}c_nz^n$,又当 $|z|<R$ 时 $g(z)$ 解析,且 $|g(z)|<r$,则当 $|z|<R$ 时,

$$f[g(z)]=\sum_{n=1}^{\infty}c_n[g(z)]^n.$$

例 4　把函数 $f(z)=\dfrac{1}{z}$ 表成形如 $\sum\limits_{n=0}^{\infty}c_n(z-2)^n$ 的幂级数.

解　根据例 1 知道,当 $|z|<1$ 时

$$\frac{1}{1-z} = \sum_{n=0}^{\infty} z^n.$$

首先把函数 $\frac{1}{z}$ 做恒等变形,使分母中出现 $(z-2)$,即

$$\frac{1}{z} = \frac{1}{2+(z-2)} = \frac{1}{2} \frac{1}{1 - \frac{[-(z-2)]}{2}}.$$

当 $\left| -\frac{z-2}{2} \right| < 1$ 时,有

$$\frac{1}{1-\left(-\frac{z-2}{2}\right)} = \sum_{n=0}^{\infty} (-1)^n \left(\frac{z-2}{2}\right)^n,$$

即把 $\frac{1}{1-z}$ 中的 z 换成 $g(z) = -\frac{z-2}{2}$,于是

$$\frac{1}{z} = \frac{1}{2} \sum_{n=0}^{\infty} (-1)^n \left(\frac{z-2}{2}\right)^n = \sum_{n=0}^{\infty} \frac{(-1)^n}{2^{n+1}} (z-2)^n, \quad |z-2| < 2.$$

　　复变量的幂级数也像实变量的幂级数一样,在其收敛圆内具有下列性质(证明从略).

　　(1)若幂级数 $\sum_{n=0}^{\infty} c_n (z-z_0)^n$ 的收敛半径为 R,其和函数为 $f(z)$,则

$$f(z) = \sum_{n=0}^{\infty} c_n (z-z_0)^n,$$

在其收敛圆:$|z-z_0| < R$ 内是一个解析函数.

　　(2)幂级数 $\sum_{n=0}^{\infty} c_n (z-z_0)^n$ 在其收敛圆内可以逐项求导、逐项积分,且求导和积分后所得的幂级数的收敛半径和原来幂级数的收敛半径相同.即若

$$f(z) = \sum_{n=0}^{\infty} c_n (z-z_0)^n, \quad |z-z_0| < R,$$

则　(1) $f'(z) = \sum_{n=1}^{\infty} n c_n (z-z_0)^{n-1}, \quad |z-z_0| < R,$

　　(2) $\int_C f(z) \mathrm{d}z = \sum_{n=0}^{\infty} c_n \int_C (z-z_0)^n \mathrm{d}z,$ 其中 $C:|z-z_0| = \rho < R,$

或
$$\int_{z_0}^{z} f(z)\mathrm{d}z = \sum_{n=0}^{\infty} \frac{c_n}{n+1}(z-z_0)^{n+1}, |z-z_0|<R.$$

4.3　解析函数的泰勒级数

4.3.1　解析函数的泰勒展开式

在上一节我们已经知道,任意一个幂级数的和函数在其收敛圆内是一个解析函数.这个性质是很重要的.下面证明这个性质的逆命题也是成立的.

定理 4.7(泰勒展开定理)　设函数 $f(z)$ 在区域 D 内解析,z_0 为 D 内一点,R 为 z_0 到 D 的边界上各点的最短距离,那么在 $K:|z-z_0|<R$ 内,$f(z)$ 能展成幂级数

$$f(z) = \sum_{n=0}^{\infty} c_n(z-z_0)^n, \qquad (4.6)$$

其中

$$c_n = \frac{1}{2\pi\mathrm{i}} \int_{\Gamma_\rho} \frac{f(\zeta)}{(\zeta-z_0)^{n+1}}\mathrm{d}\zeta = \frac{1}{n!} f^{(n)}(z_0) \quad (n=0,1,2,\cdots), \quad (4.7)$$

$$\Gamma_\rho : |\zeta-z_0|=\rho, 0<\rho<R,$$

c_n 称为 $f(z)$ 在 z_0 的泰勒系数.

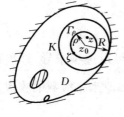

图 4.4

证明　设 z 为 K 内任一点,总有圆周 $\Gamma_\rho : |\zeta-z_0|=\rho(0<\rho<R)$,使点 z 含在 Γ_ρ 内(图 4.4).从而 $|z-z_0|<|\zeta-z_0|$,故由柯西积分公式有

$$f(z) = \frac{1}{2\pi\mathrm{i}} \int_{\Gamma_\rho} \frac{f(\zeta)}{\zeta-z}\mathrm{d}\zeta. \qquad (4.8)$$

又
$$\frac{1}{\zeta-z} = \frac{1}{(\zeta-z_0)-(z-z_0)} = \frac{1}{\zeta-z_0} \frac{1}{1-\dfrac{z-z_0}{\zeta-z_0}},$$

当 $\zeta \in \Gamma_\rho$ 时,因为 $\left|\dfrac{z-z_0}{\zeta-z_0}\right|<1$.应用公式 $\dfrac{1}{1-\alpha} = \sum_{n=0}^{\infty} \alpha^n, |\alpha|<1$,

$$\frac{1}{\zeta - z} = \frac{1}{\zeta - z_0}\left[1 + \frac{z - z_0}{\zeta - z_0} + \left(\frac{z - z_0}{\zeta - z_0}\right)^2 + \cdots + \left(\frac{z - z_0}{\zeta - z_0}\right)^n + \cdots\right].$$

将此代入(4.8)并沿 Γ_ρ 逐项积分[1],有

$$f(z) = \frac{1}{2\pi i}\int_{\Gamma_\rho} \frac{f(\zeta)}{\zeta - z}d\zeta = \frac{1}{2\pi i}\int_{\Gamma_\rho}\frac{f(\zeta)}{\zeta - z_0}\left[1 + \frac{z - z_0}{\zeta - z_0} + \left(\frac{z - z_0}{\zeta - z_0}\right)^2 + \cdots\right.$$

$$\left. + \left(\frac{z - z_0}{\zeta - z_0}\right)^n + \cdots\right]d\zeta$$

$$= \frac{1}{2\pi i}\int_{\Gamma_\rho}\frac{f(\zeta)}{\zeta - z_0}d\zeta + \left[\frac{1}{2\pi i}\int_{\Gamma_\rho}\frac{f(\zeta)}{(\zeta - z_0)^2}d\zeta\right](z - z_0) + \cdots +$$

$$\left[\frac{1}{2\pi i}\int_{\Gamma_\rho}\frac{f(\zeta)}{(\zeta - z_0)^{n+1}}d\zeta\right](z - z_0)^n + \cdots.$$

利用柯西积分公式及高阶导数公式,上式又可写成

$$f(z) = f(z_0) + \frac{f'(z_0)}{1!}(z - z_0) + \frac{f''(z_0)}{2!}(z - z_0)^2 + \cdots +$$

$$\frac{f^{(n)}(z_0)}{n!}(z - z_0)^n + \cdots$$

$$= \sum_{n=0}^{\infty} c_n(z - z_0)^n,$$

其中

$$c_n = \frac{1}{2\pi i}\int_{\Gamma_\rho}\frac{f(\zeta)}{(\zeta - z_0)^{n+1}}d\zeta = \frac{f^{(n)}(z_0)}{n!} \quad (n = 0, 1, 2, \cdots).$$

称式(4.6)为 $f(z)$ 在点 z_0 处的泰勒展开式,式(4.6)右端的级数称为 $f(z)$ 在点 z_0 处的泰勒级数,c_n 称为泰勒系数.

泰勒展开式(4.6)仅限于 z 在 Γ_ρ 的内部才能成立,而 Γ_ρ 又只需在 $f(z)$ 的解析区域 D 内即可,其半径大小并无限制.所以 $f(z)$ 在点 z_0 处的泰勒级数的收敛半径至少等于从 z_0 到 D 的边界上各点的最

---

(1) 因为 $\sum_{n=0}^{\infty}\frac{f(\xi)}{(\zeta - z_0)^{n+1}}(z - z_0)^n$ 在 Γ_ρ 上(关于 ζ)一致收敛,从而沿 Γ_ρ 可以逐项积分.请参阅钟玉泉编写的《复变函数论》相关内容.

短距离.

应当指出,如果 $f(z)$ 在 D 内有奇点,则 $f(z)$ 在点 z_0 处的泰勒级数的收敛半径应是 $f(z)$ 的各奇点到 z_0 的距离中的最短者. 事实上,若设该最短距离为 R_0,则在 $|z-z_0|<R_0$ 内,由于 $f(z)$ 处处解析,因而 $f(z)$ 在 z_0 的泰勒级数处处收敛于 $f(z)$. 同时,由于该泰勒级数的收敛圆内不能含有其和函数 $f(z)$ 的奇点,故又决定了收敛半径不能大于 R_0,因而 $f(z)$ 在点 z_0 处的泰勒级数的收敛半径只能是 R_0. 例如函数 $f(z)=\dfrac{1}{z(z+1)}$,共有两个奇点 $z=0$ 及 $z=-1$,如果把 $f(z)$ 在 $z_0=1$ 展成泰勒级数. 由于 1 到 0 的距离 $|1-0|=1$ 比 1 到 -1 的距离 $|1-(-1)|=2$ 短,故 $f(z)$ 在 $z_0=1$ 的泰勒级数的收敛半径为 1.

利用泰勒展开定理在点 $z=z_0$ 处可以把函数展成幂级数,但这样的展开式是否惟一呢?

设 $f(z)$ 在点 z_0 处已经用另外的方法展开为幂级数,有

$$f(z)=a_0+a_1(z-z_0)+a_2(z-z_0)^2+\cdots+a_n(z-z_0)^n+\cdots,$$

则

$$f(z_0)=a_0.$$

由于幂级数在其收敛圆内可以逐项求导,所以

$$f'(z)=a_1+2a_2(z-z_0)+\cdots,$$

令 $z=z_0$,得

$$f'(z_0)=a_1.$$

依次对 $f'(z),f''(z),\cdots,f^{(n-1)}(z),\cdots$ 的幂级数表达式求导,并令 $z=z_0$,可得

$$\frac{1}{n!}f^{(n)}(z_0)=a_n \quad (n=0,1,2,\cdots).$$

可见,函数 $f(z)$ 在点 z_0 处的幂级数展开式就是 $f(z)$ 在点 z_0 处的泰勒展开式. 因此展开式是惟一的.

例 5　试将函数 $f(z)=\mathrm{e}^z$ 在 $z_0=0$ 处展成泰勒级数.

解　由于 $f(z)=\mathrm{e}^z$ 在 $z=0$ 处解析,且

$$(e^z)^{(n)} = e^z \qquad (n = 0,1,2,\cdots),$$
$$(e^z)^{(n)}\big|_{z=0} = 1 \qquad (n = 0,1,2,\cdots).$$

由公式(4.6),得

$$e^z = 1 + \frac{z}{1!} + \frac{z^2}{2!} + \cdots + \frac{z^n}{n!} + \cdots.$$

因为 e^z 在复平面内处处解析,所以这个等式在复平面内处处成立. 所以该级数的收敛半径 $R = +\infty$.

用与例 5 相同的方法可以求得下面的展开式:

$$\sin z = z - \frac{z^3}{3!} + \frac{z^5}{5!} - \cdots + (-1)^n \frac{z^{2n+1}}{(2n+1)!} + \cdots, \quad |z| < +\infty;$$

$$\cos z = 1 - \frac{z^2}{2!} + \frac{z^4}{4!} - \cdots + (-1)^n \frac{z^{2n}}{(2n)!} + \cdots, \qquad |z| < +\infty;$$

$$\frac{1}{1+z} = 1 - z + z^2 - \cdots + (-1)^n z^n + \cdots, \qquad\qquad |z| < 1.$$

以上求 e^z 在 $z = 0$ 的泰勒展开式所用的方法是直接计算 e^z 在 $z = 0$ 的各阶导数得到的展开式,这种方法称为直接展开法.

对于比较复杂的函数,要写出其任意阶导数往往是困难的. 为避免直接计算泰勒系数 $\frac{1}{n!} f^{(n)}(z_0)$,通常根据解析函数幂级数展开式的惟一性,运用一些已知的展开式(例如上面所述的 e^z、$\frac{1}{1+z}$ 等)和幂级数的运算性质(变量替换、逐项求导、逐项积分等)间接地求出一些解析函数的泰勒展开式. 这种方法称为间接展开法.

例 6　将下列函数在指定点展成泰勒级数:

$(1) f(z) = \dfrac{1}{z}, z_0 = 1;$　　　　$(2) f(z) = \dfrac{1}{3+z}, z_0 = 0;$

$(3) f(z) = \ln(1+z), z_0 = 0, \ln(1+z)$ 是主值分支;

$(4) f(z) = \dfrac{1}{(1+z)^2}, z_0 = 0.$

解　(1) 由于 $\dfrac{1}{z}$ 在 $z_0 = 1$ 解析,因而 $\dfrac{1}{z}$ 在点 $z_0 = 1$ 处可以展成泰勒级数,即可以表示成 $(z-1)$ 的幂级数. 由于

$$f(z) = \frac{1}{z} = \frac{1}{1 + (z-1)},$$

因而所求泰勒级数为

$$\frac{1}{z} = 1 - (z-1) + (z-1)^2 - \cdots + (-1)^n (z-1)^n + \cdots, \quad |z-1| < 1.$$

(2)由于 $\frac{1}{3+z}$ 在 $z = 0$ 解析,因而 $\frac{1}{3+z}$ 在点 $z = 0$ 处可以展成泰勒

级数. 在 $\left| \frac{z}{3} \right| < 1$ 内

$$\frac{1}{3+z} = \frac{1}{3} \frac{1}{1 + \frac{z}{3}} = \frac{1}{3} \sum_{n=0}^{\infty} (-1)^n \left(\frac{z}{3} \right)^n = \sum_{n=0}^{\infty} \frac{(-1)^n}{3^{n+1}} z^n, \quad |z| < 3.$$

(3)由 $\ln(1+z)$ 在 $z_0 = 0$ 解析,故在点 $z_0 = 0$ 处 $\ln(1+z)$ 可以展

成泰勒级数,即可以表示成 z 的幂级数. 在 $|z| < 1$ 内

$$\frac{1}{1+z} = \sum_{n=0}^{\infty} (-1)^n z^n.$$

利用幂级数在其收敛圆内可以逐项积分的性质,即得

$$\ln(1+z) = \int_0^z \frac{1}{1+z} dz = \int_0^z \left(\sum_{n=0}^{\infty} (-1)^n z^n \right) dz = \sum_{n=0}^{\infty} (-1)^n \int_0^z z^n dz$$

$$= \sum_{n=0}^{\infty} (-1)^n \frac{z^{n+1}}{n+1}, \qquad |z| < 1.$$

(4)因为 $\frac{1}{(1+z)^2}$ 在 $z_0 = 0$ 解析,故 $\frac{1}{(1+z)^2}$ 在 $z_0 = 0$ 可以展成泰

勒级数. 由幂级数在其收敛圆内可以逐项求导的性质,得

$$\frac{1}{(1+z)^2} = \frac{d}{dz} \left(-\frac{1}{1+z} \right) = \frac{d}{dz} \left(\sum_{n=0}^{\infty} (-1)^{n+1} z^n \right)$$

$$= \sum_{n=0}^{\infty} (-1)^{n+1} \frac{d}{dz} (z^n)$$

$$= \sum_{n=1}^{\infty} (-1)^{n+1} n z^{n-1}, \qquad |z| < 1.$$

例 7　把函数 $f(z) = \frac{z}{(z-1)(z-2)}$ 在点 $z_0 = 0$ 展开为泰勒级数.

解　因为 $f(z)$ 在 $|z| < 1$ 内解析,所以 $f(z)$ 在 $|z| < 1$ 内可以展

为泰勒级数. 为了简便地得到展开式, 我们把 $f(z)$ 改写为

$$f(z) = z\left(\frac{1}{z-2} - \frac{1}{z-1}\right) = z\left(\frac{1}{1-z} - \frac{1}{2-z}\right).$$

因为当 $|z| < 1$ 时, 有

$$\frac{1}{1-z} = \sum_{n=0}^{\infty} z^n,$$

当 $\left|\dfrac{z}{2}\right| < 1$ 时, 有

$$\frac{1}{2-z} = \frac{1}{2}\frac{1}{1-\dfrac{z}{2}} = \frac{1}{2}\sum_{n=0}^{\infty}\left(\frac{z}{2}\right)^n = \sum_{n=0}^{\infty}\frac{z^n}{2^{n+1}}.$$

所以

$$f(z) = z\left(\sum_{n=0}^{\infty} z^n - \sum_{n=0}^{\infty}\frac{z^n}{2^{n+1}}\right) = \sum_{n=0}^{\infty}\left(1 - \frac{1}{2^{n+1}}\right)z^{n+1}, \quad |z| < 1.$$

例 8　将 $\dfrac{\mathrm{e}^z}{1-z}$ 在 $z = 0$ 展开成幂级数.

解　因为 $f(z)$ 在 $z = 0$ 解析, 且有惟一的奇点 $z = 1$, 故展开后的幂级数在 $|z| < 1$ 内收敛. 因为

$$\mathrm{e}^z = 1 + z + \frac{z^2}{2!} + \cdots, \quad |z| < +\infty$$

$$\frac{1}{1-z} = 1 + z + z^2 + \cdots, \quad |z| < 1,$$

在 $|z| < 1$ 内将两式相乘得

$$\frac{\mathrm{e}^z}{1-z} = 1 + \left(1 + \frac{1}{1!}\right)z + \left(1 + \frac{1}{1!} + \frac{1}{2!}\right)z^2 + \cdots.$$

注意　两级数相乘的方法, 可按柯西对角线法则 (即例 8 的方法) 进行.

例 9　求函数 $f(z) = (1+z)^{\alpha}$ (α 为复数) 的主值支 $f(z) = \mathrm{e}^{\alpha\ln(1+z)}$, $f(0) = 1$, 在 $z = 0$ 处的泰勒级数.

解　显然 $f(z)$ 在从 -1 起向左沿负实轴剪开的复平面内解析, 所以 $f(z)$ 可以在 $|z| < 1$ 内展开成 z 的幂级数.

我们先来计算泰勒系数. 利用复合函数求导法则, 有

$$f'(z) = \alpha e^{\alpha\ln(1+z)}\frac{1}{1+z} = \alpha e^{(\alpha-1)\ln(1+z)},$$

$$f''(z) = \alpha(\alpha-1)e^{(\alpha-1)\ln(1+z)}\frac{1}{1+z} = \alpha(\alpha-1)e^{(\alpha-2)\ln(1+z)},$$

……

$$f^{(n)}(z) = \alpha(\alpha-1)\cdots(\alpha-n+1)e^{(\alpha-n)\ln(1+z)}, n = 1,2,\cdots.$$

……

于是　　　　$f^{(n)}(0) = \alpha(\alpha-1)\cdots(\alpha-n+1), n = 1,2,\cdots.$

这样我们就得出泰勒系数为

$$c_0 = f(0) = 1,\cdots, c_n = \frac{f^{(n)}(0)}{n!} = \frac{\alpha(\alpha-1)\cdots(\alpha-n+1)}{n!}\quad (n = 1,2,\cdots).$$

于是得出 $(1+z)^\alpha$ 的主值支的展开式为

$$(1+z)^\alpha = 1 + \alpha z + \frac{\alpha(\alpha-1)}{2!}z^2 + \cdots +$$

$$\frac{\alpha(\alpha-1)\cdots(\alpha-n+1)}{n!}z^n + \cdots, |z| < 1.$$

例 10　将 $e^z\cos z$ 和 $e^z\sin z$ 展为 z 的幂级数.

解　因为

$$e^z(\cos z + i\sin z) = e^z \cdot e^{iz} = e^{(1+i)z} = e^{\sqrt{2}e^{i\frac{\pi}{4}}z}$$

$$= 1 + \sqrt{2}e^{i\frac{\pi}{4}}z + \sum_{n=2}^{\infty}\frac{(\sqrt{2})^n e^{i\frac{n\pi}{4}}z^n}{n!}.$$

同理

$$e^z(\cos z - i\sin z) = e^{\sqrt{2}e^{-i\frac{\pi}{4}}z}$$

$$= 1 + \sqrt{2}e^{-i\frac{\pi}{4}}z + \sum_{n=2}^{\infty}\frac{(\sqrt{2})^n e^{-i\frac{n\pi}{4}}z^n}{n!}.$$

两式相加除以 2 得

$$e^z\cos z = 1 + \left(\sqrt{2}\cos\frac{\pi}{4}\right)z + \sum_{n=2}^{\infty}\frac{(\sqrt{2})^n\cos\frac{n\pi}{4}}{n!}z^n, |z| < +\infty.$$

两式相减除以 2i 得

$$e^z \sin z = \left(\sqrt{2} \sin \frac{\pi}{4} \right) z + \sum_{n=2}^{\infty} \frac{(\sqrt{2})^n \sin \frac{n\pi}{4}}{n!} z^n, \quad |z| < +\infty.$$

例 11　求函数 $f(z) = \sec z$ 在 $z = 0$ 的泰勒级数.

解　因为函数 $f(z) = \sec z = \dfrac{1}{\cos z}$ 在 $z = 0$ 解析, $z = k\pi + \dfrac{\pi}{2}, k = 0, \pm 1, \pm 2, \cdots$ 为 $f(z)$ 的奇点, 所以函数在 $|z| < \dfrac{\pi}{2}$ 内 $z = 0$ 处可以展开为泰勒级数.

用待定系数法, 设

$$f(z) = \frac{1}{\cos z} = a_0 + a_1 z + a_2 z^2 + \cdots + a_n z^n + \cdots,$$

其中 $a_n (n = 0, 1, 2, \cdots)$ 为待定系数, 又由 $\sec z$ 为偶函数得

$$f(z) = f(-z) = a_0 - a_1 z + a_2 z^2 - \cdots + (-1)^n a_n z^n + \cdots.$$

把上面两式相加除以 2 得

$$f(z) = \frac{1}{\cos z} = a_0 + a_2 z^2 + \cdots + a_{2n} z^{2n} + \cdots.$$

由 $\cos z$ 在 $z = 0$ 的展开式得

$$1 = (a_0 + a_2 z^2 + \cdots + a_{2n} z^{2n} + \cdots) \left(1 - \frac{z^2}{2!} + \frac{z^4}{4!} - \cdots + (-1)^n \frac{z^{2n}}{(2n)!} + \cdots \right)$$

$$= a_0 + \left(a_2 - \frac{a_0}{2!} \right) z^2 + \left(a_4 - \frac{a_2}{2!} + \frac{a_0}{4!} \right) z^4 + \cdots +$$

$$+ \left(a_{2n} - \frac{a_{2n-2}}{2!} + \cdots + (-1)^n \frac{a_0}{(2n)!} \right) z^{2n} + \cdots.$$

比较两边的系数得

$$a_0 = 1, a_2 - \frac{a_0}{2!} = 0, a_4 - \frac{a_2}{2!} + \frac{a_0}{4!} = 0, \cdots,$$

$$a_{2n} - \frac{a_{2n-2}}{2!} + \cdots + (-1)^n \frac{a_0}{(2n)!} = 0, \cdots$$

从而有

$$a_0 = 1, a_2 = \frac{1}{2!}, a_4 = \frac{5}{4!}, \cdots$$

因此

$$\sec z = 1 + \frac{1}{2!} z^2 + \frac{5}{4!} z^4 + \cdots.$$

总之,把一个复变函数展成幂级数的方法与实变函数的情形基本是相同的,读者可以通过练习,逐步掌握展开的基本方法和技巧.

4.3.2 解析函数的零点

定义 4.8　如果函数 $f(z)$ 在点 z_0 解析,且 $f(z_0) = 0$,则称 z_0 为 $f(z)$ 的零点.若 $f(z_0) = 0$,而 $f'(z_0) \neq 0$,则称 z_0 为 $f(z)$ 的一级零点.若 $f(z_0) = f'(z_0) = \cdots = f^{(m-1)}(z_0) = 0$,而 $f^{(m)}(z_0) \neq 0$,则称 z_0 为 $f(z)$ 的 m 级零点.

定理 4.8　设函数 $f(z)$ 是区域 D 内不恒为零的解析函数,$z_0 \in D$,则 z_0 是 $f(z)$ 的 m 级零点的充分必要条件是

$$f(z) = (z - z_0)^m \varphi(z), \tag{4.9}$$

其中 $\varphi(z)$ 在 z_0 解析,且 $\varphi(z_0) \neq 0$.

证明　充分性是显然的,下面证必要性.

因为 z_0 是 $f(z)$ 的 m 级零点,故

$$f(z_0) = f'(z_0) = \cdots = f^{(m-1)}(z_0) = 0, f^{(m)}(z_0) \neq 0.$$

于是

$$f(z) = \frac{f^{(m)}(z_0)}{m!}(z - z_0)^m + \cdots + \frac{f^{(m+k)}(z_0)}{(m+k)!}(z - z_0)^{m+k} + \cdots$$

$$= (z - z_0)^m \left[\frac{f^{(m)}(z_0)}{m!} + \cdots + \frac{f^{(m+k)}(z_0)}{(m+k)!}(z - z_0)^k + \cdots \right]$$

$$= (z - z_0)^m \varphi(z),$$

其中

$$\varphi(z) = \frac{f^{(m)}(z_0)}{m!} + \cdots + \frac{f^{(m+k)}(z_0)}{(m+k)!}(z - z_0)^k + \cdots.$$

显然 $\varphi(z_0) = \frac{f^{(m)}(z_0)}{m!} \neq 0$,且 $\varphi(z)$ 作为 $(z - z_0)$ 的幂级数的和函数,在以 z_0 为中心的圆域内是解析的,因而在 z_0 解析.

例 12　确定下列函数在点 $z = 0$ 的零点级数:

(1) $f(z) = e^z - 1$;　　(2) $f(z) = \sin z - z$;

(3)$f(z) = \sin z^2(\cos z^2 - 1)$.

解 (1)$f(0) = 0, f'(0) = 1 \neq 0$,所以 $z = 0$ 是 $f(z) = e^z - 1$ 的一级零点.也可以根据定理 4.8 来判定.

$f(z) = e^z - 1$ 在 $z = 0$ 的泰勒展开式为

$$e^z - 1 = 1 + z + \frac{z^2}{2!} + \cdots - 1 = z + \frac{z^2}{2!} + \cdots$$
$$= z\left(1 + \frac{z}{2!} + \cdots\right).$$

因为 $\left(1 + \frac{z}{2!} + \cdots\right)\Big|_{z=0} = 1 \neq 0, 1 + \frac{z}{2!} + \cdots$ 的和函数在点 $z = 0$ 解析.根据定理 4.7 的充分条件知 $z = 0$ 是 $f(z)$ 的一级零点.

(2)因为 $f(z) = \sin z - z$ 在 $z = 0$ 的泰勒展开式为

$$\sin z - z = \left(z - \frac{z^3}{3!} + \frac{z^5}{5!} - \cdots\right) - z$$
$$= -\frac{z^3}{3!} + \frac{z^5}{5!} - \cdots = z^3\left(-\frac{1}{3!} + \frac{z^2}{5!} - \cdots\right)$$
$$= z^3 \varphi(z),$$

其中 $$\varphi(z) = -\frac{1}{3!} + \frac{z^2}{5!} - \cdots,$$

在 $z = 0$ 解析,且 $\varphi(0) = -\frac{1}{3} \neq 0$.所以 $z = 0$ 是 $f(z) = \sin z - z$ 的三级零点.

(3)因为 $f(z) = \left(z^2 - \frac{z^6}{3!} + \frac{z^{10}}{5!} - \cdots\right)\left(-\frac{z^4}{2!} + \frac{z^8}{4!} - \cdots\right)$

$$= z^6\left(1 - \frac{z^4}{3!} + \frac{z^8}{5!} - \cdots\right)\left(-\frac{1}{2} + \frac{z^4}{4!} - \cdots\right)$$
$$= z^6 \varphi(z),$$

其中

$$\varphi(z) = \left(1 - \frac{z^4}{3!} + \frac{z^8}{5!} - \cdots\right)\left(-\frac{1}{2} + \frac{z^4}{4!} - \cdots\right)$$

在 $z = 0$ 解析,且 $\varphi(0) = -\frac{1}{2} \neq 0$,所以 $z = 0$ 是 $f(z) = \sin z^2(\cos z^2 - 1)$ 的六级零点.

4.4　洛 朗 级 数

4.4.1　洛朗级数

由上节知道,一个在圆域 $|z-z_0|<R$ 内解析的函数 $f(z)$ 在该圆域内可以展成 $(z-z_0)$ 的幂级数.如果 z_0 是 $f(z)$ 的奇点,$f(z)$ 是否也可以展为 $(z-z_0)$ 的幂级数呢?下面先看一个例子.

例如 $f(z)=\dfrac{1}{z(z-1)}$,显然 $z=0$ 是 $f(z)$ 的奇点,且在以 0 为中心的圆环域 $0<|z|<1$ 内解析.由于

$$f(z)=\frac{1}{z(z-1)}=\frac{1}{z-1}-\frac{1}{z},$$

而在 $|z|<1$ 内有

$$\frac{1}{z-1}=-\frac{1}{1-z}=-\sum_{n=0}^{\infty}z^n,$$

所以在 $0<|z|<1$ 内,$f(z)$ 可表示为

$$f(z)=\frac{1}{z(z-1)}=-\frac{1}{z}-\frac{1}{1-z}=-\frac{1}{z}-\sum_{n=0}^{\infty}z^n.$$

此例告诉我们,在圆环 $0<|z|<1$ 内解析的函数 $f(z)=\dfrac{1}{z(z-1)}$ 确实可以用 z 的幂级数来表示,只不过在此级数中出现了 z 的负幂项.为此我们首先讨论具有下面形式的级数:

$$\sum_{n=-\infty}^{+\infty}c_n(z-z_0)^n=\cdots+c_{-n}(z-z_0)^{-n}+\cdots+c_{-1}(z-z_0)+c_0+$$

$$c_1(z-z_0)+\cdots+c_n(z-z_0)^n+\cdots, \tag{4.10}$$

其中 z_0、$c_n(n=0,\pm1,\pm2,\cdots)$ 都是复常数.

把级数(4.10)分成两部分:正幂项(包括常数项)部分

$$\sum_{n=0}^{+\infty}c_n(z-z_0)^n=c_0+c_1(z-z_0)+$$

$$\cdots+c_n(z-z_0)^n+\cdots \tag{4.11}$$

与负幂项部分

$$\sum_{n=1}^{+\infty} c_{-n}(z-z_0)^{-n} = c_{-1}(z-z_0)^{-1} + \cdots +$$
$$c_{-n}(z-z_0)^{-n} + \cdots . \qquad (4.12)$$

我们规定,能使级数(4.11)与级数(4.12)同时收敛的点称为级数(4.10)的收敛点.因此级数(4.11)与级数(4.12)两个收敛点集的交集就应是级数(4.10)的收敛点集.级数(4.11)是通常的幂级数,它的收敛域是以 z_0 为中心的圆域,设它的收敛半径为 R_2,那么当 $|z-z_0| < R_2$ 时,级数(4.11)收敛;当 $|z-z_0| > R_2$ 时,级数(4.11)发散.对于级数(4.12),令 $t=(z-z_0)^{-1}$,级数(4.12)就变为级数

$$c_{-1}t + c_{-2}t^2 + \cdots + c_{-n}t^n + \cdots .$$

对变量 t 来说,这是一个通常的幂级数,设此幂级数的收敛半径为 $\dfrac{1}{R_1}$,那么当 $|t| < \dfrac{1}{R_1}$ 级数收敛,换回原变量 z,即知当 $|z-z_0| > R_1$ 时,级数(4.12)收敛.

由于级数(4.10)在同时满足两个不等式 $|z-z_0| < R_2$ 及 $|z-z_0| > R_1$ 的点 z 上才收敛,当 $R_2 \leqslant R_1$ 时,不等式组

$$\begin{cases} |z-z_0| > R_1 \\ |z-z_0| < R_2 \end{cases}$$

无解,级数(4.10)没有收敛点,所以在复平面内级数(4.10)处处发散.当 $R_1 < R_2$ 时,上述不等式组的解集为圆环域

$$R_1 < |z-z_0| < R_2 .$$

因此级数(4.10)在以 z_0 为中心,R_1 及 R_2 为半径的圆环域内收敛.在特殊情况,圆环的内半径 R_1 可能等于零,外半径 R_2 可能是正无穷大.

进一步可以证明,级数(4.10)的和函数在其收敛圆环域内是一个解析函数,而且可以逐项求导和逐项积分.

反过来,对于给定在一个圆环域 $R_1 < |z-z_0| < R_2$ 内的解析函数,有下面的定理.

定理 4.9(洛朗展开定理)　设函数 $f(z)$ 是圆环域: $R_1 < |z-z_0|$

$<R_2$ 内的解析函数,则在此圆环域内

$$f(z) = \sum_{n=-\infty}^{+\infty} c_n (z-z_0)^n, \tag{4.13}$$

其中

$$c_n = \frac{1}{2\pi i} \int_C \frac{f(\zeta)}{(\zeta-z_0)^{n+1}} d\zeta \quad (n = 0, \pm 1, \pm 2, \cdots). \tag{4.14}$$

这里 C 是圆环域内绕 z_0 的任意一条正向简单闭曲线.

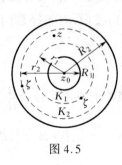

图 4.5

证明 设 z 为圆环域 $R_1 < |z-z_0| < R_2$ 内任一点,在该圆环内作圆周 $K_1: |\zeta-z_0| = r_1$,及圆周 $K_2: |\zeta-z_0| = r_2$,$r_1 < r_2$,使 z 在 K_1 与 K_2 之间(图 4.5).

由柯西积分公式

$$f(z) = \frac{1}{2\pi i} \int_{K_2} \frac{f(\zeta)}{\zeta-z} d\zeta - \frac{1}{2\pi i} \int_{K_1} \frac{f(\zeta)}{\zeta-z} d\zeta.$$

仿照泰勒展开定理的证明,由于在圆周 K_2 上 $\left| \dfrac{z-z_0}{\zeta-z_0} \right| < 1$,因此

$$\frac{1}{\zeta-z} = \frac{1}{(\zeta-z_0)-(z-z_0)} = \frac{1}{\zeta-z_0} \frac{1}{1-\dfrac{z-z_0}{\zeta-z}}$$

$$= \frac{1}{\zeta-z_0} + \frac{z-z_0}{(\zeta-z_0)^2} + \frac{(z-z_0)^2}{(\zeta-z_0)^3} + \cdots + \frac{(z-z_0)^n}{(\zeta-z_0)^{n+1}} + \cdots,$$

于是有

$$\frac{1}{2\pi i} \int_{K_2} \frac{f(\zeta)}{\zeta-z} dz$$

$$= \frac{1}{2\pi i} \int_{K_2} f(\zeta) \left[\frac{1}{\zeta-z_0} + \frac{z-z_0}{(\zeta-z_0)^2} + \frac{(z-z_0)^2}{(\zeta-z_0)^3} + \cdots + \frac{(z-z_0)^n}{(\zeta-z_0)^{n+1}} + \cdots \right] d\zeta$$

$$= \frac{1}{2\pi i} \int_{K_2} \frac{f(\zeta)}{\zeta-z_0} d\zeta + \frac{z-z_0}{2\pi i} \int_{K_2} \frac{f(\zeta)}{(\zeta-z_0)^2} d\zeta +$$

$$\frac{(z-z_0)^2}{2\pi i}\int_{K_2}\frac{f(\zeta)}{(\zeta-z_0)^3}d\zeta + \cdots + \frac{(z-z_0)^n}{2\pi i}\int_{K_2}\frac{f(\zeta)}{(\zeta-z_0)^{n+1}}d\zeta + \cdots$$

$$= \sum_{n=0}^{\infty}c_n(z-z_0)^n,$$

$$c_n = \frac{1}{2\pi i}\int_{K_2}\frac{f(\zeta)}{(\zeta-z_0)^{n+1}}d\zeta, n=0,1,2,\cdots.$$

在圆周 K_1 上,由于 $\left|\dfrac{\zeta-z_0}{z-z_0}\right| < 1$,因此

$$\frac{1}{\zeta-z} = \frac{1}{\zeta-z_0-(z-z_0)} = -\frac{1}{z-z_0}\frac{1}{1-\dfrac{\zeta-z_0}{z-z_0}}$$

$$= \frac{-1}{z-z_0} + \frac{-(\zeta-z_0)}{(z-z_0)^2} + \frac{-(\zeta-z_0)^2}{(z-z_0)^3} + \cdots + \frac{-(\zeta-z_0)^n}{(z-z_0)^{n+1}} + \cdots,$$

于是有

$$-\frac{1}{2\pi i}\int_{K_1}\frac{f(\zeta)}{\zeta-z}d\zeta$$

$$= \frac{1}{2\pi i}\int_{K_1}f(\zeta)\left[\frac{1}{z-z_0} + \frac{\zeta-z_0}{(z-z_0)^2} + \frac{(\zeta-z_0)^2}{(z-z_0)^3} + \cdots + \frac{(\zeta-z_0)^n}{(z-z_0)^{n+1}} + \cdots\right]d\zeta$$

$$= \frac{(z-z_0)^{-1}}{2\pi i}\int_{K_1}f(\zeta)d\zeta + \frac{(z-z_0)^{-2}}{2\pi i}\int_{K_1}\frac{f(\zeta)}{(\zeta-z_0)^{-1}}d\zeta +$$

$$\frac{(z-z_0)^{-3}}{2\pi i}\int_{K_1}\frac{f(\zeta)}{(\zeta-z_0)^{-2}}d\zeta + \cdots +$$

$$\frac{(z-z_0)^{-(n+1)}}{2\pi i}\int_{K_1}\frac{f(\zeta)}{(\zeta-z_0)^{-n}}d\zeta + \cdots$$

$$= \sum_{n=1}^{\infty}c_{-n}(z-z_0)^{-n}.$$

$$c_{-n} = \frac{1}{2\pi i}\int_{K_1}\frac{f(\zeta)}{(\zeta-z_0)^{-n+1}}d\zeta, n=1,2,\cdots.$$

所以,在圆环区域 $R_1 < |z-z_0| < R_2$ 内,函数 $f(z)$ 可以表示为

$$f(z) = \sum_{n=0}^{\infty}c_n(z-z_0)^n + \sum_{n=1}^{\infty}c_{-n}(z-z_0)^{-n}$$

$$= \sum_{n=-\infty}^{+\infty} c_n (z - z_0)^n.$$

其中

$$c_n = \frac{1}{2\pi i} \int_{K_2} \frac{f(\zeta)}{(\zeta - z_0)^{n+1}} d\zeta \quad (n = 0, 1, 2, \cdots),$$

$$c_{-n} = \frac{1}{2\pi i} \int_{K_1} \frac{f(\zeta)}{(\zeta - z_0)^{-n+1}} d\zeta \quad (n = 1, 2, \cdots).$$

在圆环域 $R_1 < |z - z_0| < R_2$ 内任作一条绕 z_0 的正向简单闭曲线 C(图 4.6),由复连域上的柯西积分定理

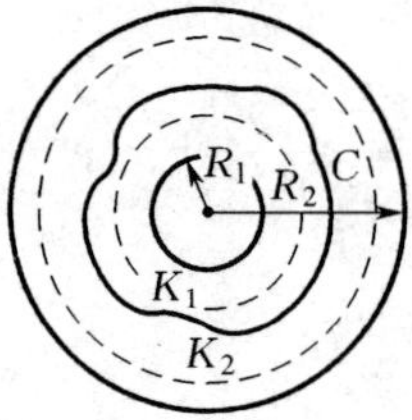

图 4.6

$$c_n = \frac{1}{2\pi i} \int_{K_2} \frac{f(\zeta)}{(\zeta - z_0)^{n+1}} d\zeta$$

$$= \frac{1}{2\pi i} \int_C \frac{f(\zeta)}{(\zeta - z_0)^{n+1}} d\zeta \quad (n = 0, 1, 2, \cdots),$$

$$c_{-n} = \frac{1}{2\pi i} \int_{K_1} \frac{f(\zeta)}{(\zeta - z_0)^{-n+1}} d\zeta$$

$$= \frac{1}{2\pi i} \int_C \frac{f(\zeta)}{(\zeta - z_0)^{-n+1}} d\zeta \quad (n = 1, 2, \cdots).$$

这就把前面 c_n 与 c_{-n} 中不同的积分路径 K_2 和 K_1 统一为同一个积分路径 C,此时上面两式可以合写成

$$c_n = \frac{1}{2\pi i} \int_C \frac{f(\zeta)}{(\zeta - z_0)^{n+1}} d\zeta, n = 0, \pm 1, \pm 2, \cdots.$$

公式(4.13)称为函数 $f(z)$ 在以 z_0 为中心的圆环域 $R_1 < |z - z_0| < R_2$ 内的**洛朗展开式**,它右端的级数称为 $f(z)$ 在此圆环域内的**洛朗级数**,公式(4.14)称为 $f(z)$ 的**洛朗系数**.

与解析函数的泰勒展开式的惟一性一样,一个在某圆环区域内解析的函数的幂级数展开式也是惟一的,这个级数就是 $f(z)$ 在该圆环域内的洛朗级数.

事实上,如果 $f(z)$ 在圆环域 $R_1 < |z - z_0| < R_2$ 内,另有一个展开式

$$f(z) = \sum_{n=-\infty}^{+\infty} a_n (z - z_0)^n.$$

设 C 为该环域内绕 z_0 的任一正向简单闭曲线. 若 ζ 为 C 上任一点, 则

$$f(\zeta) = \sum_{n=-\infty}^{+\infty} a_n(\zeta - z_0)^n.$$

以 $(\zeta - z_0)^{-(m+1)}$ $(m = 0, \pm 1, \pm 2, \cdots)$ 乘上式两端, 并沿 C 积分, 得

$$\int_C \frac{f(\zeta)}{(\zeta - z_0)^{m+1}} \mathrm{d}\zeta = \sum_{n=-\infty}^{+\infty} a_n \int_C (\zeta - z_0)^{n-(m+1)} \mathrm{d}\zeta = 2\pi\mathrm{i} a_m.$$

由第 3 章例 4 可知, 右端级数中 $n = m$ 那一项积分值为 $2\pi\mathrm{i}$, 其余各项为 0, 所以

$$a_m = \frac{1}{2\pi\mathrm{i}} \int_C \frac{f(\zeta)}{(\zeta - z_0)^{m+1}} \mathrm{d}\zeta \quad (m = 0, \pm 1, \pm 2, \cdots).$$

与式(4.14)比较, 可知, $a_n = c_n$ $(n = 0, \pm 1, \pm 2, \cdots)$, 从而级数展开式是惟一的.

4.4.2 解析函数的洛朗展开式

应当指出的是, 洛朗展开式中的系数公式(4.14)虽然形式上和泰勒展开式的系数公式完全一样, 但它并不能写成 $\dfrac{1}{n!} f^{(n)}(z_0)$. 这是因为 $f(z)$ 在 C 内可能不是处处解析的. 因此, 根据定理 4.9 去求一个函数的洛朗展开式时, 就不能像依据泰勒展开定理去求函数的泰勒展开式那样, 通过计算函数在一点的各阶导数值来求得函数在该点的泰勒系数, 而必须经过计算无穷多个积分才能得到函数在一个圆环域内的洛朗系数. 因此, 根据定理 4.9 去求一个函数的洛朗展开式是很困难的. 但是, 依据洛朗展开式的惟一性, 可以利用一些已知函数例如 e^z, $\sin z, \cos z, \ln(1+z), (1+z)^\alpha$ (特别是当 $\alpha = -1$)的泰勒展开式和幂级数的运算性质, 特别是代数运算、变量代换、求导和求积分等方法去求一些初等函数在指定圆环内的洛朗级数. 只有在极个别的情况下, 才直接采用公式(4.14)通过求洛朗系数的方法求函数的洛朗展开式.

例 13　将函数 $f(z) = \dfrac{\mathrm{e}^z}{z^2}$ 在圆环域 $0 < |z| < +\infty$ 内展成洛朗级数.

解法 1　(直接展开法)$f(z) = \dfrac{\mathrm{e}^z}{z^2}$ 只有一个奇点 $z = 0$, 所以在环域

$0<|z|<+\infty$ 内解析,根据公式(4.14)有

$$c_n = \frac{1}{2\pi i}\int_C \frac{f(\zeta)}{(\zeta-z_0)^{n+1}}\mathrm{d}\zeta$$

$$= \frac{1}{2\pi i}\int_C \frac{\mathrm{e}^\zeta}{\zeta^2\cdot\zeta^{n+1}}\mathrm{d}\zeta = \frac{1}{2\pi i}\int_C \frac{\mathrm{e}^\zeta}{\zeta^{n+3}}\mathrm{d}\zeta, \quad n=0,\pm1,\pm2,\cdots.$$

这里 C 表示任一围绕原点的闭曲线.当 $n\leqslant-3$ 时,右端被积函数在 C 上及其内部解析,故由柯西积分定理得

$$c_n = 0, \qquad n=-3,-4,-5,\cdots.$$

当 $n>-3$ 时,由柯西积分公式及高阶导数公式得

$$c_{-2} = \frac{1}{2\pi i}\int_C \frac{\mathrm{e}^\zeta}{\zeta}\mathrm{d}\zeta = \mathrm{e}^z\big|_{z=0} = 1,$$

$$c_n = \frac{1}{2\pi i}\int_C \frac{\mathrm{e}^\zeta}{\zeta^{n+3}}\mathrm{d}\zeta = \frac{1}{(n+2)!}\frac{\mathrm{d}^{n+2}}{\mathrm{d}z^{n+2}}(\mathrm{e}^z)\Big|_{z=0}$$

$$= \frac{1}{(n+2)!}, \qquad n=-1,0,1,2,\cdots.$$

所以

$$\frac{\mathrm{e}^z}{z^2} = \frac{1}{z^2} + \frac{1}{z} + \frac{1}{2!} + \frac{1}{3!}z + \frac{1}{4!}z^2 + \cdots + \frac{1}{(n+2)!}z^n + \cdots, 0<|z|<+\infty.$$

解法2 (间接展开法)已知在 $|z|<+\infty$ 内

$$\mathrm{e}^z = 1 + \frac{z}{1!} + \frac{z^2}{2!} + \cdots + \frac{z^n}{n!} + \cdots.$$

所以当 $0<|z|<+\infty$ 时,

$$\frac{\mathrm{e}^z}{z^2} = \frac{1}{z^2}\left(1 + \frac{z}{1!} + \frac{z^2}{2!} + \cdots + \frac{z^n}{n!} + \cdots\right)$$

$$= \frac{1}{z^2} + \frac{1}{z} + \frac{1}{2!} + \frac{z}{3!} + \cdots + \frac{z^{n-2}}{n!} + \cdots.$$

解法1和解法2的结果完全一样,而后者比前者要简捷得多,因此把已给函数展成洛朗级数通常采用间接展开法.

例14 把 $f(z) = \dfrac{1}{(z-1)(z-2)}$ 在以下不同的环域内展成洛朗级数.

(1)$0<|z-1|<1$; 　　　　(2)$1<|z-1|<+\infty$.

解 (1)$f(z)$可表示成两个最简分式之和

$$\frac{1}{(z-1)(z-2)} = \frac{1}{z-2} - \frac{1}{z-1}.$$

当 $|z-1| < 1$ 时，

$$\frac{1}{z-2} = -\frac{1}{1-(z-1)}$$

$$= -[1 + (z-1) + (z-1)^2 + \cdots + (z-1)^n + \cdots].$$

所以当 $0 < |z-1| < 1$ 时，

$$\frac{1}{(z-1)(z-2)} = -\frac{1}{z-1} - 1 - (z-1) - (z-1)^2 - \cdots - (z-1)^n - \cdots.$$

(2)当 $1 < |z-1| < +\infty$ 时

$$\frac{1}{z-2} = \frac{1}{(z-1)-1} = \frac{1}{z-1}\frac{1}{1-\dfrac{1}{z-1}}$$

$$= \frac{1}{z-1}\left(1 + \frac{1}{z-1} + \frac{1}{(z-1)^2} + \cdots + \frac{1}{(z-1)^n} + \cdots\right).$$

因此

$$\frac{1}{(z-1)(z-2)} = \frac{1}{(z-1)^2} + \frac{1}{(z-1)^3} + \cdots + \frac{1}{(z-1)^{n+2}} + \cdots.$$

例 15 在 $0 < |z-1| < +\infty$ 内将函数 $f(z) = \sin\dfrac{z}{z-1}$ 展成洛朗级数．

解 因为

$$\sin\frac{z}{z-1} = \sin\left(1 + \frac{1}{z-1}\right)$$

$$= \sin 1 \cdot \cos\frac{1}{z-1} + \cos 1 \cdot \sin\frac{1}{z-1},$$

$$\cos\frac{1}{z-1} = \sum_{n=0}^{\infty} (-1)^n \frac{1}{(2n)!} \frac{1}{(z-1)^{2n}},$$

$$\sin\frac{1}{z-1} = \sum_{n=0}^{\infty} (-1)^n \frac{1}{(2n+1)!} \frac{1}{(z-1)^{2n+1}},$$

所以

$$\sin\frac{z}{z-1} = \sin 1 + \frac{\cos 1}{z-1} - \frac{\sin 1}{2!}\frac{1}{(z-1)^2} - \frac{\cos 1}{3!}\frac{1}{(z-1)^3} + \cdots +$$

$$(-1)^n \frac{\sin 1}{(2n)!}\frac{1}{(z-1)^{2n}} + (-1)^n \frac{\cos 1}{(2n+1)!}\frac{1}{(z-1)^{2n+1}} + \cdots,$$

$$0 < |z-1| < +\infty.$$

例 16　将函数 $f(z) = \dfrac{1}{z(z-\mathrm{i})^2}$ 在下列圆环域内展为洛朗级数.

$(1)1 < |z| < +\infty;$　　　$(2)0 < |z-\mathrm{i}| < 1.$

解　$(1) f(z) = \dfrac{1}{z(z-\mathrm{i})^2} = \dfrac{1}{z}\left(-\dfrac{1}{z-\mathrm{i}}\right)'$

又　　　$\dfrac{1}{z-\mathrm{i}} = \dfrac{1}{z}\dfrac{1}{1-\dfrac{\mathrm{i}}{z}} = \dfrac{1}{z}\sum_{n=0}^{\infty}\left(\dfrac{\mathrm{i}}{z}\right)^n = \sum_{n=0}^{\infty}\dfrac{\mathrm{i}^n}{z^{n+1}},$

故　　　$\dfrac{1}{(z-\mathrm{i})^2} = \left(-\dfrac{1}{z-\mathrm{i}}\right)' = -\sum_{n=0}^{\infty}\left(\dfrac{\mathrm{i}^n}{z^{n+1}}\right)' = \sum_{n=0}^{\infty}\dfrac{(n+1)\mathrm{i}^n}{z^{n+2}}.$

于是 $f(z) = \dfrac{1}{z}\sum_{n=0}^{\infty}\dfrac{(n+1)\mathrm{i}^n}{z^{n+2}} = \sum_{n=0}^{\infty}\dfrac{(n+1)\mathrm{i}^n}{z^{n+3}} = \sum_{n=0}^{\infty}(-1)^{\frac{n}{2}}\dfrac{n+1}{z^{n+3}},$

$$1 < |z| < +\infty.$$

$(2) f(z) = \dfrac{1}{z(z-\mathrm{i})^2} = \dfrac{1}{(z-\mathrm{i})^2}\cdot\dfrac{1}{\mathrm{i}+(z-\mathrm{i})}$

$$= \dfrac{1}{(z-\mathrm{i})^2\mathrm{i}}\cdot\dfrac{1}{1+\dfrac{z-\mathrm{i}}{\mathrm{i}}} = \dfrac{1}{(z-\mathrm{i})^2\mathrm{i}}\cdot\sum_{n=0}^{\infty}(-1)^n\left(\dfrac{z-\mathrm{i}}{\mathrm{i}}\right)^n$$

$$= \sum_{n=0}^{\infty}(-1)^{\frac{n-1}{2}}(z-\mathrm{i})^{n-2}, \quad 0 < |z-\mathrm{i}| < 1.$$

4.5　解析函数的孤立奇点

4.5.1　孤立奇点及其分类

定义 4.9　若函数 $f(z)$ 在点 z_0 处不解析,但在点 z_0 的某去心邻域 $0 < |z-z_0| < \delta$ 内解析,则称 z_0 为 $f(z)$ 的孤立奇点.

例如函数 $\dfrac{\sin z}{z}$，$\mathrm{e}^{\frac{1}{z}}$，$\dfrac{\mathrm{e}^z}{z}$ 都以 $z=0$ 为其孤立奇点.

需要注意的是不能认为函数的奇点都是孤立的,例如函数 $f(z)=\dfrac{1}{\sin\dfrac{1}{z}}$，$z=0$ 是它的一个奇点,除此以外 $z_k=\dfrac{1}{k\pi}(k=\pm1,\pm2,\cdots)$ 也是它的奇点,显然当 $k\to\infty$ 时 $\dfrac{1}{k\pi}\to0$,即在 $z=0$ 的任意小的邻域内总有 $f(z)$ 的奇点存在,所以 $z=0$ 不是 $f(z)=\dfrac{1}{\sin\dfrac{1}{z}}$ 的孤立奇点.但这一节我们只讨论孤立奇点.

用上一节的方法,不难把 $\dfrac{\sin z}{z}$，$\mathrm{e}^{\frac{1}{z}}$，$\dfrac{\mathrm{e}^z}{z}$ 在 $z=0$ 的去心邻域内展开成洛朗级数.可以看出,它们的展开式各自具有不同的特点,有的不包含 z 的负幂项(如 $\dfrac{\sin z}{z}$ 的展开式),有的只含有有限个 z 的负幂项(如 $\dfrac{\mathrm{e}^z}{z}$ 的展开式),有的则包含无穷多个 z 的负幂项(如 $\mathrm{e}^{\frac{1}{z}}$ 的展开式).为了对孤立奇点做进一步的讨论,我们根据 $f(z)$ 在孤立奇点的去心邻域内洛朗展开式中所包含负幂项的不同情况将孤立奇点进行分类.

假设 z_0 为 $f(z)$ 的孤立奇点,$f(z)$ 在环域 $0<|z-z_0|<\delta$ 内的洛朗展开式为

$$f(z)=\sum_{n=-\infty}^{+\infty}c_n(z-z_0)^n. \tag{4.15}$$

定义 4.10 若展开式(4.15)中不含有 $(z-z_0)$ 的负幂项,则称 z_0 为 $f(z)$ 的可去奇点;若展开式(4.15)中只含有有限多个 $(z-z_0)$ 的负幂项,即

$$f(z)=\frac{c_{-m}}{(z-z_0)^m}+\cdots+\frac{c_{-1}}{z-z_0}+\sum_{n=0}^{\infty}c_n(z-z_0)^n,$$

式中 $c_{-m}\neq0(m\geqslant1)$,则称 z_0 为 $f(z)$ 的 m 级极点;若展开式(4.15)中含有无穷多个 $(z-z_0)$ 的负幂项,则称 z_0 为 $f(z)$ 的本性奇点.

例 17 判别点 $z = 0$ 是下列各函数的哪种类型的奇点.

$(1) f(z) = \dfrac{\sin z}{z}$;　$(2) f(z) = e^{\frac{1}{z}}$;　$(3) f(z) = \dfrac{e^z}{z^2}$.

解 (1)因为当 $|z| < +\infty$ 时,

$$\sin z = z - \frac{z^3}{3!} + \cdots + (-1)^n \frac{z^{2n+1}}{(2n+1)!} + \cdots,$$

所以,当 $0 < |z| < +\infty$ 时,有

$$\frac{\sin z}{z} = 1 - \frac{z^2}{3!} + \cdots + (-1)^n \frac{z^{2n}}{(2n+1)!} + \cdots,$$

故 $z = 0$ 是 $f(z)$ 的可去奇点.

(2)因为当 $|z| < +\infty$ 时

$$e^z = 1 + z + \frac{z^2}{2!} + \cdots + \frac{z^n}{n!} + \cdots,$$

所以,当 $0 < |z| < +\infty$ 时

$$e^{\frac{1}{z}} = 1 + \frac{1}{z} + \frac{1}{2!} \frac{1}{z^2} + \cdots + \frac{1}{n!} \frac{1}{z^n} + \cdots,$$

故 $z = 0$ 是 $f(z) = e^{\frac{1}{z}}$ 的本性奇点.

(3)同理得

$$\frac{e^z}{z^2} = \frac{1}{z^2} + \frac{1}{z} + \frac{1}{2!} + \frac{1}{3!} z + \cdots + \frac{z^{n-2}}{n!} + \cdots,$$

故 $z = 0$ 是 $f(z) = \dfrac{e^z}{z^2}$ 的二级极点.

4.5.2 孤立奇点类型的判定方法

前面我们根据函数在孤立奇点 z_0 的去心邻域 $(0 < |z - z_0| < \delta)$ 内洛朗展开式所含负幂项的个数,对孤立奇点 z_0 进行了分类.但是,以洛朗展开为前提的判别法有时用起来不方便.下面利用函数在孤立奇点处极限的不同情况给出奇点类型的判别方法.

定理 4.10 z_0 为 $f(z)$ 的可去奇点的充分必要条件是 $\lim\limits_{z \to z_0} f(z)$ 存在且为一个有限值.

证明 必要性.如果 z_0 为 $f(z)$ 的可去奇点,则 $f(z)$ 在 z_0 的某去心邻域内的洛朗展开式为

$$f(z) = c_0 + c_1(z - z_0) + \cdots + c_n(z - z_0)^n + \cdots.$$

取极限得

$$\lim_{z \to z_0} f(z) = \lim_{z \to z_0} [c_0 + c_1(z - z_0) + \cdots + c_n(z - z_0)^n + \cdots] = c_0.$$

充分性. 如果 $\lim\limits_{z \to z_0} f(z) = l$（有限值），由极限定义，$f(z)$ 在 z_0 的某去心邻域 $0 < |z - z_0| < \rho$ 内有界，即存在 $M > 0$ 使 $|f(z)| \leqslant M$. 由洛朗系数公式

$$c_{-n} = \frac{1}{2\pi i} \int_C \frac{f(\zeta)}{(\zeta - z_0)^{-n+1}} d\zeta, \quad C : |\zeta - z_0| = r < \rho,$$

得

$$|c_{-n}| \leqslant \frac{M}{2\pi} r^{n-1} \cdot 2\pi r = Mr^n.$$

可见，上面不等式右边随半径 r 的变小而无限变小，而左端 $|c_{-n}|$ 为常数. 因此

$$c_{-n} = 0, n = 1, 2, \cdots,$$

即 $f(z)$ 在点 z_0 的去心邻域内的洛朗展开式中不含 $(z - z_0)$ 的负幂项，所以 z_0 是 $f(z)$ 的可去奇点.

例如由于 $\lim\limits_{z \to 0} \dfrac{\sin z}{z} = 1$，所以 $z = 0$ 是 $\dfrac{\sin z}{z}$ 的可去奇点.

注意　从上面的证明可以看出，要使点 z_0 是 $f(z)$ 的可去奇点，只要求 $f(z)$ 在孤立奇点 z_0 的邻域内有界，因此有下面的推论.

推论　若函数 $f(z)$ 在孤立奇点 z_0 的某去心邻域内有界，则 z_0 是 $f(z)$ 的可去奇点.

定理 4.11　z_0 为 $f(z)$ 的极点的充分必要条件是

$$\lim_{z \to z_0} f(z) = \infty.$$

证明　必要性. 如果 z_0 为 $f(z)$ 的极点，那么 $f(z)$ 在 z_0 的某去心邻域内的洛朗展开式中必有有限多个负幂项. 设最高的负幂项为 $c_{-m}(z - z_0)^{-m}$，这里 $c_{-m} \neq 0$，即

$$f(z) = \frac{c_{-m}}{(z - z_0)^m} + \frac{c_{-m+1}}{(z - z_0)^{m-1}} + \cdots + \frac{c_{-1}}{z - z_0} + \sum_{n=0}^{\infty} c_n(z - z_0)^n$$

$$= \frac{1}{(z - z_0)^m} [c_{-m} + c_{-m+1}(z - z_0) + \cdots + c_0(z - z_0)^m + \cdots].$$

对上式取极限

$$\lim_{z \to z_0} f(z) = \lim_{z \to z_0} \frac{1}{(z - z_0)^m} [c_{-m} + c_{-m+1}(z - z_0) + \cdots +$$

$$c_0(z - z_0)^m + \cdots]$$

$$= \infty.$$

充分性. 如果 $\lim\limits_{z \to z_0} f(z) = \infty$, 令 $g(z) = \dfrac{1}{f(z)}$, 则

$$\lim_{z \to z_0} g(z) = \lim_{z \to z_0} \frac{1}{f(z)} = 0.$$

所以, z_0 是 $g(z)$ 的可去奇点. 由 $\lim\limits_{z \to z_0} g(z) = 0$ 知 $g(z)$ 在 z_0 的某去心邻域内的洛朗展开式为

$$g(z) = b_m(z - z_0)^m + b_{m+1}(z - z_0)^{m+1} + \cdots + b_{m+n}(z - z_0)^{m+n}$$

$$+ \cdots$$

$$= (z - z_0)^m [b_m + b_{m+1}(z - z_0) + \cdots + b_{m+n}(z - z_0)^n + \cdots]$$

$$= (z - z_0)^m \varphi(z).$$

其中 $b_m \neq 0, m \geq 1, \varphi(z)$ 为上式中括号内幂级数的和函数. 显然 $\varphi(z)$ 在 z_0 解析, 且 $\varphi(z_0) = b_m \neq 0$, 所以 $\dfrac{1}{\varphi(z)}$ 在 z_0 解析, 且 $\dfrac{1}{\varphi(z)} \neq 0$. 设 $\dfrac{1}{\varphi(z)}$ 在 z_0 点的泰勒展开式为 $c_0 + c_1(z - z_0) + \cdots$, 其中 $c_0 \neq 0$, 所以

$$f(z) = \frac{1}{g(z)} = \frac{1}{(z - z_0)^m \varphi(z)}$$

$$= \frac{1}{(z - z_0)^m} [c_0 + c_1(z - z_0) + \cdots]$$

$$= \frac{c_0}{(z - z_0)^m} + \frac{c_1}{(z - z_0)^{m-1}} + \cdots.$$

由极点定义知, z_0 是 $f(z)$ 的 m 级极点.

推论　z_0 为 $f(z)$ 的 m 级极点的充分必要条件是

$$f(z) = \frac{\varphi(z)}{(z - z_0)^m},$$

其中 $\varphi(z)$ 在 z_0 解析,且 $\varphi(z_0) \neq 0$.

例 18 指出下列函数的极点及其级数:

$(1) f(z) = \dfrac{z}{(z^2 + 1)(z - i)^2}$; $(2) f(z) = \dfrac{e^z - 1}{z^5}$.

解 (1)显然 $z = i$, $z = -i$ 是 $f(z)$ 的两个孤立奇点,又 $f(z)$ 可表示为

$$f(z) = \frac{\dfrac{z}{z + i}}{(z - i)^3}, \quad \text{和} \quad f(z) = \frac{\dfrac{z}{(z - i)^3}}{z + i}.$$

故由定理 4.11 的推论可知,$z = i$ 是 $f(z)$ 的三级极点,$z = -i$ 是 $f(z)$ 的一级极点.

(2)当 $|z| < +\infty$ 时,

$$e^z - 1 = 1 + z + \frac{z^2}{2!} + \cdots + \frac{z^n}{n!} + \cdots - 1$$

$$= z + \frac{z^2}{2!} + \cdots + \frac{z^n}{n!} + \cdots,$$

所以 $f(z) = \dfrac{e^z - 1}{z^5} = \dfrac{1}{z^5}\left(z + \dfrac{z^2}{2!} + \cdots + \dfrac{z^n}{n!} + \cdots\right)$

$$= \frac{1}{z^4} + \frac{1}{2!}\frac{1}{z^3} + \cdots + \frac{z^{n-5}}{n!} + \cdots, 0 < |z| < +\infty,$$

故 $z = 0$ 是 $f(z)$ 的四级极点.

定理 4.12 z_0 是 $f(z)$ 的本性奇点的充分必要条件是 $\lim\limits_{z \to z_0} f(z)$ 不存在且不为 ∞.

证明 设 z_0 是 $f(z)$ 的本性奇点,若 $\lim\limits_{z \to z_0} f(z)$ 是有限复数或 ∞,则 z_0 是 $f(z)$ 的可去奇点或极点,这与假设矛盾.因此 $\lim\limits_{z \to z_0} f(z)$ 不存在且不为 ∞.

反过来,若 z_0 是 $f(z)$ 的孤立奇点,且 $\lim\limits_{z \to z_0} f(z)$ 不存在且不为 ∞,则 z_0 一定不是 $f(z)$ 的可去奇点或极点,因而 z_0 只能是 $f(z)$ 的本性

奇点.

例如 $f(z) = e^{\frac{1}{z}}, z = 0$ 是 $f(z)$ 的孤立奇点. 由于 $\lim\limits_{z \to 0} e^{\frac{1}{z}}$ 不存在,所以 $z = 0$ 是 $e^{\frac{1}{z}}$ 的本性奇点.

定理 4.13　若 z_0 是 $f(z)$ 的本性奇点,且在点 z_0 的充分小的去心邻域内不为零,则 z_0 也是 $\dfrac{1}{f(z)}$ 的本性奇点.

证明　令 $g(z) = \dfrac{1}{f(z)}$. 则 z_0 必为 $g(z)$ 的孤立奇点. 若 z_0 是 $g(z)$ 的可去奇点,则 z_0 必是 $f(z)$ 的可去奇点或极点,此与假设矛盾;若 z_0 为 $g(z)$ 的极点,则 z_0 必为 $\dfrac{1}{f(z)}$ 的可去奇点(零点),也与假设矛盾,所以 z_0 必为 $g(z)$ 的本性奇点.

例 19　判断 $z = 0$ 是函数 $f(z) = \dfrac{1}{e^{\frac{1}{z}}}$ 的何种类型的奇点.

解　$z = 0$ 是函数 $e^{\frac{1}{z}}$ 的本性奇点. 因为

$$e^{\frac{1}{z}} = 1 + \frac{1}{z} + \frac{1}{2!}\frac{1}{z^2} + \cdots + \frac{1}{n!}\frac{1}{z^n} + \cdots, 0 < |z| < +\infty,$$

于是,根据定理 4.12 知,$z = 0$ 也是 $\dfrac{1}{e^{\frac{1}{z}}}$ 的本性奇点. 在上式中将 z 用 $-z$ 替换,也可以得出此结论.

例 20　$z = 0$ 是否为函数 $f(z) = \dfrac{1}{\sin\frac{1}{z}}$ 的本性奇点?

解　$z = 0$ 是函数 $\sin\dfrac{1}{z}$ 的本性奇点,但在 $z = 0$ 的任意小邻域内,总有 $z_k = \dfrac{1}{k\pi}$(只要 k 充分大就可以)使 $\sin\dfrac{1}{z_k} = 0$,所以 $z = 0$ 不是 $\dfrac{1}{\sin\frac{1}{z}}$ 的本性奇点(事实上,$z = 0$ 是 $\dfrac{1}{\sin\frac{1}{z}}$ 的非孤立性奇点).

在本性奇点的邻域内,函数 $f(z)$ 有以下特征:如果 z_0 为函数

$f(z)$ 的本性奇点, 那么对于任何常数 A, 不管它是有限数还是无穷大, 都有一个收敛于 z_0 的点列 $\{z_n\}$, 当 z 沿着这个点列趋向于 z_0 时, $f(z)$ 的值趋向于 A. 例如, $z = 0$ 是函数 $f(z) = \mathrm{e}^{\frac{1}{z}}$ 的本性奇点. 当 $z \to$ 0 时, $\mathrm{e}^{\frac{1}{z}}$ 不趋于任何(有限的或无穷的)极限, 如果 $A = \mathrm{i}$, 可取 $z_n =$

$$\frac{1}{\left(\frac{\pi}{2} + 2n\pi\right)\mathrm{i}}, \text{当 } n \to \infty \text{ 时}, z_n \to 0, \mathrm{e}^{\frac{1}{z_n}} \to \mathrm{i}.$$

4.5.3　极点与零点的关系

定理 4.14　如果 z_0 是 $f(z)$ 的 m 级极点, 那么 z_0 是 $\dfrac{1}{f(z)}$ 的 m 级零点, 反之也成立.

证明　如果 z_0 是 $f(z)$ 的 m 级极点, 那么根据定理 4.11 的推论, 便有

$$f(z) = \frac{1}{(z - z_0)^m}\varphi(z) \quad (m \geqslant 1),$$

其中 $\varphi(z)$ 在 z_0 解析, 且 $\varphi(z_0) \neq 0$. 因此 $\dfrac{1}{\varphi(z)}$ 在 z_0 解析, 且 $\dfrac{1}{\varphi(z_0)} \neq$ 0. 于是得

$$\frac{1}{f(z)} = (z - z_0)^m \frac{1}{\varphi(z)}.$$

所以, z_0 是 $\dfrac{1}{f(z)}$ 的 m 级零点.

反之也成立, 可由上述推导的逆过程证得.

例 21　试求函数 $f(z) = \dfrac{1}{\cos z}$ 的孤立奇点, 并说明其类型.

解　函数 $f(z) = \dfrac{1}{\cos z}$ 的奇点显然是使 $\cos z = 0$ 的点, 这些点是

$$z_k = k\pi + \frac{\pi}{2}, (k = 0, \pm 1, \pm 2, \cdots).$$

由于

$$(\cos z)'\big|_{z_k = k\pi + \frac{\pi}{2}} = -\sin z\big|_{z_k = k\pi + \frac{\pi}{2}} = (-1)^{k+1} \neq 0,$$

所以 $z_k = k\pi + \dfrac{\pi}{2}, k = 0, \pm 1, \pm 2, \cdots$ 是 $\cos z$ 的一级零点,因而是 $\dfrac{1}{\cos z}$ 的一级极点.

注意 考察形如 $\dfrac{P(z)}{Q(z)}$ 的函数的极点及极点的级数时,不能只凭其分母 $Q(z)$ 的零点及零点的级数来判定,还必须考察分子在这些点的情况.

例 22 试求函数 $f(z) = \dfrac{z}{\sin z}$ 的孤立奇点,并说明其类型.

解 函数 $f(z)$ 的奇点显然是使 $\sin z = 0$ 的点,这些奇点是 $z_k = k\pi, k = 0, \pm 1, \pm 2, \cdots$. 由于 $(\sin z)'|_{z=z_k} = \cos z|_{z=z_k} = (-1)^k \neq 0$,所以 $z_k = k\pi$ 是 $\sin z$ 的一级零点.注意到当 $k = 0$ 时,$z_0 = 0$ 是分母的一级零点,同时也是分子的一级零点. 又 $\lim\limits_{z \to 0} \dfrac{z}{\sin z} = 1$,所以 $z = 0$ 是 $f(z) = \dfrac{z}{\sin z}$ 的可去奇点,而不是 $\dfrac{z}{\sin z}$ 的一级极点. $z_k = k\pi (k \neq 0)$ 是 $\dfrac{z}{\sin z}$ 的一级极点.

例 23 判断函数 $f(z) = \dfrac{\sin z}{z^3(z-1)}$ 有何种类型的奇点.

解 显然 $z = 0, z = 1$ 是 $f(z)$ 的奇点,而 $z = 0$ 是分子 $\sin z$ 的一级零点,从而,$\sin z = z\varphi(z)$,其中 $\varphi(z)$ 在 $z = 0$ 解析,且 $\varphi(0) \neq 0$,故

$$f(z) = \frac{\sin z}{z^3(z-1)} = \frac{z\varphi(z)}{z^3(z-1)} = \frac{1}{z^2} \cdot \frac{\varphi(z)}{(z-1)},$$

所以 $z = 0$ 是 $f(z)$ 的二级极点.

又 $f(z) = \dfrac{1}{z-1} \cdot \dfrac{\sin z}{z^3}$,故 $z = 1$ 是 $f(z)$ 的一级极点.

4.6* 无穷远孤立奇点

定义 4.11 若函数 $f(z)$ 在区域 $R < |z| < +\infty (R \geqslant 0)$ 内解析,则称无穷远点 $(z = \infty)$ 为 $f(z)$ 的孤立奇点.

例如, $z = \infty$ 是函数 $f(z) = \dfrac{1}{(z-1)(z-2)}$ 的孤立奇点,因为 $f(z)$ 在 $2 < |z| < +\infty$ 内是解析的.

设 $z = \infty$ 为 $f(z)$ 的孤立奇点. 令 $t = \dfrac{1}{z}$,于是函数

$$\varphi(t) = f\left(\frac{1}{t}\right) = f(z) \tag{4.16}$$

在 $0 < |t| < \dfrac{1}{R}$ 内有定义并且是解析的,$t = 0$ 是 $\varphi(t)$ 的一个孤立奇点. 对应于无穷远点某一去心邻域:$R < |z| < +\infty$ 是 t 平面上原点的某一去心邻域 $0 < |t| < \dfrac{1}{R}$,这样就可以把讨论函数 $f(z)$ 在无穷远点邻域内的性质,等价地转化为讨论 $\varphi(t)$ 在 $t = 0$ 邻域内的性质. 因此,我们有如下定义.

定义 4.12 若 $t = 0$ 是 $\varphi(t)$ 的可去奇点、m 级极点或本性奇点,则相应地称 $z = \infty$ 为 $f(z)$ 的可去奇点、m 级极点或本性奇点.

设 $\varphi(t)$ 在 $0 < |t| < \dfrac{1}{R}$ 内的洛朗展开式为

$$\varphi(t) = \sum_{n=-\infty}^{+\infty} b_n t^n. \tag{4.17}$$

令 $t = \dfrac{1}{z}$,则有

$$f(z) = \varphi\left(\frac{1}{z}\right) = \sum_{n=-\infty}^{+\infty} b_n \left(\frac{1}{z}\right)^n = \sum_{n=-\infty}^{+\infty} c_n z^n, \quad R < |z| < +\infty,$$

$$\tag{4.18}$$

其中 $c_n = b_{-n}$ $(n = 0, \pm 1, \pm 2, \cdots)$. 这是 $f(z)$ 在其解析区域 $R < |z| < +\infty$ 内关于 $z = 0$ 的洛朗展开式,以后也称它为 $f(z)$ 在 $z = \infty$ 点处的洛朗展开式. 从式(4.17)和(4.18)中可以看出,$f(z)$ 展开式中正幂项的系数均是 $\varphi(t)$ 展开式中的相应的负幂项的系数. 根据定义 4.12 和有限孤立奇点的分类方法,可以推出下述定理.

定理 4.15 设 $z = \infty$ 为函数 $f(z)$ 的孤立奇点,那么 $z = \infty$ 为 $f(z)$ 的可去奇点、m 级极点或本性奇点的充分必要条件分别是:在展

开式(4.18)中不包含 z 的正幂项、只含有 z 的有限个正幂项且正幂项最高方次是 $m(m \geqslant 1)$ 或包含无穷多个 z 的正幂项.

根据定义 4.12 以及 $f(z)$ 和 $\varphi(t)$ 的对应关系,我们可以将有限孤立奇点的分类判别法移置到 $z = \infty$ 为孤立奇点的情形.

定理 4.16　设 $z = \infty$ 为函数 $f(z)$ 的孤立奇点,那么 $z = \infty$ 为 $f(z)$ 的可去奇点、极点或本性奇点的充分必要条件分别是:$\lim\limits_{z \to \infty} f(z) = l(\neq \infty)$、$\lim\limits_{z \to \infty} f(z) = \infty$ 或 $\lim\limits_{z \to \infty} f(z)$ 不存在(即当 z 趋向于 ∞ 时,$f(z)$ 不趋向于任何有限或无穷的极限).

例 23　指出下列函数在 $z = \infty$ 各有什么类型的奇点:

$(1) f(z) = \sin \dfrac{1}{z-1}$;　　　　　　$(2) f(z) = \dfrac{1 - \mathrm{e}^z}{z}$;

$(3) f(z) = z^4 \sin \dfrac{1}{z}$.

解　(1) 因为 $\lim\limits_{z \to \infty} f(z) = \lim\limits_{z \to \infty} \sin \dfrac{1}{z-1} = 0$,所以 $z = \infty$ 为函数 $f(z) = \sin \dfrac{1}{z-1}$ 的可去奇点.

$(2) f(z)$ 在 $0 < |z| < +\infty$ 内的洛朗展开式为

$$f(z) = \frac{1}{z}\left[1 - \left(1 + z + \frac{z^2}{2!} + \cdots + \frac{z^n}{n!} + \cdots\right)\right],$$

$$= -1 - \frac{z}{2!} - \cdots - \frac{z^{n-1}}{n!} - \cdots.$$

根据定理 4.14 知 $z = \infty$ 为函数 $f(z) = \dfrac{1 - \mathrm{e}^z}{z}$ 的本性奇点.

(3) 令 $t = \dfrac{1}{z}$,则 $f\left(\dfrac{1}{t}\right) = \left(\dfrac{1}{t}\right)^4 \sin \dfrac{1}{\dfrac{1}{t}} = \dfrac{\sin t}{t^4}$. 因为 $t = 0$ 为函数 $\dfrac{\sin t}{t^4}$ 的三级极点,所以 $z = \infty$ 为函数 $f(z) = z^4 \sin \dfrac{1}{z}$ 的三级极点.

习　题　4

1.判断下列级数的收敛性和绝对收敛性:

(1) $\sum\limits_{n=0}^{\infty} \dfrac{i^n}{n!}$;

(2) $\sum\limits_{n=0}^{\infty} \dfrac{(1+i)^2}{n}$;

(3) $\sum\limits_{n=2}^{\infty} \dfrac{i^n}{\ln n}$;

(4) $\sum\limits_{n=1}^{\infty} \left[\left(1+\dfrac{1}{n}\right)^n + \dfrac{i}{n^2} \right]$.

2.幂级数 $\sum\limits_{n=0}^{\infty} c_n (z-2)^n$ 能否在 $z=0$ 收敛而在 $z=3$ 发散? 为什么?

3.求下列幂级的收敛半径和收敛圆:

(1) $\sum\limits_{n=1}^{\infty} \dfrac{1}{n}(z-i)^n$;

(2) $\sum\limits_{n=1}^{\infty} \dfrac{1}{n^2 2^n} z^n$;

(3) $\sum\limits_{n=1}^{\infty} \dfrac{n!}{n^n} z^n$;

(4) $\sum\limits_{n=1}^{\infty} \dfrac{n+1}{5^n}(z+1)^n$.

4.把下列函数展成 z 的幂级数,并指出其收敛半径:

(1) $\dfrac{1}{1+z^3}$;

(2) $\dfrac{1}{(1-z)^2}$;

(3) $\cos^2 z$;

(4) $\dfrac{z}{z+4}$;

(5) $\sin 2z$;

(6) $e^{\frac{z}{z-1}}$(至第四项);

(7) $\dfrac{1}{(z-1)(z+2)}$;

(8) $\int_0^z e^{z^2} dz$;

(9) $\mathrm{ch}\, z$;

(10) $\dfrac{\sin z}{1+z^2}$.

5.把下列函数在指定点 z_0 处展成泰勒级数,并指出展开式成立的范围:

(1) $\dfrac{1}{z}$,　　$z_0 = 2$;

(2) $\dfrac{z-1}{z+1}$,　　　$z=1$;

(3) $\dfrac{1}{z^2}$,　　$z_0=3$;

(4) $\dfrac{1}{z^2-z-2}$,　$z_0=0$;

(5) $\sin z$,　$z_0=\pi$;

(6) $\dfrac{z}{z^2-2z+3}$,　$z_0=1$;

(7) $\dfrac{z}{(z+1)(z+2)}$,　$z_0=2$;

(8) $\dfrac{z}{z+3}$,　$z_0=-1$;

$(9) z\mathrm{e}^z, \qquad z_0 = 1; \qquad\qquad (10)\tan z, \quad z_0 = \dfrac{\pi}{4}.$

6. 验证 $z = 0$ 是下列函数的零点,并指明零点的级数:

$(1) z^2\sin z;$ \qquad\qquad\qquad $(2) z^2(\mathrm{e}^{z^2} - 1);$

$(3)(\mathrm{e}^z - \mathrm{e}^{-z})^2;$ \qquad\qquad\qquad $(4) 6\sin z^3 + z^3(z^6 - 6).$

7. 求函数 $f(z) = \sin z - 1$ 的全部零点,并指出其级数.

8. 把下列函数在指定的环域内展为洛朗级数.

$(1) \dfrac{1}{(z-1)(z-2)}, 1 < |z| < 2, \quad 0 < |z-1| < 1,$

$\qquad\qquad\qquad\qquad 1 < |z-2| < +\infty;$

$(2) \dfrac{1}{z^2(z-i)}, \qquad 0 < |z| < 1, \quad 1 < |z - i| < +\infty;$

$(3) \sin \dfrac{z}{z-1}, \qquad 1 < |z-1| < +\infty;$

$(4) \dfrac{1}{z(z+2)^2}, \qquad 0 < |z| < 2, \quad 2 < |z+2| < +\infty;$

$(5) \dfrac{1}{z^2(z+i)}, \qquad 0 < |z+i| < 1, \quad 1 < |z| < +\infty;$

$(6) \dfrac{\mathrm{e}^{\frac{1}{1+z}}}{1+z}, \qquad 1 < |z+1| < +\infty;$

$(7) \dfrac{1}{(z^2+1)^2}, \qquad 0 < |z-i| < 2, \quad 2 < |z+i| < +\infty;$

$(8) \dfrac{z-1}{z^2(z+1)}, \quad 0 < |z| < 1, \quad 1 < |z| < +\infty.$

9. 试证函数 $f(z) = \sin\left(z + \dfrac{1}{z}\right)$ 的洛朗展开式 $\displaystyle\sum_{n=-\infty}^{+\infty} c_n z^n$ 的系数为

$$c_n = \dfrac{1}{2\pi}\int_0^{2\pi} \cos n\theta\sin(2\cos\theta)\mathrm{d}\theta, n = 0, \pm 1, \pm 2, \cdots.$$

提示 在系数公式(4.14)中,令 $C: |z| = 1, \zeta = \mathrm{e}^{\mathrm{i}\theta}$,再验证 c_n 的积分公式中的虚部等于零.

10. 如果 k 为满足 $k^2 < 1$ 的实数,证明

$$\sum_{n=0}^{\infty} k^n \sin(n+1)\theta = \frac{\sin\theta}{1-2k\cos\theta+k^2};$$

$$\sum_{n=0}^{\infty} k^n \cos(n+1)\theta = \frac{\cos\theta-k}{1-2k\cos\theta+k^2}.$$

提示　把函数 $f(z) = \dfrac{1}{z-k}$ 在环域 $k < |z| < +\infty$ 内展成洛朗级数,并在展开式的结果中令 $z = e^{i\theta}$,再令两边的实部与实部相等,虚部与虚部相等.

11.下列各函数有些什么奇点(如果是极点,要指出其级数):

(1) $f(z) = \dfrac{1}{z-z^3}$;

(2) $f(z) = \dfrac{1}{z(z^2+1)^2}$;

(3) $f(z) = \dfrac{\sin z}{z^4}$;

(4) $f(z) = \dfrac{e^z}{z^2}$;

(5) $f(z) = \dfrac{1-\cos(z-1)}{(z-1)^3}$;

(6) $f(z) = \dfrac{1}{z^2(e^z-1)}$;

(7) $f(z) = e^{\frac{z}{z-1}}$;

(8) $f(z) = z^2 \sin\dfrac{1}{z}$;

(9) $f(z) = \dfrac{1}{e^z-1} - \dfrac{1}{z}$;

(10) $f(z) = \dfrac{(1-\cos z)(e^{z^2}-1)}{z^5}$.

12.设函数 $f(z)$ 和 $g(z)$ 满足下列条件之一:

(1) z_0 分别是 $f(z)$ 和 $g(z)$ 的 m 级和 n 级零点;

(2) z_0 分别是 $f(z)$ 和 $g(z)$ 的 m 级和 n 级极点;

(3) z_0 是 $f(z)$ 的可去奇点或极点,z_0 是 $g(z)$ 的本性奇点.

试问 $f(z)+g(z)$,$f(z)\cdot g(z)$ 和 $\dfrac{g(z)}{f(z)}$ 在点 z_0 各具有什么性质.

13.若 $z = z_0$ 是 $f(z)$ 的本性奇点,是 $g(z)$ 的孤立奇点,试问 $z = z_0$ 是函数 $f(z)\cdot g(z)$ 的什么类型的奇点?

小 结

本章引进了复数列、复数项级数收敛、发散的概念,讨论了幂级数的概念及其性质,学习这一章,应重点掌握以下几点.

(1)复数列的极限以及复数项级数收敛和绝对收敛的概念可以看做实数列和实数项级数相应概念的推广,因此也具有实数列的极限与实数项级数的一些性质.例如,复数列若有极限,则极限是惟一的;复数项级数如果绝对收敛,则该级数必收敛,等等.

(2)幂级数在其收敛圆内的和函数是一个解析函数.在收敛圆内,幂级数可以逐项求导、逐项积分,且求导、积分后的幂级数其收敛半径不变.

(3)幂级数的和函数在收敛圆的圆周上至少有一个奇点,当把 $f(z)$ 在点 z_0 展为泰勒级数时,其收敛半径为 $f(z)$ 的各奇点到 z_0 的距离中的最小者.

(4)一个在圆域内的解析函数可以在此圆内展开成惟一的幂级数,即泰勒级数,这是解析函数的一个重要性质.

至此,总结对解析函数的讨论,我们可以得到有关解析函数的四个等价命题,它们从不同的角度刻画了解析函数的性质,现归纳如下:

函数 $f(z)$ 在区域 D 内解析的充分必要条件是下列条件之一成立:

①$f(z)$ 在 D 内处处可导;

②$f(z)=u(x,y)+iv(x,y)$ 的实部 $u(x,y)$ 和虚部 $v(x,y)$ 在 D 内可微,且满足柯西-黎曼方程(C—R方程)

$$\frac{\partial u}{\partial x}=\frac{\partial v}{\partial y},\frac{\partial u}{\partial y}=-\frac{\partial v}{\partial x};$$

③$f(z)$ 在 D 内连续,且对 D 内任一闭曲线 C,都有

$$\int_C f(z)\mathrm{d}z=0;$$

④对 D 内任一点,都存在该点的一个邻域,在此邻域内,$f(z)$ 能

展为幂级数即泰勒级数.

（5）利用泰勒展开定理，给出了五个常用初等函数：e^z、$\sin z$、$\cos z$、$\ln(1+z)$、$(1+z)^\alpha$ 在点 $z=0$ 处的泰勒展开式.

$$e^z = \sum_{n=0}^{\infty} \frac{z^n}{n!}, |z| < +\infty;$$

$$\sin z = \sum_{n=0}^{\infty} (-1)^n \frac{z^{2n+1}}{(2n+1)!}, \quad |z| < +\infty;$$

$$\cos z = \sum_{n=0}^{\infty} (-1)^n \frac{z^{2n}}{(2n)!}, \quad |z| < +\infty;$$

$$\ln(1+z) = \sum_{n=1}^{\infty} (-1)^{n-1} \frac{z^n}{n}, \quad |z| < 1;$$

$$(1+z)^\alpha = 1 + \alpha z + \frac{\alpha(\alpha-1)}{2!} z^2 + \cdots + \frac{\alpha(\alpha-1)\cdots(\alpha-n+1)}{n!} z^n + \cdots, |z| < 1.$$

（6）一个在某圆环域内解析的函数可以展开成惟一的幂级数即洛朗级数，在此展开式中，可以同时含有正幂项和负幂项. 所谓惟一，是指在某一给定的圆环内的洛朗展开式是惟一的，但在不同的圆环内，洛朗展开式是不同的.

（7）泰勒级数是洛朗级数的特例.

（8）把函数展成幂级数（泰勒级数或洛朗级数）一般采用间接展开法，即借助已知展开式，利用变量替换法，或幂级数的性质（如逐项求导、逐次积分等）把已给函数展开成幂级数.

（9）根据解析函数在孤立奇点的去心邻域内洛朗展开式中所含负幂项的三种情形将孤立奇点分成三类：可去奇点、极点和本性奇点.

①z_0 是 $f(z)$ 的可去奇点的充分必要条件是下列条件之一成立：

a. $f(z)$ 在 $0 < |z-z_0| < R$ 内的洛朗展开式不含 $(z-z_0)$ 的负幂项；

b. $\lim\limits_{z \to z_0} f(z) = l$（有限值）；

c. $f(z)$ 在 z_0 的去心邻域内是有界的.

②z_0 是 $f(z)$ 的极点的充分必要条件是下列条件之一成立：

　　a. $f(z)$ 在 $0<|z-z_0|<R$ 内的洛朗展开式中有有限个 $(z-z_0)$ 的负幂项;

　　b. $\lim\limits_{z\to z_0} f(z)=\infty$.

　　特别地, z_0 是 $f(z)$ 的 m 级极点的充分必要条件是下列条件之一成立:

　　a. $f(z)$ 在 $0<|z-z_0|<R$ 的洛朗展开式中, $c_{-m-1}=c_{-m-2}=\cdots=0, c_{-m}\neq 0$, 即 $f(z)=\sum\limits_{n=-m}^{\infty} c_n(z-z_0)^n$;

　　b. $f(z)=\dfrac{\varphi(z)}{(z-z_0)^m}$, 其中 $\varphi(z)$ 在 z_0 解析, 且 $\varphi(z_0)\neq 0$;

　　c. z_0 是 $\dfrac{1}{f(z)}$ 的 m 级零点.

　　③ z_0 是 $f(z)$ 的本性奇点的充分必要条件是下列条件之一成立:

　　a. $f(z)$ 在 $0<|z-z_0|<R$ 内洛朗展开式中有无穷多个 $(z-z_0)$ 的负幂项;

　　b. $\lim\limits_{z\to z_0} f(z)$ 不存在且 $\neq\infty$.

　　这些结果对研究解析函数在孤立奇点邻域的性质以及一些理论问题和下一章的留数计算等方面都有重要应用.

测验作业 4

　　1.确定下列函数的零点及零点的级数:

　　(1) $f(z)=(2z+1)^3(z^2+1)^2$;

　　(2) $f(z)=z^3(1-\cos z)$.

　　2.求出下列函数的奇点, 并判别每个奇点的类型(如果是极点, 指出极点的级数).

　　(1) $f(z)=\dfrac{\sin^2 z}{z^2(z-1)^3}$;　　　　(2) $f(z)=z^2 \mathrm{e}^{\frac{1}{z}}$;

　　(3) $f(z)=\dfrac{\mathrm{e}^{\frac{1}{z-1}}}{\mathrm{e}^z-1}$;　　　　(4) $f(z)=\dfrac{\tan(z-1)}{z-1}$.

3.函数 $f(z) = \dfrac{1}{z(z-1)^2}$ 在 $z = 1$ 处有一个二级极点,这个函数又有下面的洛朗展开式:

$$\frac{1}{z(z-1)^2} = \frac{1}{(z-1)^3} - \frac{1}{(z-1)^4} + \frac{1}{(z-1)^5} + \cdots, (1 < |z-1| < +\infty),$$

于是就说"$z = 1$ 是 $f(z)$ 的本性奇点".这个说法对吗?

4.将下列函数在指定点处展开成泰勒级数,并指出其收敛半径:

(1) $\dfrac{1}{(1+z)^2}$,　　　　$z_0 = i$;

(2) $\sin(2z - z^2)$,　　$z_0 = 1$;

(3) $\dfrac{1}{z^2 - 3z - 4}$,　　　$z_0 = 0$.

5.试求下列函数在指定环域内的洛朗级数:

(1) $\dfrac{z+1}{z^2(z-2)}$, $2 < |z| < +\infty$;

(2) $\dfrac{1}{z - z^3}$,　$0 < |z-1| < 1$;

(3) $z\cos\dfrac{1}{1-z}$, $0 < |z-1| < +\infty$.

第 5 章　留数理论及其应用

留数是复变函数中的重要概念之一. 留数理论在理论上与实际问题中都有着广泛的应用.

5.1　留　　数

5.1.1　留数的概念

定义 5.1　设 z_0 是函数 $f(z)$ 的孤立奇点, 即 $f(z)$ 在点 z_0 的某去心邻域 $0 < |z - z_0| < R$ 内解析, 则称积分

$$\frac{1}{2\pi\mathrm{i}}\int_C f(z)\mathrm{d}z \quad (C: |z - z_0| = r, 0 < r < R)$$

的值为函数 $f(z)$ 在点 z_0 处的留数, 记作 $\mathrm{Res}[f(z), z_0]$, 即

$$\mathrm{Res}[f(z), z_0] = \frac{1}{2\pi\mathrm{i}}\int_C f(z)\mathrm{d}z. \tag{5.1}$$

由复连域上的柯西积分定理 3.9 可知, 当 $0 < r < R$ 时, 留数的值与 r 无关. 且此积分路径 C 可换成环域 $0 < |z - z_0| < R$ 内任一绕 z_0 的闭曲线, 其积分值都相同, 故 $f(z)$ 在其孤立奇点 z_0 处的留数是一个常数.

由洛朗展开定理, 设函数 $f(z)$ 在 $0 < |z - z_0| < R$ 内的洛朗展开式为

$$f(z) = \cdots + \frac{c_{-n}}{(z - z_0)^n} + \cdots + \frac{c_{-1}}{z - z_0} + c_0 + \cdots + c_n(z - z_0)^n + \cdots,$$

对上式两端沿 C 积分, 左端为 $\int_C f(z)\mathrm{d}z$, 右端逐项积分, 除负一次幂项 $\dfrac{c_{-1}}{z - z_0}$ 外, 其余各项积分值都为零, 负一次幂项积分值为 $2\pi\mathrm{i}c_{-1}$, 即

$$\int_C f(z)\mathrm{d}z = 2\pi i c_{-1},$$

所以 $f(z)$ 在孤立奇点 z_0 处的留数为

$$\mathrm{Res}[f(z), z_0] = c_{-1}. \tag{5.2}$$

就是说,函数 $f(z)$ 在孤立奇点 z_0 处的留数就是它在 z_0 的去心圆环域 $(0 < |z - z_0| < R)$ 内洛朗展开式中负幂 $(z - z_0)^{-1}$ 的系数.

例 1 求 $f(z) = \dfrac{1}{z}\mathrm{e}^z$ 在孤立奇点 $z = 0$ 处的留数.

解 由于在 $0 < |z| < +\infty$ 内

$$f(z) = \frac{1}{z}\mathrm{e}^z = \frac{1}{z}\left(1 + z + \frac{z^2}{2!} + \cdots\right) = \frac{1}{z} + 1 + \frac{z}{2!} + \cdots,$$

所以由公式(5.2)有

$$\mathrm{Res}[f(z), 0] = 1.$$

例 2 求 $f(z) = z^2 \sin\dfrac{1}{z}$ 在孤立奇点 $z = 0$ 处的留数.

解 由于在 $0 < |z| < +\infty$ 内

$$f(z) = z^2 \sin\frac{1}{z} = z^2\left(\frac{1}{z} - \frac{1}{3!}\frac{1}{z^3} + \frac{1}{5!}\frac{1}{z^5} - \cdots\right)$$

$$= z - \frac{1}{3!}\frac{1}{z} + \frac{1}{5!}\frac{1}{z^3} - \cdots,$$

所以由公式(5.2)有

$$\mathrm{Res}[f(z), 0] = -\frac{1}{3!}.$$

例 3 求 $f(z) = \dfrac{\mathrm{e}^z - 1}{z}$ 在孤立奇点 $z = 0$ 处的留数.

解 不难验证 $z = 0$ 是 $f(z)$ 的可去奇点,所以由公式(5.2)有

$$\mathrm{Res}[f(z), 0] = 0.$$

通过以上几个例子可以看出,求函数 $f(z)$ 在其孤立奇点 z_0(不管是哪种类型的孤立奇点)处的留数只需求出它在以 z_0 为中心的某一去心圆环域: $0 < |z - z_0| < R(0 < R < +\infty)$ 内洛朗展开式的负一次幂项 $\left(\dfrac{1}{z - z_0}$ 这一项$\right)$ 的系数 c_{-1} 就可以了.因此利用函数洛朗展开式求留

数是最基本的方法. 但是如果能预先知道奇点的类型, 对求留数有时更为有利.

若 z_0 是 $f(z)$ 的可去奇点, 那么 $\mathrm{Res}[f(z), z_0] = 0$, 因为此时 $f(z)$ 在 $0 < |z - z_0| < R$ 的展开式不出现 $z - z_0$ 的负幂从而 $c_{-1} = 0$.

若 z_0 是 $f(z)$ 的本性奇点, 一般只能用把 $f(z)$ 在 $0 < |z - z_0| < R$ 内展开成洛朗级数的方法来求 c_{-1}.

若 z_0 是 $f(z)$ 的极点, 还可以采用以下公式.

5.1.2　函数在极点处留数的计算

法则 1　若 z_0 为 $f(z)$ 的 m 级极点, 则

$$\mathrm{Res}[f(z), z_0] = \frac{1}{(m-1)!} \lim_{z \to z_0} \frac{\mathrm{d}^{m-1}}{\mathrm{d}z^{m-1}} [(z - z_0)^m f(z)] \quad (m > 1).$$

$$(5.3)$$

证明　由 z_0 是 $f(z)$ 的 m 级极点得

$$f(z) = c_{-m}(z - z_0)^{-m} + \cdots + c_{-1}(z - z_0)^{-1} + c_0 + c_1(z - z_0) + \cdots.$$

其中 $c_{-m} \neq 0$. 为了求得 c_{-1}, 两端同乘以 $(z - z_0)^m$, 有

$$(z - z_0)^m f(z)$$
$$= c_{-m} + c_{-m+1}(z - z_0) + \cdots + c_{-1}(z - z_0)^{m-1} + c_0(z - z_0)^m + \cdots.$$

在上式两端求 $(m-1)$ 阶导数得

$$\frac{\mathrm{d}^{m-1}}{\mathrm{d}z^{m-1}}[(z - z_0)^m f(z)] = (m-1)! \; c_{-1} + \left[\frac{m!}{1!} c_0(z - z_0) + \right.$$
$$\left. \frac{(m+1)!}{2} c_1(z - z_0)^2 + \cdots \right].$$

两端取极限得

$$\lim_{z \to z_0} \frac{\mathrm{d}^{m-1}}{\mathrm{d}z^{m-1}}[(z - z_0)^m f(z)] = (m-1)! \; c_{-1}.$$

于是

$$\mathrm{Res}[f(z), z_0] = c_{-1} = \frac{1}{(m-1)!} \lim_{z \to z_0} \frac{\mathrm{d}^{m-1}}{\mathrm{d}z^{m-1}}[(z - z_0)^m f(z)].$$

法则 2　若 z_0 为 $f(z)$ 的一级极点, 则

$$\mathrm{Res}[f(z), z_0] = \lim_{z \to z_0}(z - z_0)f(z). \tag{5.4}$$

证明　由假设,有

$$f(z) = c_{-1}(z - z_0)^{-1} + c_0 + c_1(z - z_0) + \cdots.$$

为了求 c_{-1},上式两端乘以 $(z - z_0)$,得

$$(z - z_0)f(z) = c_{-1} + c_0(z - z_0) + c_1(z - z_0)^2 + \cdots.$$

两端取极限得

$$\lim_{z \to z_0}(z - z_0)f(z) = c_{-1}.$$

所以

$$\text{Res}[f(z), z_0] = c_{-1} = \lim_{z \to z_0}(z - z_0)f(z).$$

法则 3　若 $f(z) = \dfrac{P(z)}{Q(z)}$,其中 $P(z)$、$Q(z)$ 在 z_0 解析,且 $P(z_0) \neq 0$, $Q(z_0) = 0$, $Q'(z_0) \neq 0$,则

$$\text{Res}[f(z), z_0] = \frac{P(z_0)}{Q'(z_0)}. \tag{5.5}$$

证明　由 $Q(z_0) = 0$, $Q'(z_0) \neq 0$,知 z_0 是 $Q(z)$ 的一级零点.又 $P(z_0) \neq 0$,所以 z_0 是

$$\frac{1}{f(z)} = \frac{Q(z)}{P(z)}$$

的一级零点.从而 z_0 是 $f(z) = \dfrac{P(z)}{Q(z)}$ 的一级极点.由法则 2,并注意到 $Q(z_0) = 0$,有

$$\text{Res}[f(z), z_0] = \lim_{z \to z_0}[(z - z_0)f(z)]$$

$$= \lim_{z \to z_0}\left[(z - z_0)\frac{P(z)}{Q(z)}\right] = \lim_{z \to z_0}\frac{P(z)}{\dfrac{Q(z) - Q(z_0)}{z - z_0}}$$

$$= \frac{P(z_0)}{Q'(z_0)}.$$

例 4　求 $f(z) = \dfrac{1}{(z^2 + 1)^3}$ 在孤立奇点处的留数.

解　$f(z)$ 仅有两个孤立奇点 $z = i$ 和 $z = -i$,且均为三级极点.由法则 1

$$\mathrm{Res}[f(z),\mathrm{i}] = \frac{1}{2!}\lim_{z\to\mathrm{i}}\frac{\mathrm{d}^2}{\mathrm{d}z^2}\left[(z-\mathrm{i})^3\frac{1}{(z^2+1)^3}\right]$$

$$= \frac{1}{2!}\lim_{z\to\mathrm{i}}\frac{\mathrm{d}^2}{\mathrm{d}z^2}\left[\frac{1}{(z+\mathrm{i})^3}\right]$$

$$= \frac{1}{2!}\lim_{z\to\mathrm{i}}\frac{12}{(z+\mathrm{i})^5} = -\mathrm{i}\frac{3}{16}.$$

同理可得

$$\mathrm{Res}[f(z),-\mathrm{i}] = \mathrm{i}\frac{3}{16}.$$

例 5　求 $f(z)=\dfrac{1}{\sin z}$ 在孤立奇点处的留数.

解　因为当 $z_k = k\pi(k=0,\pm 1,\pm 2,\cdots)$ 时,有

$$\sin z_k = 0,(\sin z)'|_{z=z_k} = (-1)^k \neq 0.$$

所以 $z=z_k$ 是函数 $f(z)$ 的一级极点.由法则 3 得

$$\mathrm{Res}[f(z),z_k] = \frac{1}{(\sin z)'|_{z=z_k}}$$

$$= \frac{1}{\cos z_k} = (-1)^k \quad (k=0,\pm 1,\pm 2,\cdots).$$

计算留数时,就一般情形而言,都可分别不同情况,采用不同的法则进行计算.但是切忌千篇一律生搬硬套,一定要注意方法的灵活性.

例 6　求函数 $f(z)=\dfrac{\cos(z^2)}{z^9}$ 在 $z=0$ 处的留数.

解　因 $z=0$ 是 $f(z)$ 的 9 级极点,故由法则 1 应有

$$\mathrm{Res}[f(z),0] = \frac{1}{8!}\lim_{z\to 0}\frac{\mathrm{d}^8}{\mathrm{d}z^8}[z^9 f(z)] = \frac{1}{8!}\lim_{z\to 0}\frac{\mathrm{d}^8}{\mathrm{d}z^8}[\cos(z^2)].$$

这样做运算太繁.如果利用洛朗展开式求 c_{-1} 就比较方便.因为

$$f(z) = \frac{1}{z^9}\left(1-\frac{z^4}{2!}+\frac{z^8}{4!}-\cdots\right)$$

$$= \frac{1}{z^9}-\frac{1}{2!}\frac{1}{z^5}+\frac{1}{4!}\frac{1}{z}-\cdots,$$

所以

$$\operatorname{Res}[f(z),0] = c_{-1} = \frac{1}{4!}.$$

还应该指出,在应用法则 1 时,为了计算方便不要将 m 取得比实际的级数高,但把 m 取得比实际级数高而使计算简便的情形也是有的.

例 7 求函数 $f(z) = \dfrac{z - \sin z}{z^6}$ 在 $z = 0$ 处的留数.

解 不难验证 $z = 0$ 是函数 $f(z)$ 的三级极点,应用法则 1 得

$$\operatorname{Res}[f(z),0] = \frac{1}{(3-1)!} \lim_{z \to 0} \frac{\mathrm{d}^2}{\mathrm{d}z^2} \left[z^3 \frac{z - \sin z}{z^6} \right]$$

$$= \frac{1}{2!} \lim_{z \to 0} \frac{\mathrm{d}^2}{\mathrm{d}z^2} \left[\frac{z - \sin z}{z^3} \right].$$

往下的运算显然是比较繁杂的.但是如果提高极点 $z = 0$ 的级数,按照下面的方法计算 $z = 0$ 处的留数,就比较简便.

$$\operatorname{Res}[f(z),0] = \frac{1}{(6-1)!} \lim_{z \to 0} \frac{\mathrm{d}^5}{\mathrm{d}z^5} \left[z^6 \frac{z - \sin z}{z^6} \right]$$

$$= \frac{1}{5!} \lim_{z \to 0} (-\cos z) = -\frac{1}{5!}.$$

5.2 留数基本定理

定理 5.1(留数定理) 若函数 $f(z)$ 在以分段光滑的闭曲线 C 为边界的区域 D 内除有限个奇点 $z_1, z_2, \cdots, z_n$ 外处处解析,在闭域 $\overline{D} = D + C$ 上除这有限个奇点外处处连续,则函数 $f(z)$ 沿边界 C 的正向积分的值,等于函数 $f(z)$ 在 $z_1, z_2, \cdots, z_n$ 处的留数之和乘以 $2\pi i$,即

$$\int_C f(z)\mathrm{d}z = 2\pi i \sum_{k=1}^{n} \operatorname{Res}[f(z), z_k]. \tag{5.6}$$

证明 在区域 D 内分别以 $z_k (k = 1, 2, \cdots, n)$ 为中心,以充分小的正数为半径作圆周 $C_k (k = 1, 2, \cdots, n)$,使这些小圆彼此互不包含、互不相交(图 5.1).那么根据复合闭路定理及留数定义,有

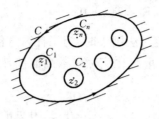

图 5.1

$$\int_C f(z)\mathrm{d}z = \int_{C_1} f(z)\mathrm{d}z + \int_{C_2} f(z)\mathrm{d}z + \cdots + \int_{C_n} f(z)\mathrm{d}z$$

$$= 2\pi\mathrm{i}\left[\frac{1}{2\pi\mathrm{i}}\int_{C_1} f(z)\mathrm{d}z + \frac{1}{2\pi\mathrm{i}}\int_{C_2} f(z)\mathrm{d}z + \cdots + \frac{1}{2\pi\mathrm{i}}\int_{C_n} f(z)\mathrm{d}z\right]$$

$$= 2\pi\mathrm{i}\sum_{k=1}^n \mathrm{Res}[f(z),z_k].$$

借助于留数定理,可把沿分段光滑闭曲线 C 的积分的计算,转化为求被积函数在 C 内各孤立奇点处的留数. 因此,当能够用一些简便方法把留数求出来,也就解决了一类积分的计算问题.

例 8 计算积分

$$I = \int_C \frac{1}{z^3(z+\mathrm{i})}\mathrm{d}z,$$

其中 C 为圆周 $|z| = 2$.

解 被积函数 $f(z) = \dfrac{1}{z^3(z+\mathrm{i})}$ 在 C 内有两个孤立奇点 $z=0$ 和 $z=-\mathrm{i}$,其中 $z=0$ 为 $f(z)$ 的三级极点,$z=-\mathrm{i}$ 为 $f(z)$ 的一极点,且

$$\mathrm{Res}[f(z),0] = \frac{1}{2!}\lim_{z\to0}\frac{\mathrm{d}^2}{\mathrm{d}z^2}\left[z^3\frac{1}{z^3(z+\mathrm{i})}\right]$$

$$= \frac{1}{2!}\lim_{z\to0}\frac{\mathrm{d}^2}{\mathrm{d}z^2}\left(\frac{1}{z+\mathrm{i}}\right)$$

$$= \frac{1}{2!}\lim_{z\to0}\frac{2}{(z+\mathrm{i})^3} = -\frac{1}{\mathrm{i}},$$

$$\mathrm{Res}[f(z),-\mathrm{i}] = \lim_{z\to-\mathrm{i}}(z+\mathrm{i})\frac{1}{z^3(z+\mathrm{i})} = \frac{1}{\mathrm{i}}.$$

由留数定理得

$$I = \int_C \frac{1}{z^3(z+i)}dz = 2\pi i\left(-\frac{1}{i} + \frac{1}{i}\right) = 0.$$

例 9 计算积分

$$I = \int_C \frac{z}{\frac{1}{2} - \cos z}dz,$$

其中 C 为圆周 $|z| = 2$.

解 $f(z) = \dfrac{z}{\dfrac{1}{2} - \cos z}$ 在 C 内有两个一级极点 $z = \pm\dfrac{\pi}{3}$，且

$$\mathrm{Res}\left[f(z), \frac{\pi}{3}\right] = \frac{z}{\left(\frac{1}{2} - \cos z\right)'}\bigg|_{z=\frac{\pi}{3}} = \frac{z}{\sin z}\bigg|_{z=\frac{\pi}{3}} = \frac{\frac{\pi}{3}}{\frac{\sqrt{3}}{2}} = \frac{2\pi}{3\sqrt{3}}.$$

$$\mathrm{Res}\left[f(z), -\frac{\pi}{3}\right] = \frac{z}{\left(\frac{1}{2} - \cos z\right)'}\bigg|_{z=-\frac{\pi}{3}} = \frac{z}{\sin z}\bigg|_{z=-\frac{\pi}{3}}$$

$$= \frac{-\frac{\pi}{3}}{-\frac{\sqrt{3}}{2}} = \frac{\frac{\pi}{3}}{\frac{\sqrt{3}}{2}} = \frac{2\pi}{3\sqrt{3}} = \frac{2\pi}{3\sqrt{3}}.$$

由留数定理得

$$I = \int_C \frac{z}{\frac{1}{2} - \cos z}dz = 2\pi i\left[\frac{2\pi}{3\sqrt{3}} + \frac{2\pi}{3\sqrt{3}}\right] = i\frac{8\sqrt{3}}{9}\pi.$$

例 10 计算积分

$$\int_C \frac{z\sin z}{(1-e^z)^3}dz,$$

其中 C 为圆周 $|z| = 1$.

解 被积函数 $f(z) = \dfrac{z\sin z}{(1-e^z)^3}$ 在单位圆周 $|z| = 1$ 内只有 $z = 0$ 一个奇点. 进一步分析可以看出，$z = 0$ 是函数 $(1-e^z)^3$ 的三级零点，显

然又是函数 $z\sin z$ 的二级零点,从而 $z=0$ 是被积函数 $f(z)=$ $\dfrac{z\sin z}{(1-\mathrm{e}^z)^3}$ 的一级极点. 于是由法则 2,有

$$\mathrm{Res}[f(z),0]=\lim_{z\to 0}[zf(z)]=\lim_{z\to 0}\frac{z^2\sin z}{(1-\mathrm{e}^z)^3}.$$

(注意,因子 z 与 $f(z)$ 的分母形式上消不掉,且当 $z\to 0$ 时成 $\dfrac{0}{0}$ 型未定式)应用洛必达法则有

$$\begin{aligned}
\mathrm{Res}[f(z),0] &= \lim_{z\to 0}\frac{z^2\sin z}{(1-\mathrm{e}^z)^3}=\lim_{z\to 0}\frac{\sin z}{z}\cdot\frac{z^3}{(1-\mathrm{e}^z)^3}\\
&= \lim_{z\to 0}\frac{\sin z}{z}\cdot\left(\lim_{z\to 0}\frac{z}{1-\mathrm{e}^z}\right)^3\\
&= \left(\lim_{z\to 0}\frac{1}{-\mathrm{e}^z}\right)^3=(-1)^3=-1.
\end{aligned}$$

由留数定理得

$$\int_C \frac{z\sin z}{(1-\mathrm{e}^z)^3}\mathrm{d}z=2\pi\mathrm{i}(-1)=-2\pi\mathrm{i}.$$

5.3* 函数在无穷远点处的留数

留数的概念可以推广到无穷远点的情形.

定义 5.2 设 ∞ 为函数 $f(z)$ 的一个孤立奇点,即 $f(z)$ 在环域 $R<|z|<+\infty$ 内解析,那么称积分

$$\frac{1}{2\pi\mathrm{i}}\int_{C^-} f(z)\mathrm{d}z \quad (C:|z|=\rho>R)$$

的值为函数 $f(z)$ 在点 ∞ 的留数,记为 $\mathrm{Res}[f(z),\infty]$,这里 C^- 是指顺时针方向.

设 $f(z)$ 在 $0\leqslant R<|z|<+\infty$ 内的洛朗展开式为

$$f(z)=\cdots+\frac{c_{-n}}{z^n}+\cdots+\frac{c_{-1}}{z}+c_0+c_1 z+\cdots+c_n z^n+\cdots.$$

逐项积分并根据定义 5.2 得

$$\text{Res}[f(z),\infty] = \frac{1}{2\pi i} \int_{C^-} f(z)\mathrm{d}z = -c_{-1}. \tag{5.7}$$

这就是说,$f(z)$ 在 ∞ 点的留数等于它在无穷远点的去心邻域 $R < |z| < +\infty$ 内洛朗展开式中 $\frac{1}{z}$ 这一项系数的相反数.

应该指出的是,函数在有限的可去奇点处的留数必为零,但是当无穷远点为可去奇点时,其留数却可能不为零.例如函数 $f(z) = 1 + \frac{1}{z}$ 以 $z = \infty$ 为可去奇点,但 $\text{Res}[f(z),\infty] = -1$.

定理 5.2　如果函数 $f(z)$ 在扩充的复平面内除了有限个孤立奇点 $z_1, z_2, \cdots, z_n, \infty$ 外处处解析,则 $f(z)$ 在各奇点处的留数总和为零.

证明　以原点为中心,充分大的 R 为半径作圆 $C: |z| = R$,使 $z_1, z_2, \cdots, z_n$ 都包含在 C 的内部.由留数定理得

$$\int_C f(z)\mathrm{d}z = 2\pi i \sum_{k=1}^n \text{Res}[f(z), z_k].$$

两边除以 $2\pi i$,并移项得

$$\sum_{k=1}^n \text{Res}[f(z), z_k] + \frac{1}{2\pi i} \int_{C^-} f(z)\mathrm{d}z = 0.$$

由函数在无穷远点留数的定义,即得

$$\sum_{k=1}^n \text{Res}[f(z), z_k] + \text{Res}[f(z),\infty] = 0. \tag{5.8}$$

例 11　求函数 $f(z) = \dfrac{z\mathrm{e}^z}{z^2 - 1}$ 在 $z = \infty$ 点的留数.

解　函数 $f(z)$ 在扩充复平面上有三个孤立奇点 $1, -1, \infty$,且 1 和 -1 均为 $f(z)$ 的一级极点.因为

$$\text{Res}[f(z), 1] = \left.\frac{z\mathrm{e}^z}{2z}\right|_{z=1} = \frac{\mathrm{e}}{2},$$

$$\text{Res}[f(z), -1] = \left.\frac{z\mathrm{e}^z}{2z}\right|_{z=-1} = \frac{1}{2}\mathrm{e}^{-1}.$$

所以

$$\text{Res}[f(z),\infty] = -\{\text{Res}[f(z), 1] + \text{Res}[f(z), -1]\}$$

$$= \frac{-1}{2}(e + e^{-1}) = -\text{ch}1.$$

关于无穷远点的留数,还有下面的计算规则:

$$\text{Res}[f(z), \infty] = -\text{Res}\left[f\left(\frac{1}{t}\right) \cdot \frac{1}{t^2}, 0\right]. \tag{5.9}$$

事实上,由函数在无穷远点留数的定义

$$\text{Res}[f(z), \infty] = \frac{1}{2\pi i}\int_{C^-} f(z)\,\mathrm{d}z,$$

其中 C 为半径足够大的正向圆周 $|z| = \rho$.

令 $z = \frac{1}{t}$,并设 $z = \rho e^{i\theta}$,$t = r e^{i\varphi}$,则 $\rho = \frac{1}{r}$,$\theta = -\varphi$,于是

$$\text{Res}[f(z), \infty] = \frac{1}{2\pi i}\int_0^{-2\pi} f(\rho e^{i\theta}) \cdot i\rho e^{i\theta}\,\mathrm{d}\theta$$

$$= -\frac{1}{2\pi i}\int_0^{2\pi} f\left(\frac{1}{re^{i\varphi}}\right)\frac{i}{re^{i\varphi}}\,\mathrm{d}\varphi = -\frac{1}{2\pi i}\int_0^{2\pi} f\left(\frac{1}{re^{i\varphi}}\right)\frac{1}{(re^{i\varphi})^2}\,\mathrm{d}(re^{i\varphi})$$

$$= -\frac{1}{2\pi i}\int_{|t|=r} f\left(\frac{1}{t}\right) \cdot \frac{1}{t^2}\,\mathrm{d}t \quad \left(r = \frac{1}{\rho}, |t| = r \text{ 为正向}\right).$$

由于 $f(z)$ 在 $\rho < |z| < +\infty$ 内解析,从而 $f\left(\frac{1}{t}\right)$ 在 $0 < |t| < r$ 内解析.

因此,函数 $f\left(\frac{1}{t}\right) \cdot \frac{1}{t^2}$ 在 $|t| < r$ 内除 $t = 0$ 外是解析的,故由留数定义

$$\frac{1}{2\pi i}\int_{|t|=\frac{1}{\rho}} f\left(\frac{1}{t}\right) \cdot \frac{1}{t^2}\,\mathrm{d}t = \text{Res}\left[f\left(\frac{1}{t}\right) \cdot \frac{1}{t^2}, 0\right].$$

从而有

$$\text{Res}[f(z), \infty] = -\text{Res}\left[f\left(\frac{1}{t}\right) \cdot \frac{1}{t^2}, 0\right].$$

例 12　计算积分 $\int_C \frac{z}{z^4 - 1}\,\mathrm{d}z$,其中 C 为圆周 $|z| = 2$.

解　因为 $f(z) = \frac{z}{z^4 - 1}$ 在 C 的内部有四个一级极点 $z_k = \cos\frac{k\pi}{4} + i\sin\frac{k\pi}{4}$,$k = 0, 1, 2, 3$,而在 C 的外部除 $z = \infty$ 外,是解析的,故由留数定理

$$\int_C \frac{z}{z^4-1}\mathrm{d}z = 2\pi\mathrm{i}\sum_{k=0}^{3}\mathrm{Res}[f(z),z_k] = -2\pi\mathrm{i}\mathrm{Res}[f(z),\infty].$$

由公式(5.7)得

$$\mathrm{Res}[f(z),\infty] = -\mathrm{Res}\left[f\left(\frac{1}{t}\right)\cdot\frac{1}{t^2},0\right]$$

$$= -\mathrm{Res}\left[\frac{\dfrac{1}{t}}{\dfrac{1}{t^4}-1}\cdot\frac{1}{t^2},0\right] = -\mathrm{Res}\left[\frac{t}{1-t^4},0\right] = 0.$$

所以有

$$\int_C \frac{z}{z^4-1}\mathrm{d}z = -2\pi\mathrm{i}\times 0 = 0.$$

例 13　计算积分

$$\int_C \frac{1}{(z+\mathrm{i})^8(z+1)(z-3)}\mathrm{d}z,$$

其中 C 为圆周 $|z|=2$.

解　被积函数在扩充的复平面共有四个奇点 $-\mathrm{i},-1,3,\infty$. 根据定理 5.2,有

$$\mathrm{Res}[f(z),-\mathrm{i}] + \mathrm{Res}[f(z),-1] + \mathrm{Res}[f(z),3]$$
$$+ \mathrm{Res}[f(z),\infty] = 0.$$

又在 C 内只有 $f(z)$ 的两个奇点 $-\mathrm{i},-1$. 所以根据留数定理及上式得

$$\int_C \frac{1}{(z+\mathrm{i})^8(z+1)(z-3)}\mathrm{d}z = 2\pi\mathrm{i}\{\mathrm{Res}[f(z),-\mathrm{i}] + \mathrm{Res}[f(z),-1]\}$$
$$= -2\pi\mathrm{i}\{\mathrm{Res}[f(z),3] + \mathrm{Res}[f(z),\infty]\}.$$

其中

$$\mathrm{Res}[f(z),3] = \lim_{z\to 3}\frac{1}{(z+\mathrm{i})^3(z+1)} = \frac{1}{4(3+\mathrm{i})^8},$$

$$\mathrm{Res}[f(z),\infty] = -\mathrm{Res}\left[f\left(\frac{1}{t}\right)\cdot\frac{1}{t^2},0\right].$$

而

$$f\left(\frac{1}{t}\right)\frac{1}{t^2} = \frac{1}{\left(\dfrac{1}{t}+\mathrm{i}\right)^8\left(\dfrac{1}{t}+1\right)\left(\dfrac{1}{t}-3\right)}\cdot\frac{1}{t^2}$$

$$= \frac{t^8}{(1+\mathrm{i}t)^8(1+t)(1-3t)},$$

它以 $t=0$ 为可去奇点,所以

$$\mathrm{Res}\left[f\left(\frac{1}{t}\right)\frac{1}{t^2},0\right]=0.$$

于是

$$\int_C \frac{1}{(z+\mathrm{i})^8(z+1)(z-3)}\mathrm{d}z = -2\pi\mathrm{i}\left\{\frac{1}{4(3+\mathrm{i})^8}+0\right\}$$

$$= -\frac{\pi\mathrm{i}}{2(3+\mathrm{i})^8}.$$

从此例可以看出,若直接应用留数定理,由于 $-\mathrm{i}$ 是 $f(z)$ 的 8 级极点,因而计算必然很繁琐. 所以当有限奇点比较多或其留数计算比较繁杂,并且能容易地计算出 $\mathrm{Res}[f(z),\infty]$ 时,用 $\mathrm{Res}[f(z),\infty]$ 来求 $\sum_{k=1}^{n}\mathrm{Res}[f(z),z_k]$ 是很方便的.

5.4 留数理论在实积分计算中的应用

这一节,我们介绍留数理论另一方面的应用——计算实积分. 在实际问题中,常会遇到一些实积分,它们用寻常的方法计算比较复杂,有时甚至无法求值. 但是如果能把这些积分转化为计算某个复变函数沿逐段光滑的简单闭曲线的积分,然后应用留数基本定理,就可以大大简化计算过程. 但是这种转化没有一种普遍适用的方式,也不可能用它来计算所有的实积分. 这里我们只以几种特殊类型的实积分的计算为例,阐述用留数计算实积分的基本方法及其所遵循的基本原则.

5.4.1 $\int_{-\infty}^{+\infty}\frac{P(x)}{Q(x)}\mathrm{d}x$ 型积分的计算

这里 $P(x)$ 和 $Q(x)$ 为互质多项式,$Q(x)=0$ 没有实根,且 $Q(x)$ 的次数比 $P(x)$ 的次数至少高两次.

显然这个积分是存在的. 为了计算这种类型的积分,我们选取积分路径为上半圆周 $C_R:|z|=R,\mathrm{Im}\ z\geqslant 0$ 与实轴上的线段:$-R\leqslant x\leqslant$

R, Im $z = 0$ 围成的闭曲线(图 5.
2).将被积函数取为

$$R(z) = \frac{P(z)}{Q(z)}.$$

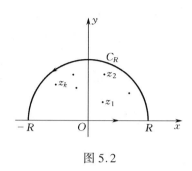

图 5.2

取 R 充分大,使 $R(z)$ 在上半平面
内所有孤立奇点 z_k(实际上只有有
限个极点)都含于这个积分路径所
围成的区域的内部.根据留数定理
有

$$\int_{-R}^{R} \frac{P(x)}{Q(x)}\mathrm{d}x + \int_{C_R} \frac{P(z)}{Q(z)}\mathrm{d}z = 2\pi\mathrm{i}\sum_k \mathrm{Res}[R(z), z_k].$$

显然这个等式不因 C_R 的半径 R 的增大而有所改变.

在 C_R 上令 $z = R\mathrm{e}^{\mathrm{i}\theta}(0 \leqslant \theta \leqslant \pi)$,则有

$$\int_{C_R} \frac{P(z)}{Q(z)}\mathrm{d}z = \int_0^{\pi} \frac{P(R\mathrm{e}^{\mathrm{i}\theta})\mathrm{i}R\mathrm{e}^{\mathrm{i}\theta}}{Q(R\mathrm{e}^{\mathrm{i}\theta})}\mathrm{d}\theta.$$

由于 $Q(z)$ 的次数比 $P(z)$ 的次数至少高两次,所以当 $|z| = R \to +\infty$
时,$\dfrac{zP(z)}{Q(z)} = \dfrac{P(R\mathrm{e}^{\mathrm{i}\theta})R\mathrm{e}^{\mathrm{i}\theta}}{Q(R\mathrm{e}^{\mathrm{i}\theta})} \to 0$,因此

$$\lim_{R \to +\infty} \int_{C_R} \frac{P(z)}{Q(z)}\mathrm{d}z = 0.$$

从而有

$$\int_{-\infty}^{+\infty} \frac{P(x)}{Q(x)}\mathrm{d}x = 2\pi\mathrm{i}\sum_{k=1}^{n} \mathrm{Res}\left[\frac{P(z)}{Q(z)}, z_k\right]. \tag{5.10}$$

例 14　计算积分 $I = \displaystyle\int_{-\infty}^{+\infty} \frac{x^2 + 2}{x^4 + 5x^2 + 4}\mathrm{d}x$ 的值.

解　显然该积分存在.取 $R(z) = \dfrac{z^2 + 2}{z^4 + 5z^2 + 4}$.$R(z)$ 在 Z 平面内
共有四个一级极点 $z = \pm\mathrm{i}, z = \pm 2\mathrm{i}$,而在上半平面内只有两个一级极
点 $z = \mathrm{i}$ 和 $z = 2\mathrm{i}$.由于

$$\mathrm{Res}[R(z), \mathrm{i}] = \frac{1}{6\mathrm{i}}, \mathrm{Res}[R(z), 2\mathrm{i}] = \frac{1}{6\mathrm{i}}.$$

根据公式(5.10)得

$$\int_{-\infty}^{+\infty} \frac{x^2+2}{x^4+5x^2+4}\mathrm{d}x = 2\pi\mathrm{i}\left(\frac{1}{6\mathrm{i}}+\frac{1}{6\mathrm{i}}\right) = \frac{2}{3}\pi.$$

例 15 计算积分 $I = \int_0^{+\infty} \frac{x^2}{x^4+1}\mathrm{d}x$ 的值.

解 由于 $\frac{x^2}{x^4+1}$ 是偶函数,所以

$$I = \int_0^{+\infty} \frac{x^2}{x^4+1}\mathrm{d}x = \frac{1}{2}\int_{-\infty}^{+\infty} \frac{x^2}{x^4+1}\mathrm{d}x.$$

令 $R(z) = \frac{z^2}{z^4+1}$,则 $R(z)$ 在上半平面内只有两个一级极点 $\mathrm{e}^{\mathrm{i}\frac{\pi}{4}}$ 和 $\mathrm{e}^{\mathrm{i}\frac{3\pi}{4}}$.

于是由公式(5.10)得

$$\int_{-\infty}^{+\infty} \frac{x^2}{x^4+1}\mathrm{d}x = 2\pi\mathrm{i}\left\{\mathrm{Res}\left[\frac{z^2}{z^4+1}, \mathrm{e}^{\mathrm{i}\frac{\pi}{4}}\right] + \mathrm{Res}\left[\frac{z^2}{z^4+1}, \mathrm{e}^{\mathrm{i}\frac{3\pi}{4}}\right]\right\}$$

$$= 2\pi\mathrm{i}\left[\frac{z^2}{(z^4+1)'}\bigg|_{z=\mathrm{e}^{\mathrm{i}\frac{\pi}{4}}} + \frac{z^2}{(z^4+1)'}\bigg|_{z=\mathrm{e}^{\mathrm{i}\frac{3\pi}{4}}}\right]$$

$$= \frac{\pi}{2}\mathrm{i}(\mathrm{e}^{-\mathrm{i}\frac{\pi}{4}} + \mathrm{e}^{-\mathrm{i}\frac{3\pi}{4}}) = \frac{\sqrt{2}}{2}\pi.$$

所以

$$\int_0^{+\infty} \frac{x^2}{x^4+1}\mathrm{d}x = \frac{\sqrt{2}}{4}\pi.$$

5.4.2 $\int_0^{2\pi} R(\cos\theta, \sin\theta)\mathrm{d}\theta$ 型积分的计算

这里 $R(\cos\theta, \sin\theta)$ 是 $\cos\theta$ 和 $\sin\theta$ 的有理函数. 不难看出,$R(\cos\theta, \sin\theta)$ 是以 2π 为周期的周期函数,因此.

$$\int_0^{2\pi} R(\cos\theta, \sin\theta)\mathrm{d}\theta = \int_{-\pi}^{\pi} R(\cos\theta, \sin\theta)\mathrm{d}\theta.$$

作变换 $t = \tan\frac{\theta}{2}$,则

$$\sin\theta = \frac{2t}{1+t^2}, \cos\theta = \frac{1-t^2}{1+t^2}, \mathrm{d}\theta = \frac{2}{1+t^2}\mathrm{d}t.$$

于是,

$$\int_0^{2\pi} R(\cos\theta,\sin\theta)\mathrm{d}\theta = \int_{-\pi}^{\pi} R(\cos\theta,\sin\theta)\mathrm{d}\theta$$

$$= \int_{-\infty}^{+\infty} R\left(\frac{1-t^2}{1+t^2},\frac{2t}{1+t^2}\right)\frac{2}{1+t^2}\mathrm{d}t. \qquad (5.11)$$

这样就把所求积分化为上述第一种类型的积分.

我们也可以采用下面的方法(通常使用的方法),把这种类型的积分化为单位圆周上的复积分.

令 $z=\mathrm{e}^{\mathrm{i}\theta}$,则当 θ 由 0 变到 2π 时,对应的 z 正好沿单位圆 $|z|=1$ 的正向绕行一周. 由于

$$\cos\theta = \frac{\mathrm{e}^{\mathrm{i}\theta}+\mathrm{e}^{-\mathrm{i}\theta}}{2} = \frac{1}{2}\left(z+\frac{1}{z}\right),$$

$$\sin\theta = \frac{\mathrm{e}^{\mathrm{i}\theta}-\mathrm{e}^{-\mathrm{i}\theta}}{2\mathrm{i}} = \frac{1}{2\mathrm{i}}\left(z-\frac{1}{z}\right),$$

$$\mathrm{d}\theta = \frac{1}{\mathrm{i}z}\mathrm{d}z,$$

所以

$$\int_0^{2\pi} R(\cos\theta,\sin\theta)\mathrm{d}\theta = \int_{|z|=1} R\left[\frac{1}{2}\left(z+\frac{1}{z}\right),\frac{1}{2\mathrm{i}}\left(z-\frac{1}{z}\right)\right]\frac{1}{\mathrm{i}z}\mathrm{d}z.$$

根据假设,$R(\cos\theta,\sin\theta)$ 是 $\cos\theta$ 和 $\sin\theta$ 的有理函数,设

$$f(z) = \frac{1}{\mathrm{i}z}R\left[\frac{1}{2}\left(z+\frac{1}{z}\right),\frac{1}{2\mathrm{i}}\left(z-\frac{1}{z}\right)\right],$$

则 $f(z)$ 为 z 的有理函数. 如果 $R(\cos\theta,\sin\theta)$ 在 $[0,2\pi]$ 上连续,则 $f(z)$ 在 $|z|=1$ 上无奇点. 设 $f(z)$ 在 $|z|<1$ 内的奇点为 $z_1,z_2,\cdots,z_n$,则由留数基本定理,有

$$\int_0^{2\pi} R(\cos\theta,\sin\theta)\mathrm{d}\theta = 2\pi\mathrm{i}\sum_{k=1}^{n}\mathrm{Res}[f(z),z_k]. \qquad (5.12)$$

例 16 　计算积分 $I=\displaystyle\int_0^{2\pi}\frac{1}{a+\sin\theta}\mathrm{d}\theta$ 的值 　$(a>1)$.

解 　令 $\mathrm{e}^{\mathrm{i}\theta}=z$,则

$$\int_0^{2\pi}\frac{1}{a+\sin\theta}\mathrm{d}\theta = \int_{|z|=1}\frac{2}{z^2+\mathrm{i}2az-1}\mathrm{d}z.$$

上式右端的被积函数 $f(z) = \dfrac{2}{z^2 + i2az - 1}$ 只有两个一级极点:

$$z_1 = -ia + i\sqrt{a^2 - 1}, z_2 = -ia - i\sqrt{a^2 - 1}.$$

显然 $|z_1| < 1$, $|z_2| > 1$. 因此被积函数 $f(z)$ 在 $|z| < 1$ 内只有一个一级极点 z_1, 且

$$\mathrm{Res}[f(z), z_1] = \frac{2}{(z^2 + i2az - 1)'}\bigg|_{z = z_1} = \frac{1}{z_1 + ia} = \frac{1}{i\sqrt{a^2 - 1}}.$$

由公式(5.12)有

$$\int_0^{2\pi} \frac{1}{a + \sin\theta}\mathrm{d}\theta = 2\pi i \frac{1}{i\sqrt{a^2 - 1}} = \frac{2\pi}{\sqrt{a^2 - 1}}.$$

例 17 计算积分 $I = \displaystyle\int_0^\pi \frac{\sin^2 x}{3 + 2\cos x}\mathrm{d}x$ 的值.

解 由于被积函数 $f(x) = \dfrac{\sin^2 x}{3 + 2\cos x}$ 为偶函数, 所以

$$I = \int_0^\pi \frac{\sin^2 x}{3 + 2\cos x}\mathrm{d}x = \frac{1}{2}\int_{-\pi}^\pi \frac{\sin^2 x}{3 + 2\cos x}\mathrm{d}x.$$

令 $\mathrm{e}^{ix} = z$, 则

$$\int_{-\pi}^\pi \frac{\sin^2 x}{3 + 2\cos x}\mathrm{d}x = \int_{|z|=1} -\frac{1}{4i}\frac{(z^2 - 1)^2}{z^2(z^2 + 3z + 1)}\mathrm{d}z.$$

设

$$f(z) = \frac{(z^2 - 1)^2}{z^2(z^2 + 3z + 1)} = \frac{(z^2 - 1)^2}{z^2(z - \alpha)(z - \beta)},$$

α、β 是方程 $z^2 + 3z + 1 = 0$ 的两个根, 则

$$\alpha = \frac{-3 + \sqrt{5}}{2}, \beta = \frac{-3 - \sqrt{5}}{2}.$$

显然, $|\alpha| < 1$, $|\beta| > 1$, 所以 $f(z)$ 在 $|z| < 1$ 内有两个孤立奇点 $z = 0$ 和 $z = \alpha$, 且分别为 $f(z)$ 在 $|z| < 1$ 内的二级极点和一级极点. 由于

$$\mathrm{Res}[f(z), 0] = \lim_{z \to 0}[z^2 f(z)]' = -3,$$

$$\mathrm{Res}[f(z), \alpha] = \lim_{z \to \alpha}(z - \alpha)f(z) = \sqrt{5},$$

所以由公式(5.12)得

$$\int_{-\pi}^{\pi} \frac{\sin^2 x}{3 + 2\cos x} dx = 2\pi i \cdot \left(-\frac{1}{4i}\right) \cdot (-3 + \sqrt{5}) = \frac{\pi}{2}(3 - \sqrt{5}).$$

于是

$$I = \int_0^{\pi} \frac{\sin^2 x}{3 + 2\cos x} dx = \frac{\pi}{4}(3 - \sqrt{5}).$$

例 18　计算积分

$$I = \int_0^{\pi} \frac{\cos mx}{5 - 4\cos x} dx \quad (m \text{ 为正整数}).$$

解　$I = \dfrac{1}{2}\displaystyle\int_{-\pi}^{\pi} \frac{\cos mx}{5 - 4\cos x} dx = \dfrac{1}{2}\,\mathrm{Re}\int_{-\pi}^{\pi} \frac{e^{imx}}{5 - 4\cos x} dx.$

令　$z = e^{ix}$，则

$$\int_{-\pi}^{\pi} \frac{e^{imx}}{5 - 4\cos x} dx = \int_{|z|=1} \frac{z^m}{5 - 4 \cdot \frac{1}{2}\left(z + \frac{1}{z}\right)} \cdot \frac{1}{iz} dz$$

$$= \frac{1}{-i}\int_{|z|=1} \frac{z^m}{2z^2 - 5z + 2} dz,$$

被积函数 $f(z) = \dfrac{z^m}{2z^2 - 5z + 2}$ 在 $|z| < 1$ 内仅有一个一级极点

$z = \dfrac{1}{2}$，且

$$\mathrm{Res}\left(f(z), \frac{1}{2}\right) = \frac{z^m}{(2z^2 - 5z + 2)'}\bigg|_{z=\frac{1}{2}}$$

$$= \frac{z^m}{4z - 5}\bigg|_{z=\frac{1}{2}} = -\frac{1}{3 \cdot 2^m}$$

所以

$$\int_{-\pi}^{\pi} \frac{e^{imx}}{5 - 4\cos x} dx = -\frac{1}{i} \cdot 2\pi i \times \left(-\frac{1}{3 \cdot 2^m}\right)$$

$$= \frac{\pi}{3 \cdot 2^{m-1}}.$$

从而

$$I = \int_0^{\pi} \frac{\cos mx}{5 - 4\cos x} dx = \frac{1}{2}\,\mathrm{Re}\int_{-\pi}^{\pi} \frac{e^{imx}}{5 - 4\cos x} dx = \frac{\pi}{3 \cdot 2^m}.$$

5.4.3 $\displaystyle\int_{-\infty}^{+\infty} R(x)\sin\, mx\,\mathrm{d}x$ 和 $\displaystyle\int_{-\infty}^{+\infty} R(x)\cos\, mx\,\mathrm{d}x$ **型积分的计算**

这里 $R(x) = \dfrac{P(x)}{Q(x)}$,其中 $P(x)$、$Q(x)$ 是互质多项式,$Q(x)$ 的次数比 $P(x)$ 的次数高,$Q(x) = 0$ 没有实根,$m > 0$. 显然这两个积分都存在.

由 $\mathrm{e}^{\mathrm{i}mx} = \cos\, mx + \mathrm{i}\sin\, mx$,得

$$\int_{-\infty}^{+\infty} R(x)\mathrm{e}^{\mathrm{i}mx}\,\mathrm{d}x = \int_{-\infty}^{+\infty} R(x)\cos\, mx\,\mathrm{d}x + \mathrm{i}\int_{-\infty}^{+\infty} R(x)\sin\, mx\,\mathrm{d}x.$$

所以

$$\int_{-\infty}^{+\infty} R(x)\sin\, mx\,\mathrm{d}x = \mathrm{Im}\int_{-\infty}^{+\infty} R(x)\mathrm{e}^{\mathrm{i}mx}\,\mathrm{d}x,$$

$$\int_{-\infty}^{+\infty} R(x)\cos\, mx\,\mathrm{d}x = \mathrm{Re}\int_{-\infty}^{+\infty} R(x)\mathrm{e}^{\mathrm{i}mx}\,\mathrm{d}x,$$

因此只需求 $\displaystyle\int_{-\infty}^{+\infty} R(x)\mathrm{e}^{\mathrm{i}mx}\,\mathrm{d}x$. 类似于 5.4.1 的处理方法,选取上半圆周 $C_R : |z| = R, \mathrm{Im}z \geqslant 0$ 与实轴上的线段 $-R \leqslant x \leqslant R, \mathrm{Im}z = 0$ 所围成的闭曲线作为积分路径(图 5.3),被积函数取为

$$f(z) = R(z)\mathrm{e}^{\mathrm{i}mz}.$$

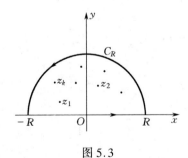

图 5.3

取 R 充分大,使 $R(z)$ 在上半平面内的极点 $z_k\,(k = 1, 2, \cdots, n)$ 都含在这条积分路径所围成的区域的内部. 由留数定理有

$$\int_{-R}^{R} R(x) e^{imx} dx + \int_{C_R} R(z) e^{imz} dz = 2\pi i \sum_{k=1}^{n} \text{Res}[R(z) e^{imz}, z_k].$$

显然这个等式不因 C_R 的半径 R 的增大而有所改变.

在 C_R 上, $z = R e^{i\theta} (0 \leqslant \theta \leqslant \pi)$, 因此

$$\left| \int_{C_R} R(z) e^{imz} dz \right| \leqslant \int_{C_R} |R(z)| |e^{imz}| ds \leqslant \max_{z \in C_R} |R(z)| \int_{C_R} e^{-my} ds.$$

由于

$$\int_{C_R} e^{-my} ds = \int_0^{\pi} R e^{-mR\sin\theta} d\theta = 2 \int_0^{\frac{\pi}{2}} R e^{-mR\sin\theta} d\theta,$$

当 $0 \leqslant \theta \leqslant \dfrac{\pi}{2}$ 时, $\sin\theta \geqslant \dfrac{2\theta}{\pi}$, 所以

$$\int_0^{\frac{\pi}{2}} R e^{-mR\sin\theta} d\theta \leqslant \int_0^{\frac{\pi}{2}} R e^{-\frac{2mR\theta}{\pi}} d\theta = \frac{\pi}{2m}(1 - e^{-mR}).$$

因此

$$\left| \int_{C_R} R(z) e^{imz} dz \right| \leqslant \max_{z \in C_R} |R(z)| \frac{\pi}{m}(1 - e^{-mR}).$$

由于 $R(z)$ 分母的次数比分子的次数至少高一次, 所以当 $|z| = R \to +\infty$ 时, $|R(z)| \to 0$, 因而

$$\lim_{R \to +\infty} \int_{C_R} R(z) e^{imz} dz = 0,$$

故

$$\int_{-\infty}^{+\infty} R(x) e^{imx} dx = 2\pi i \sum_{k=1}^{n} \text{Res}[R(z) e^{imz}, z_k]. \tag{5.13}$$

例 19 计算积分 $I = \displaystyle\int_{-\infty}^{+\infty} \dfrac{\cos ax}{x^2 + a^2} dx \,(a > 0)$ 的值.

解 设 $R(z) = \dfrac{1}{z^2 + a^2}$, $R(z)$ 在上半平面内有惟一的一个一级极点 $z = ai$, 且

$$\text{Res}[R(z) e^{iaz}, ai] = \frac{e^{iaz}}{(z^2 + a^2)'} \bigg|_{z=ai} = \frac{e^{-a^2}}{i2a}.$$

由公式(5.13)得

$$\int_{-\infty}^{+\infty} \frac{\cos ax}{x^2 + a^2} \mathrm{d}x = \mathrm{Re}\left[\int_{-\infty}^{+\infty} \frac{\mathrm{e}^{\mathrm{i}ax}}{x^2 + a^2} \mathrm{d}x\right] = \mathrm{Re}\left(2\pi\mathrm{i}\,\frac{\mathrm{e}^{-a^2}}{\mathrm{i}2a}\right)$$

$$= \frac{\pi}{a}\mathrm{e}^{-a^2}.$$

例20　计算积分 $I = \int_{0}^{+\infty} \frac{x\sin 2x}{x^2 + 4}\mathrm{d}x$ 的值.

解　所求积分的被积函数为偶函数,所以

$$\int_{0}^{+\infty} \frac{x\sin 2x}{x^2 + 4}\mathrm{d}x = \frac{1}{2}\int_{-\infty}^{+\infty} \frac{x\sin 2x}{x^2 + 4}\mathrm{d}x.$$

设 $R(z) = \dfrac{z}{z^2 + 4}$,则 $R(z)$ 在上半平面有惟一的一级极点 $z = 2\mathrm{i}$,且

$$\mathrm{Res}[R(z)\mathrm{e}^{\mathrm{i}2z}, 2\mathrm{i}] = \frac{z\mathrm{e}^{\mathrm{i}2z}}{(z^2 + 4)'}\bigg|_{z=2\mathrm{i}} = \frac{1}{2}\mathrm{e}^{-4},$$

所以

$$\int_{0}^{+\infty} \frac{x\sin 2x}{x^2 + 4}\mathrm{d}x = \frac{1}{2}\int_{-\infty}^{+\infty} \frac{x\sin 2x}{x^2 + 4}\mathrm{d}x$$

$$= \frac{1}{2}\mathrm{Im}\left[2\pi\mathrm{i}\cdot\frac{1}{2}\mathrm{e}^{-4}\right] = \frac{\pi}{2}\mathrm{e}^{-4}.$$

例21*　计算积分 $I = \int_{-\infty}^{+\infty} \frac{\sin mx}{x}\mathrm{d}x\,(m>0)$ 的值.

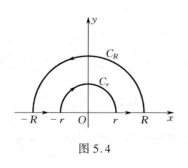

图 5.4

解　令 $f(z) = \dfrac{\mathrm{e}^{\mathrm{i}mz}}{z}$.该函数在实轴上有一个奇点(一级极点)$z = 0$.为了使积分路径不通过奇点,取积分路径为以原点为中心,$r>0$ 和 $R(>r)$ 为半径所作的两个上半圆周 C_r 和 C_R 以及实轴上的线段 $[-R, -r]$ 和 $[r, R]$ 所围成的闭曲线(图5.4).根据柯西积分定理,有

$$\int_{C_R} \frac{e^{imz}}{z}dz + \int_{-R}^{-r} \frac{e^{imx}}{x}dx + \int_{C_r} \frac{e^{imz}}{z}dz + \int_{r}^{R} \frac{e^{imx}}{x}dx = 0.$$

由于

$$\left| \int_{C_R} \frac{e^{imz}}{z}dz \right| \leqslant \int_{C_R} \left| \frac{e^{imz}}{z} \right| ds = \frac{1}{R} \int_{C_R} e^{-my}ds$$

$$= \int_{0}^{\pi} e^{-mR\sin\theta}d\theta = 2\int_{0}^{\frac{\pi}{2}} e^{-mR\sin\theta}d\theta$$

$$\leqslant 2\int_{0}^{\frac{\pi}{2}} e^{-mR\frac{2\theta}{\pi}}d\theta = \frac{\pi}{mR}(1 - e^{-mR}),$$

所以

$$\lim_{R \to +\infty} \int_{C_R} \frac{e^{imz}}{z}dz = 0.$$

又因为

$$\int_{C_r} \frac{e^{imz}}{z}dz = \int_{C_r} \left(\frac{1}{z} + im - \frac{m^2 z}{2!} - \frac{im^3 z^2}{3!} + \cdots \right)dz$$

$$= \int_{\pi}^{0} \frac{i}{re^{i\theta}}re^{i\theta}d\theta + im\int_{\pi}^{0} ire^{i\theta}d\theta - \frac{m^2}{2!}\int_{\pi}^{0} re^{i\theta} \cdot ire^{i\theta}d\theta - \cdots$$

$$= -i\pi - mr\int_{\pi}^{0} e^{i\theta}d\theta - \frac{m^2 r^2}{2!}i\int_{\pi}^{0} e^{i2\theta}d\theta - \cdots.$$

所以当 $r \to 0$ 时,有

$$\lim_{r \to 0} \int_{C_r} \frac{e^{imz}}{z}dz = -i\pi.$$

因此,当 $r \to 0$ 和 $R \to +\infty$ 时,由

$$\lim_{\substack{r \to 0 \\ R \to +\infty}} \left[\int_{-R}^{-r} \frac{e^{imx}}{x}dx + \int_{r}^{R} \frac{e^{imx}}{x}dx \right] + \lim_{R \to +\infty} \int_{C_R} \frac{e^{imz}}{z}dz + \lim_{r \to 0} \int_{C_r} \frac{e^{imz}}{z}dz = 0,$$

即得

$$\int_{-\infty}^{+\infty} \frac{e^{imx}}{x}dx - i\pi = 0,$$

所以

$$\int_{-\infty}^{+\infty} \frac{\sin mx}{x}dx = \pi.$$

习　题　5

1.求下列各函数在复平面内奇点处的留数：

(1)$f(z) = \dfrac{1}{z^2 + z^4}$;　　　　　　(2)$f(z) = \dfrac{z - \sin z}{z^3}$;

(3)$f(z) = \dfrac{1 - e^{2z}}{z^4}$;　　　　　　(4)$f(z) = z^5 \sin \dfrac{1}{z^2}$;

(5)$f(z) = z^2 \cos \dfrac{1}{z - 1}$;　　　　(6)$f(z) = \sin \dfrac{z}{z + 1}$;

(7)$f(z) = \dfrac{1}{z^2 \sin z}$;　　　　　　(8)$f(z) = z e^{\frac{1}{z-1}}$;

(9)$f(z) = \dfrac{z^{2n}}{1 + z^n}$($n$ 为自然数);

(10)$f(z) = \dfrac{1}{(z - \alpha)^m (z - \beta)^n}$($m$、$n$ 皆为自然数);

(11)$f(z) = \dfrac{e^{\pi z}}{z^2 + 1}$;　　　　　(12)$f(z) = \dfrac{z^2 + z - 1}{z^2 (z - 1)}$;

(13)$f(z) = (z - 1)^2 \sin \dfrac{1}{z}$;　(14)$f(z) = \dfrac{1}{\cos z - \sin z}$.

2.试在下面两种情况下求

$$\text{Res}\left[\frac{f'(z)}{f(z)}, a\right].$$

(1)a 为 $f(z)$ 的 n 级零点；

(2)a 为 $f(z)$ 的 n 级极点.

3.利用留数计算下列各积分：

(1)$\displaystyle\int_C \dfrac{1}{z^3 - z^5} dz$,　　　　　　$C: |z| = 2$;

(2)$\displaystyle\int_C \dfrac{1}{(4 + z^2)(z + 5i)} dz$,　　　$C: |z| = 3$;

(3)$\displaystyle\int_C \dfrac{1}{(z - 1)^2 (z^2 + 1)} dz$,　　$C: x^2 + y^2 = 2(x + y)$;

$(4)\displaystyle\int_C \frac{1}{z^4+1}\mathrm{d}z,$　　　　　　　　　$C: x^2+y^2=2x;$

$(5)\displaystyle\int_C \sin\frac{1}{z}\mathrm{d}z,$　　　　　　　　　$C:|z|=1;$

$(6)\displaystyle\int_C \frac{\mathrm{e}^z}{z^2(z^2+9)}\mathrm{d}z,$　　　　　　$C:|z|=1;$

$(7)\displaystyle\int_C \frac{1-\cos z}{z^m}\mathrm{d}z, m$ 为正整数,　$C:|z|=1;$

$(8)\displaystyle\int_C \frac{\mathrm{e}^{\mathrm{i}z}}{1+z^2}\mathrm{d}z,$　　　　　　　　$C:|z-\mathrm{i}|=1;$

$(9)\displaystyle\int_C \frac{z^{2n}}{1+z^n}\mathrm{d}z, n$ 为整数,　　　$C:|z|=r>1;$

$(10)\displaystyle\int_C \frac{\sin z}{z^2(2z-1)}\mathrm{d}z,$ 其中 C 是不过 0 和 $\dfrac{1}{2}$ 的任意简单闭曲线;

$(11)\displaystyle\int_C \tan(\pi z)\mathrm{d}z,$　　　　　　　　$C:|z|=n(n$ 为正整数$).$

4. 计算下列积分:

$(1)\displaystyle\int_0^{2\pi} \frac{1}{4-\sin\theta}\mathrm{d}\theta;$

$(2)\displaystyle\int_0^{\pi} \frac{1}{1-2a\cos\theta+a^2}\mathrm{d}\theta \quad (0<a<1);$

$(3)\displaystyle\int_{-\infty}^{+\infty} \frac{x^2}{1+x^4}\mathrm{d}x;$　　　　　$(4)\displaystyle\int_{-\infty}^{+\infty} \frac{x^2-x+2}{x^4+10x^2+9}\mathrm{d}x;$

$(5)\displaystyle\int_0^{+\infty} \frac{x^2}{(x^2+a^2)^2}\mathrm{d}x \quad (a>0);$　$(6)\displaystyle\int_{-\infty}^{+\infty} \frac{x\sin 2x}{1+x^2}\mathrm{d}x;$

$(7)\displaystyle\int_0^{+\infty} \frac{\cos x}{(x^2+1)(x^2+9)}\mathrm{d}x;$　$(8)\displaystyle\int_{-\infty}^{+\infty} \frac{x\cos x}{x^2-2x+10}\mathrm{d}x;$

$(9)^*\displaystyle\int_0^{+\infty} \frac{\sin x}{x(x^2+1)}\mathrm{d}x.$

小　　结

留数概念和留数基本定理是本章的重点.

留数是针对解析函数的孤立奇点而引进的. 因此, 它与这个解析函数在孤立奇点的洛朗展开式有密切联系, 即解析函数 $f(z)$ 在其孤立奇点 z_0 处的留数等于 $f(z)$ 在该点的去心邻域内的洛朗展开式的负一次幂项的系数. 留数基本定理把计算解析函数 $f(z)$ 沿闭曲线 C 的积分问题转化为求该函数在此闭曲线内部各孤立奇点 $z_k (k=1,2,\cdots,n)$ 处的留数问题, 即

$$\int_C f(z)\mathrm{d}z = 2\pi\mathrm{i}\sum_{k=1}^{n}\mathrm{Res}[f(z),z_k].$$

因此第 3 章中的柯西定理与柯西积分公式可以看成是留数定理的特殊情况, 而本章的主要内容就其实质而言可以说是解析函数积分理论的继续.

留数的计算是本章的核心, 利用函数 $f(z)$ 在孤立奇点 z_0 去心邻域内的洛朗展开式可以得到计算 $f(z)$ 在点 z_0 处留数的公式 $\mathrm{Res}[f(z),z_0]=c_{-1}$, 这是计算留数的一般公式.

如果知道奇点类型, 则计算留数可更为方便.

若 z_0 是函数 $f(z)$ 的可去奇点, $\mathrm{Res}[f(z),z_0]=0$; 若 z_0 为函数 $f(z)$ 的 $m(\geqslant 1)$ 级极点, 可利用公式

$$\mathrm{Res}[f(z),z_0]=\frac{1}{(m-1)!}\lim_{z\to z_0}\frac{\mathrm{d}^{m-1}}{\mathrm{d}z^{m-1}}[(z-z_0)^m f(z)].$$

特例, 若 $f(z)=\dfrac{P(z)}{Q(z)}$, 且 z_0 为 $Q(z)$ 的一级零点, $P(z_0)\neq 0$, 则

$$\mathrm{Res}[f(z),z_0]=\frac{P(z_0)}{Q'(z_0)}.$$

利用留数可以计算某些类型的实函数的定积分和广义积分.

$(1)\displaystyle\int_{-\infty}^{+\infty}\frac{P(x)}{Q(x)}\mathrm{d}x.$

令 $R(x) = \dfrac{P(x)}{Q(x)}$,其中 $P(x)$ 与 $Q(x)$ 为互质多项式,且 $Q(x) = 0$ 无实根,$Q(x)$ 的次数至少比 $P(x)$ 的次数至少高两次,则

$$\int_{-\infty}^{+\infty} R(x)\mathrm{d}x = 2\pi\mathrm{i}\sum_{k=1}^{n}\operatorname*{Res}_{\operatorname{Im} z_k > 0}\left[R(z), z_k\right].$$

$(2)\displaystyle\int_{0}^{2\pi} R(\cos\theta, \sin\theta)\mathrm{d}\theta \xlongequal{\ \ 令 z = \mathrm{e}^{\mathrm{i}\theta}\ \ } \int_{|z|=1}\left(\frac{z^2+1}{2z}, \frac{z^2-1}{2\mathrm{i}z}\right)\frac{1}{\mathrm{i}z}\mathrm{d}z$

$$= \int_{C} f(z)\mathrm{d}z = 2\pi\mathrm{i}\sum_{k=1}^{n}\operatorname*{Res}_{|z_k|<1}\left[f(z), z_k\right],$$

其中 $R(\cos\theta, \sin\theta)$ 为 $\cos\theta, \sin\theta$ 的有理函数.

$(3)\displaystyle\int_{-\infty}^{+\infty}\frac{P(x)}{Q(x)}\left\{\begin{matrix}\cos mx\\ \sin mx\end{matrix}\right\}\mathrm{d}x.$

令 $R(x) = \dfrac{P(x)}{Q(x)}$,其中 $P(x)$ 与 $Q(x)$ 为互质多项式,且 $Q(x) = 0$ 无实根,且 $Q(x)$ 的次数比 $P(x)$ 的次数高,$m > 0$,则

$$\int_{-\infty}^{+\infty} R(x)\left\{\begin{matrix}\cos mx\\ \sin mx\end{matrix}\right\}\mathrm{d}x = \left\{\begin{matrix}\operatorname{Re}\\ \operatorname{Im}\end{matrix}\right\}2\pi\mathrm{i}\sum_{k=1}^{n}\operatorname*{Res}_{\operatorname{Im} z_k > 0}\left[R(z)\mathrm{e}^{\mathrm{i}mz}, z_k\right].$$

至于留数理论的其他方面的应用,有兴趣的读者可参阅其他《复变函数论》专著.

测验作业 5

1.求下列各函数在孤立奇点处的留数:

$(1) f(z) = \dfrac{z}{(z-1)(z+1)^2}$; $\qquad$ $(2) f(z) = \dfrac{z-1}{z^2(3z-2)}$;

$(3) f(z) = \dfrac{1 - \cos z}{z^5}$; $\qquad$ $(4) f(z) = \dfrac{z^2}{\cos \pi z}$.

2.设 $f(z)$ 在区域 D 内解析,z_0 为 D 内一点,$f(z_0) \neq 0$,证明

$$\operatorname{Res}\left[\frac{f(z)}{(z-z_0)^{n+1}}, z_0\right] = \frac{1}{n!}f^{(n)}(z_0).$$

3. 利用留数计算下列各积分:

(1) $\displaystyle\int_C \frac{\mathrm{e}^z}{z^2(2z+1)}\mathrm{d}z,$ $\qquad C: |z+1| = \dfrac{2}{3};$

(2) $\displaystyle\int_C \frac{\sin \pi z}{(z^2-1)^2}\mathrm{d}z,$ $\qquad C: |z-1| = 1;$

(3) $\displaystyle\int_C \frac{z}{\mathrm{e}^z-1}\mathrm{d}z,$ $\qquad C: |z| = 3\pi;$

(4) $\displaystyle\int_C \frac{z}{\dfrac{1}{2}-\sin^2 z}\mathrm{d}z$ $\qquad C: |z| = 2.$

4. 计算下列积分:

(1) $\displaystyle\int_{-\infty}^{+\infty} \frac{x\sin 2x}{x^4+4}\mathrm{d}x;$ $\qquad$ (2) $\displaystyle\int_{-\infty}^{+\infty} \frac{\mathrm{d}x}{(x^2+1)^2(x^2+4)};$

(3) $\displaystyle\int_0^{\pi} \frac{\mathrm{d}x}{(2+\sqrt{3}\cos x)^2};$

(4) $\displaystyle\int_0^{+\infty} \frac{\cos ax - \cos bx}{x^2+1}\mathrm{d}x$ $\quad (a>0, b>0).$

5. 证明下列等式:

$$I_1 = \int_0^{2\pi} \mathrm{e}^{\cos\theta}\cos(n\theta-\sin\theta)\mathrm{d}\theta = \frac{2\pi}{n!};$$

$$I_2 = \int_0^{2\pi} \mathrm{e}^{\cos\theta}\sin(n\theta-\sin\theta)\mathrm{d}\theta = 0.$$

6. 设 $f(z)$ 在 $|z|<1$ 内解析,在 $|z|\leqslant 1$ 上连续,试证:

$$(1-|z|^2)f(z) = \frac{1}{2\pi\mathrm{i}}\int_C f(\zeta)\frac{1-\bar{z}\zeta}{\zeta-z}\mathrm{d}\zeta,$$

其中 $C: |\zeta|=1, z$ 为 C 内的一点.

第 6 章　保 形 映 射

在第 1 章我们曾经指出,一个复变函数 $w=f(z)(z\in D)$,从几何观点来看,可以解释为把 Z 平面上的点集 D 变到 W 平面上的一个点集 G(函数值集合)的映射(或变换).在第二章中已给出了映射的保角性的概念,本章则在这个基础上讨论解析函数所构成的映射(简称解析映射)的某些重要特性.重点研究分式线性函数和几个初等函数所构成的映射的特征,并介绍利用初等解析函数的复合所实现的一些映射的例子.

6.1　解析映射的一般性质

根据 2.2 的讨论结果,有如下结论.

定理 6.1　如果函数 $w=f(z)$ 在点 z_0 处解析,且 $f'(z_0)\neq 0$,那么映射 $w=f(z)$ 在点 z_0 处是保角的. $\mathrm{Arg}\, f'(z_0)$ 表示这个映射在点 z_0 处的旋转角, $|f'(z_0)|$ 表示伸缩率.

例 1　试证　$w=\mathrm{e}^{\mathrm{i}z}$ 将互相正交的直线族 $\mathrm{Re}\, z=c_1$ 与 $\mathrm{Im}\, z=c_2$ 依次变为互相正交的直线族 $v=u\tan c_1$ 与圆周族 $u^2+v^2=\mathrm{e}^{-2c_2}$.

证明　设 $w=u+\mathrm{i}v,z=x+\mathrm{i}y$,则由 $w=\mathrm{e}^{\mathrm{i}z}$ 得 $u+\mathrm{i}v=\mathrm{e}^{-y+\mathrm{i}x}$,故

$$u^2+v^2=\mathrm{e}^{-2y},\arctan\frac{v}{u}=x,$$

所以正交的直线族 $\mathrm{Re}\, z=c_1$ 与 $\mathrm{Im}\, z=c_2$ 在映射 $w=\mathrm{e}^{\mathrm{i}z}$ 下的像曲线族为

$$u^2+v^2=\mathrm{e}^{-2c_2}\text{ 和 }\arctan\frac{v}{u}=c_1(\text{即 }v=u\tan c_1).$$

由于 $w=\mathrm{e}^{\mathrm{i}z}$ 在 Z 平面上处处解析,且

$$\frac{\mathrm{d}w}{\mathrm{d}z}=\mathrm{i}\mathrm{e}^{\mathrm{i}z}\neq 0,$$

所以该映射在 Z 平面上处处是保角的. 于是在 W 平面上圆周族 $u^2 + v^2 = e^{-2c_2}$ 与直线族 $v = u \tan c_1$ 也是相互正交的.

定义 6.1　若函数 $w = f(z)$ 在点 z_0 的邻域内有定义,且在此映射下在点 z_0 处具有保角性和伸缩率的不变性,则称映射 $w = f(z)$ 在点 z_0 处是保形映射.若函数 $w = f(z)$ 在区域 D 内每一点都是保形映射,则称映射 $w = f(z)$ 是区域 D 内的保形映射.

可见,若解析函数 $w = f(z)$ 在 D 内处处有 $f'(z) \neq 0$,那么映射 $w = f(z)$ 是 D 内的保形映射.

设函数 $w = f(z)$ 在 D 内解析,且将 D 一一对应地保形映射为 G,而其反函数 $z = f^{-1}(w)$ 将 G 一一对应地保形映射为 D,这时区域 D 内无穷小曲边三角形 $\triangle$ 映射成 G 内无穷小曲边三角形 $\triangle'$(图 6.1).

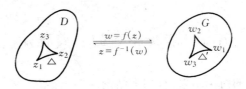

图 6.1

且保持了曲线间夹角的大小和方向,在忽略高阶无穷小的情况下,两曲边三角形的边长成比例,故这个曲边三角形"相似",这也正是"保形映射"名称的由来.

另外,解析函数所确定的映射还有一个重要的保域性质,这就是下面的定理(证明从略).

定理 6.2　设 $w = f(z)$ 在区域 D 内解析且不恒为常数,则区域 D 的像 $G = f(D)$ 也是一个区域.解析函数所构成的映射的这种性质称为保域性.

根据解析映射的保域性,我们将对保形映射的下述两个基本问题进行讨论.

第一,已知解析函数 $w = f(z)$ 及区域 D,问该解析映射 $w = f(z)$ 将 D 变成怎样的区域?

第二，已给两个单连通区域 D 和 G，要求找出解析函数 $w = f(z)$，使它将 D 一一对应地保形地映射成 G.

为了解决上述两个问题，常用到下面的边界对应定理.

定理 6.3（边界对应定理） 设函数 $w = f(z)$ 在单连通区域 D 内解析，在闭区域 $\bar{D}$ 上连续，且将单连通区域 D 的边界双方单值地映射为单连通域区域 G 的边界，又 D 的边界与 G 的边界关于区域 D 和 G 的绕行方向相同，则函数 $w = f(z)$ 将区域 D 保形地映射为区域 G.

定理的证明从略.利用这个定理解决上述第一个问题的步骤是，首先把已知区域 D 的边界 C 的表达式代入已知的函数 $w = f(z)$ 中，即得到像曲线 Γ 的表达.然后在 C 上按一定绕向取定三点 z_1、z_2、z_3，它们的像在 Γ 上依次为 w_1、w_2、w_3.如果区域 D 位于 $z_1 \rightarrow z_2 \rightarrow z_3$ 绕向的左侧（或右侧），则由 Γ 所界定的像区域 G 应落在 $w_1 \rightarrow w_2 \rightarrow w_3$ 绕向的左侧（或右侧）.从而确定了区域 D 在映射 $w = f(z)$ 下的像区域（图 6.2）.

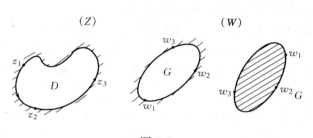

图 6.2

例 2 试求区域 $D:0 < \arg z < \dfrac{\pi}{4}$ 在映射 $w = z^2$ 下的像.

解 根据边界对应定理，先确定 D 的边界 $C_1:\arg z = 0$ 与 $C_2:\arg z = \dfrac{\pi}{4}$ 的像.由于

$$\arg w = 2\arg z,$$

所以 C_1 与 C_2 的像分别为

$$\Gamma_1:\arg w = 0 \quad 与 \quad \Gamma_2:\arg w = \dfrac{\pi}{2}.$$

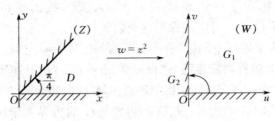

图 6.3

如图 6.3 所示,在 W 平面上区域 G_1 和 G_2 都以 $\Gamma = \Gamma_1 + \Gamma_2$ 为界,为此在 D 的边界 $C = C_1 + C_2$ 上顺序取三点,$z_1 = \mathrm{e}^{\mathrm{i}\frac{\pi}{4}}$,$z_2 = 0$,$z_3 = 1$,它们的像在 Γ 上依次为 $w_1 = \mathrm{i}$,$w_2 = 0$,$w_3 = 1$.由于 $z_1 \rightarrow z_2 \rightarrow z_3$ 与 $w_1 \rightarrow w_2 \rightarrow w_3$ 的绕向相同,所以 D 的像应为 G_1(图 6.3).

至于第二个问题,即在两个给定的单连通区域 D 和 G 之间建立一个保形映射 $w = f(z)$,将 D 映射成 G.由于区域 D 和 G 的多样性,要找出一个解决此类问题的普遍适用的方法是很困难的.

显然,两个保形映射的复合仍然是一个保形映射.具体地说,如果 $\zeta = f(z)$ 将区域 D 保形映射成区域 E,而 $w = h(\zeta)$ 将区域 E 保形映射成区域 G,则 $w = h(f(z))$ 将区域 D 保形映射成区域 G.利用这一事实,如果我们预先掌握一些常见函数的映射特征,通过复合若干基本的保形映射而构成复杂的保形映射,进而可以解决一些常见的简单区域之间的保形映射.在下面 6.2 及 6.3 研究分式线性函数和某些初等函数(主要是幂函数和指数函数)所构成的保形映射的基本特性,然后运用这些特性来寻求一些常见的简单区域之间的保形映射.

6.2　分式线性映射

定义 6.2　由分式线性函数

$$w = \frac{az + b}{cz + d}, ad - bc \neq 0 \tag{6.1}$$

所确定的映射称为分式线性映射,式中 a、b、c、d 是复常数.条件 $ad -$

$bc \neq 0$ 是必要的. 否则, 由

$$\frac{\mathrm{d}w}{\mathrm{d}z} = \frac{ad - bc}{(cz + d)^2},$$

将有 $\dfrac{\mathrm{d}w}{\mathrm{d}z} = 0$, 这时 $w \equiv$ 常数, 它将整个 Z 平面映射成 W 平面上的一点. 我们不研究这种情形, 故在 (6.1) 式中规定 $ad - bc \neq 0$.

由式 (6.1) 解出

$$z = \frac{-dw + b}{cw - a}.$$

可知, 分式线性映射的逆映射仍是分式线性映射, 不难验证, 分式线性映射的复合仍是分式线性映射, 因此为了讨论方便, 我们可以把分式线性映射 (6.1) 分解成一些简单的映射的复合.

6.2.1　分式线性映射的分解

分式线性映射 (6.1) 可以分解成下面简单类型映射的复合.

（Ⅰ）$w = z + b$,

（Ⅱ）$w = az \quad (a \neq 0)$,

（Ⅲ）$w = \dfrac{1}{z}$.

事实上, 若 $c = 0$, 则 (6.1) 式是（Ⅰ）和（Ⅱ）的复合, 即

$$w = \frac{a}{d}z + \frac{b}{d}, \diamond \frac{a}{d} = \alpha, \frac{b}{d} = \beta, 则$$

$$w = \alpha z + \beta.$$

再设　$z_1 = \alpha z$, 于是

$$w = z_1 + \beta.$$

即映射 (6.1) 可以看做是由映射 $w = z_1 + \beta, z_1 = \alpha z$ 复合而成的.

若 $c \neq 0$, 则 (6.1) 式可改写成

$$w = \frac{a}{c} + \frac{bc - ad}{c(cz + d)} = \frac{a}{c} + \frac{bc - ad}{c^2} \frac{1}{z + \dfrac{d}{c}},$$

令 $\dfrac{a}{c} = \alpha, \dfrac{bc - ad}{c^2} = \beta, \dfrac{d}{c} = \gamma, 则$

$$w = \alpha + \frac{\beta}{z + \gamma}.$$

再令 $z_1 = z + \gamma, z_2 = \frac{1}{z_1}, z_3 = \beta z_2$，则上式即可写成

$$w = z_3 + \alpha.$$

这就是说，映射(6.1)可以看做映射 $w = z_3 + \alpha, z_3 = \beta z_2, z_2 = \frac{1}{z_1}, z_1 = z + \gamma$ 复合而成的. 因此，弄清楚（Ⅰ）、（Ⅱ）、（Ⅲ）型映射的特性，也就掌握了一般分式线性映射(6.1)的特性.

为此我们暂时将 W 平面看成是与 Z 平面相重合，即用同一个平面上的点表示 w 和 z.

（Ⅰ）型映射

$$w = z + b$$

是一个平移映射. 即将点 z 沿向量 $\vec{b}$（复数 $\vec{b}$ 对应的向量）的方向移动 $|\vec{b}|$ 个单位就得到 w（图6.4）.

（Ⅱ）型映射

$$w = az, a \neq 0$$

是一个旋转与伸长（或缩短）的映射. 事实上，设 $z = re^{i\theta}, a = \rho e^{i\varphi}$，则 $w = \rho r e^{i(\theta + \varphi)}$. 因此，把 z 先转一个角度 φ，再将 $|z|$ 伸长（或缩短）$|a| = \rho$ 倍后，就得到 w（图6.5）

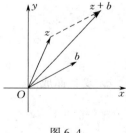

图 6.4

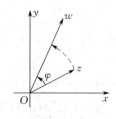

图 6.5

（Ⅲ）型映射

$$w = \frac{1}{z},$$

可以分解为

$$w_1 = \frac{1}{\bar{z}}, w = \overline{w}_1.$$

为了用几何方法由 z 作出 w.下面先给出关于一已知圆周的对称点的概念.

定义 6.3　设 C 是以原点 O 为圆心,R 为半径的圆周,在以圆心 O 为起点的射线上若有两点 P 和 P' 满足关系.

$$OP \cdot OP' = R^2,$$

则称 P 与 P' 是关于圆周 C 的一对对称点(图 6.6).

不难用几何的方法做出已知点 P 关于圆周 C 的对称点.若点 P 在 C 外,由 P 做圆周 C 的切线 PA,再由 A 作 OP 的垂线,与 OP 交于 P',则 P 与 P' 是关于 C 的一对对称点(图 6.6).

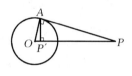

图 6.6

事实上,$\triangle OP'A \backsim \triangle OAP$,因此

$$\frac{OP'}{OA} = \frac{OA}{OP},$$

即

$$OP' \cdot OP = OA^2 = R^2.$$

由定义,P' 与 P 是关于圆周 C 的对称点.

现在我们来看,给定 z 之后,如何作出在映射 $w = \dfrac{1}{z}$ 下的像点 w.

假设 $z = r\mathrm{e}^{\mathrm{i}\theta}$,则 $w_1 = \dfrac{1}{\bar{z}} = \dfrac{1}{r}\mathrm{e}^{\mathrm{i}\theta}$,$w = \overline{w}_1 = \dfrac{1}{r}\mathrm{e}^{-\mathrm{i}\theta}$.根据对称点的定义可知,$z$ 与 w_1 是关于单位圆 $|z| = 1$ 的对称点,而 w 与 w_1 是关于实轴对称的(图 6.7).

所以,要由 z 做出 $w = \dfrac{1}{z}$,应先用如图 6.7 几何方法做出 z 关于单位圆 $|z| = 1$ 的对称点 w_1,然后再做出 w_1 关于实轴的对称点 w,则

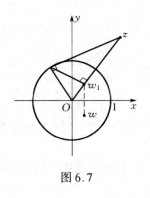

图 6.7

w 就是 z 在映射 $w = \dfrac{1}{z}$ 下的像.

另外,我们还规定圆心 O 关于单位圆周的对称点是无穷远点 $(z = \infty)$.

当圆周转化为直线时,对称点的意义就是平常关于直线的对称点.

以上我们讨论了如何由点 z 做出在映射(Ⅰ)、(Ⅱ)、(Ⅲ)下的像点.下面讨论这三种映射的性质.

首先,讨论(Ⅰ)和(Ⅱ)构成的复合映射

$$w = az + b, a \neq 0.$$

若规定 $z = \infty$ 映射为 $w = \infty$.显然这个映射在扩充的复平面上是一一对应的.又因为 $\dfrac{dw}{dz} = a \neq 0$,所以当 $z \neq \infty$ 时,映射是保角的.至于在 $z = \infty$ 处是否保角的问题,就涉及到如何理解两曲线在无穷远点处交角的涵义.为此,做如下规定.

定义 6.4 两曲线在无穷远点处的交角为 α,是指它们在映射 $\zeta = \dfrac{1}{z}$ 下像曲线在原点处的交角为 α.

根据定义 6.4 及定理 6.1,即知映射 $w = az + b$ 在 $z = \infty$ 是保角的.

事实上,由定义 6.4,令 $t = \dfrac{1}{z}$,$s = \dfrac{1}{w}$,代入该变换式 $w = az + b$ 得

$$\frac{1}{s} = a\,\frac{1}{t} + b,$$

即

$$s = \frac{t}{a + bt}. \tag{6.2}$$

而

$$\left.\frac{ds}{dt}\right|_{t=0} = \frac{a}{(a + bt)^2}\bigg|_{t=0} = \frac{1}{a} \neq 0,$$

故映射(6.2)在 $t = 0$ 是保角的.从而映射 $w = az + b$ 在 $z = \infty$ 是保角

的. 由于映射 $w = az + b$ 只需对 z 做旋转、伸缩及平移就可得到点 w, 因而, 在该映射下 Z 平面上的直线、圆周在 W 平面上的像仍然是直线和圆周. 如果我们把直线看成半径为无限大的圆周, 那么这个映射在扩充的复平面上把圆周映射成圆周. 映射的这个性质称为保圆性. 因而我们可以简单地说, 函数 $w = az + b$ 确定的映射具有保圆性.

其次, 我们讨论映射 (Ⅲ), $w = \dfrac{1}{z}$.

根据关于 ∞ 运算的规定知, 这个映射将 $z = \infty$ 映射为 $w = 0$. 如果把 $w = \dfrac{1}{z}$ 改写成 $z = \dfrac{1}{w}$, 可知当 $w = \infty$ 时, $z = 0$. 因此, 在扩充的复平面上映射 $w = \dfrac{1}{z}$ 是一一对应的. 又因为

$$\frac{\mathrm{d}w}{\mathrm{d}z} = -\frac{1}{z^2},$$

所以当 $z \neq 0, z \neq \infty$ 时, $\dfrac{\mathrm{d}w}{\mathrm{d}z} \neq 0$, 即除去点 $z = 0, z = \infty$ 外, 映射 $w = \dfrac{1}{z}$ 在复平面内是保角的. 由定义 (6.4) 不难验证该映射在 $z = 0, z = \infty$ 也是保角的. 所以, 映射 $w = \dfrac{1}{z}$ 在扩充的复平面上是处处保角的.

下面我们来说明映射 $w = \dfrac{1}{z}$ 也具有保圆性.

平面上的任一圆周 (可能是直线) 其方程可以写为

$$A(x^2 + y^2) + Bx + Cy + D = 0. \tag{6.3}$$

(当 $A \neq 0$ 且 $\dfrac{B^2}{4A} + \dfrac{C^2}{4A} - D > 0$ 时表示圆周, 当 $A = 0$ 而 B、C 不同时为零时, 表示直线.) 用 $z\bar{z}$ 替换 $x^2 + y^2$, $\dfrac{z + \bar{z}}{2}$ 替换 x, $\dfrac{z - \bar{z}}{2\mathrm{i}}$ 替换 y, 则式 (6.3) 成为

$$Az\bar{z} + \left(\frac{B}{2} - \mathrm{i}\frac{C}{2}\right)z + \left(\frac{B}{2} + \mathrm{i}\frac{C}{2}\right)\bar{z} + D = 0.$$

令 $E = \dfrac{B}{2} + \mathrm{i}\dfrac{C}{2}$, 则上式成为

$$Az\bar{z} + \bar{E}z + E\bar{z} + D = 0. \tag{6.4}$$

其中 A、D 为实数.由习题 1 第 19、20 题结论当 $A \neq 0, E\bar{E} - AD > 0$ 时,表示圆周.当 $A = 0, E \neq 0$ 时,表示直线.

为了得到在映射 $w = \dfrac{1}{z}$ 下,在 W 平面上对应于式(6.4)的图象的方程,把 $z = \dfrac{1}{w}$ 代入式(6.4)得

$$A \frac{1}{w} \frac{1}{\bar{w}} + \bar{E} \frac{1}{w} + E \frac{1}{\bar{w}} + D = 0,$$

即 $\qquad\qquad Dw\bar{w} + Ew + \bar{E}\bar{w} + A = 0. \qquad\qquad (6.5)$

方程(6.5)与(6.4)的形状相同,而且对应各常量的性质也相同,所以方程(6.5)也表示圆周(当 $D = 0, E \neq 0$ 时,表示直线).因此,映射 $w = \dfrac{1}{z}$ 具有保圆性.

6.2.2　分式线性映射的特性

由于分式线性映射(6.1)是由映射

$$w = z + b, w = az, w = \frac{1}{z}$$

复合而成的,而这些映射在扩充的复平面上是一一对应的,处处保角的,并且具有保圆性,所以分式线性映射也具有同样性质.于是,我们有下面的定理.

定理 6.4　分式线性映射在扩充的复平面上是一一对应的,而且具有保形性.

定理 6.5　分式线性映射把扩充的复平面上的圆周映射成扩充复平面上的圆周,即具有保圆性.

根据保圆性容易推知,在分式线性映射下,如果给定的圆周或直线上没有点映射成无穷远点,那么它的像就是半径为有限的圆周;如果有一点映射成无穷远点,那么它的像就是直线.

另外,分式线性映射具有保对称性,即保持对称点不变的性质.

前一段曾经给出了关于圆周对称点的概念,现在把这一概念一般化.

定义 6.5　设 C 是以 z_0 为圆心,R 为半径的圆周,若在以 z_0 为起

点的射线上有两点 z_1 和 z_2 满足关系式

$$|z_2 - z_0| \cdot |z_1 - z_0| = R^2,$$

则称 z_1 和 z_2 是关于圆周 C 的对称点.

这里仍规定圆心 z_0 关于 C 的对称点是无穷远点(点 ∞).

定理 6.6　如果 z_1 和 z_2 关于圆周(包括直线)C 是对称的,那么在分式线性映射下,它们的像 w_1 和 w_2 关于 C 的像 Γ 也是对称的.

要证明这个结论,需要用到对称点的一个重要性质,这就是下面的引理.

引理[*]　两点 z_1 和 z_2 关于圆周 C 对称的充分必要条件是通过 z_1 和 z_2 的圆周都与圆周 C 正交.

证明　当 C 是直线时,引理的正确性是显然的(图 6.8). 现对 C 为圆周的情况证明如下.

必要性. 设 z_1、z_2 是关于圆周 C 的对称点,若 z_1、z_2 中有一个是 C 的圆心,则另一个必然是 ∞,此时过 z_1 和 z_2 的圆周只能是过 C 的圆心 z_0 的直线,它显然和 C 正交.

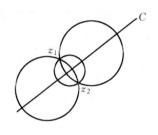

图 6.8

若 z_1 和 z_2 都不是 C 的圆心 z_0,设 C_1 是过 z_1、z_2 的任一圆周,过 z_0 作 C_1 的切线,切点为 ζ(图 6.9). 根据平面几何的切割线定理知

$$|\zeta - z_0|^2 = |z_1 - z_0||z_2 - z_0|.$$

因为 z_1 和 z_2 是关于圆周 C 的对称点,所以

$$|z_1 - z_0||z_2 - z_0| = R^2,$$

从而　　　　　　　　　　$|\zeta - z_0| = R.$

即 C_1 这条切线是圆周 C 的半径,故 C_1 与 C 正交.

充分性. 设经过 z_1 和 z_2 的圆都与 C 正交,特别地,过 z_1 和 z_2 的直线与 C 正交,因而该直线过圆周 C 的圆心 z_0,且 z_1 和 z_2 在该直线

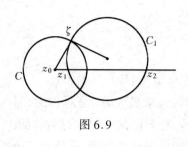

图 6.9

上 z_0 的同一侧. 设 ζ 是过 z_1 和 z_2 的任一圆周与 C 的交点, 连接 z_0 与 ζ, 则此连线为所取的过 z_1 和 z_2 圆周的切线(图 6.9). 由切割线定理, 有

$$|z_1 - z_0| |z_2 - z_0| = |\zeta - z_0|^2 = R^2.$$

所以 z_1 和 z_2 是关于圆周 C 的对称点.

定理 6.6 证明[*]　设 Γ' 是扩充 W 平面上经过 w_1 和 w_2 的任意圆周. 此时, 在扩充的 Z 平面上必存在一个圆周 C', 它经过 z_1 和 z_2 并使 Γ' 为 C' 在该线性映射下的像. 因为 z_1 和 z_2 关于圆周 C 对称, 故由引理知 C' 与 C 正交. 由线性映射的保角性, Γ' 与 C 的像 Γ 正交. 再由引理知, w_1 和 w_2 关于 Γ 对称.

6.3　确定分式线性映射的条件

在分式线性映射(6.1)中含有四个常数 a、b、c、d. 由于这些常数不全为零(否则与 $ad - bc \neq 0$ 矛盾), 所以这四个常数中至少有一个不为零. 用它除分子分母, 即知分式线性映射中实质上只含有三个独立常数. 下面的定理给出了确定这些常数的条件, 从而映射(6.1)也就被惟一确定.

定理 6.7　设分式线性映射将扩充 Z 平面上三个相异的点 z_1、z_2、z_3, 指定变为扩充 W 平面上的三个相异的点 w_1、w_2、w_3. 则此线性映射就被惟一确定, 并且可以写成

$$\frac{w - w_1}{w - w_2} : \frac{w_3 - w_1}{w_3 - w_2} = \frac{z - z_1}{z - z_2} : \frac{z_3 - z_1}{z_3 - z_2}. \tag{6.6}$$

即三对对应点惟一确定一个分式线性映射.

证明　设所求分式线性映射为 $w = \dfrac{az + b}{cz + d}(ad - bc \neq 0)$, 且依次

将 z_k 对应映射为 $w_k (k = 1, 2, 3)$,则

$$w_k = \frac{az_k + b}{cz_k + d}, \qquad k = 1, 2, 3.$$

由此得到

$$w - w_1 = \frac{(ad - bc)(z - z_1)}{(cz + d)(cz_1 + d)},$$

$$w - w_2 = \frac{(ad - bc)(z - z_2)}{(cz + d)(cz_2 + d)},$$

$$w_3 - w_1 = \frac{(ad - bc)(z_3 - z_1)}{(cz_3 + d)(cz_1 + d)},$$

$$w_3 - w_2 = \frac{(ad - bc)(z_3 - z_2)}{(cz_3 + d)(cz_2 + d)}.$$

于是

$$\frac{w - w_1}{w - w_2} = \frac{z - z_1}{z - z_2} \cdot \frac{cz_2 + d}{cz_1 + d},$$

$$\frac{w_3 - w_1}{w_3 - w_2} = \frac{z_3 - z_1}{z_3 - z_2} \cdot \frac{cz_2 + d}{cz_1 + d},$$

所以

$$\frac{w - w_1}{w - w_2} : \frac{w_3 - w_1}{w_3 - w_2} = \frac{z - z_1}{z - z_2} : \frac{z_3 - z_1}{z_3 - z_2}.$$

由推导过程可见所得的结果是惟一的.

　　例 3　求把 Z 平面上的点 $z_1 = 2, z_2 = i, z_3 = -2$ 分别映射为 W 平面上的点 $w_1 = -1, w_2 = i, w_3 = 1$ 的分式线性映射.

　　解　由公式(6.6)得

$$\frac{w + 1}{w - i} : \frac{1 + 1}{1 - i} = \frac{z - 2}{z - i} : \frac{-2 - 2}{-2 - i}.$$

化简即得

$$w = \frac{z - 6i}{3iz - 2}.$$

这就是所求的分式线性映射.

　　例 4　求把 $z_1 = 1, z_2 = i, z_3 = -1$ 分别映射为 $w_1 = 0, w_2 = 1, w_3$

= ∞ 的分式线性映射.

解　根据公式(6.6)有

$$\frac{w-0}{w-1}:\frac{w_3-0}{w_3-1}=\frac{z-1}{z-\mathrm{i}}:\frac{-1-1}{-1-\mathrm{i}}.$$

由此得

$$\frac{w}{w-1}:\frac{1-\dfrac{0}{w_3}}{1-\dfrac{1}{w_3}}=\frac{z-1}{z-\mathrm{i}}:\frac{2}{1+\mathrm{i}}.$$

令 $w_3 \rightarrow \infty$,得

$$\frac{w}{w-1}:1=\frac{z-1}{z-\mathrm{i}}:\frac{2}{1+\mathrm{i}}.$$

化简得

$$w=\mathrm{i}\,\frac{1-z}{1+z}.$$

这就是所求的分式线性映射.

在定理 6.7 的三对对应点 z_k 和 $w_k(k=1,2,3)$ 中,当有的点是无穷远点时,公式(6.6)仍然成立.不过,此时要用 1 来代替比例式中这点所在的那个分子或分母(参看例 4 的方法).例如,设 $w_3=\infty$, $z_2=\infty$,这时公式(6.6)变为

$$\frac{w-w_1}{w-w_2}:\frac{1}{1}=\frac{z-z_1}{1}:\frac{z_3-z_1}{1}.$$

上述定理表明,把三个不同的点映射成另外三个不同的点的分式线性映射是惟一存在的.所以,在两个已知圆周 C 和 Γ 上,分别取定三个不同的点 z_k 与 $w_k(k=1,2,3)$ 以后,就可以求得一个将 z_k 映射为 $w_k(k=1,2,3)$ 的分式线性映射(6.6),由分式线性映射的保圆性,此分式线性映射把过 z_1 、 z_2 、 z_3 的圆周映射为过 w_1 、 w_2 、 w_3 的圆周,又三点可惟一确定一个过这三点的圆周,故此分式线性映射必将 C 映射为 Γ .

由于扩充的复平面被圆周划分为两个区域,如 C 分扩充 Z 平面为区域 D_1 、 D_2 ; Γ 分扩充的 W 平面为 G_1 , G_2 ,则我们可以断定 D_1 的像必然是 G_1 和 G_2 中的一个,而 D_2 的像是 G_1 和 G_2 中的另一个,即不

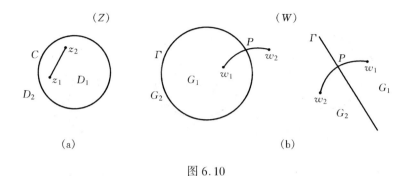

图 6.10

可能将 D_1 的一部分映射成 G_1 的一部分,而将 D_1 的另一部分映成
G_2 的一部分.事实上,设 z_1、z_2 为 D 内任意两点(图 6.10(a)),用线段
把 z_1 和 z_2 连接起来,如果线段 z_1z_2 的像为圆弧 $\overset{\frown}{w_1w_2}$,且 w_1 在 G_1
内,w_2 在 G_2 内,那么弧 $\overset{\frown}{w_1w_2}$ 必与 Γ 交于一点 P(图 6.10(b)),P 在
Γ 上,所以 P 必为 C 上某点的像,但由假设,P 又是线段 z_1z_2 上某点
的像.因而便有两个不同的点(一个点在 C 上,另一个点在线段 z_1z_2
上)被映射为同一点 P,这与分式线性映射是一一对应的映射相矛盾.
所以,我们上述的断言是正确的.为了确定映射所对应的区域,有两个
办法.其一是在一个区域比如 D_1 内任取一点 z_0,如果 z_0 的像 w_0 在
G_1 内,则可断定 D_1 的像为 G_1,否则 D_1 的像就是 G_2.另一个办法是
根据边界对应定理,在 C 上任取三点 z_1、z_2、z_3,使沿 $z_1 \rightarrow z_2 \rightarrow z_3$ 绕行
C 时,D_1 在观察者的左侧,则沿对应的点 $w_1 \rightarrow w_2 \rightarrow w_3$ 绕行 Γ 时,在
观察者左侧的那个区域就是 D_1 的像,其理由如下:过 z_1 作 C 的法线
n,使 n 含于 D_1(图 6.11(a)),于是顺着 $z_1 \rightarrow z_2 \rightarrow z_3$ 看,n 在观察者的
左侧,由于映射在点 z_1 处是保角的,故 n 的像 N 是过 w_1 且与 Γ 正交
的一段圆弧(或直线段),顺着 $w_1 \rightarrow w_2 \rightarrow w_3$ 看,N 也应在观察者的左
侧.因此 w_1,w_2,w_3 左侧的那个区域 G_1 就是 D_1 的像(图 6.11(b)).

　　反之,在扩充的复平面上给定两个区域 D 和 G,其边界都是圆周,
则一定存在一个分式线性映射将 D 映射成 G,且在一定条件下,映射

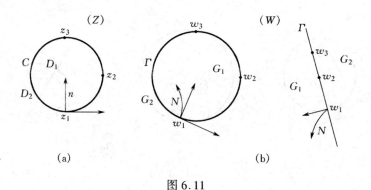

图 6.11

是惟一的.

6.4　分式线性映射的应用

根据分式线性映射的保圆性和保对称点不变性,在处理边界为圆弧或直线的区域的保形映射问题中,分式线性映射起着极为重要的作用.下面几个例子正好说明了这一点.

例 5　证明把上半平面 $\text{Im } z > 0$ 保形映射为上半平面 $\text{Im } w > 0$ 的分式线性映射可以写成

$$w = \frac{az + b}{cz + d},$$

其中 a, b, c, d 为实数,且满足条件

$$ad - bc > 0.$$

证 1　为了把 $\text{Im } z > 0$ 映射为 $\text{Im } w > 0$,就必须把 $\text{Im } z > 0$ 的边界实轴 $\text{Im } z = 0$ 映射为 $\text{Im } w > 0$ 的边界实轴 $\text{Im } w = 0$,因此 Z 平面上实轴上的三点 x_1、x_2、x_3 必与 W 平面上的实轴上的三点 u_1、u_2、u_3 相对应. 即所求的映射满足

$$\frac{w - u_1}{w - u_2} : \frac{u_3 - u_1}{u_3 - u_2} = \frac{z - x_1}{z - x_2} : \frac{x_3 - x_1}{x_3 - x_2}.$$

解得

$$w = \frac{az + b}{cz + d},$$

其中 a, b, c, d 为实数(因为它们是由实数 x_1、x_2、x_3 和 u_1、u_2、u_3 经过四则运算得到的).

由于 $\overline{w} = \dfrac{a\overline{z} + b}{c\overline{z} + d}$,所以

$$\operatorname{Im} w = \frac{1}{2\mathrm{i}}(w - \overline{w}) = \frac{1}{2\mathrm{i}}\left(\frac{az + b}{cz + d} - \frac{a\overline{z} + b}{c\overline{z} + d}\right)$$

$$= \frac{ad - bc}{|cz + d|^2} \frac{z - \overline{z}}{2\mathrm{i}} = \frac{ad - bc}{|cz + d|^2} \operatorname{Im} z.$$

因此,当 $\operatorname{Im} z > 0$ 时,有 $\operatorname{Im} w > 0$ 的充分必要条件是 $ad - bc > 0$,从而得分式线性映射 $w = \dfrac{az + b}{cz + d}(ad - bc \neq 0)$ 将 $\operatorname{Im} z > 0$ 映射为 $\operatorname{Im} w > 0$ 的充分必要条件是 a, b, c, d 为实数且 $ad - bc > 0$.

证 2　设所求的分式线性映射为

$$w = \frac{az + b}{cz + d} \quad (ad - bc \neq 0).$$

要使 $\operatorname{Im} z > 0$ 映射为 $\operatorname{Im} w > 0$,必须把实轴 $\operatorname{Im} z = 0$ 映射为实轴 $\operatorname{Im} w = 0$.所以该线性映射中的四个系数 a, b, c, d 都应是实数,且当 z 为实数时

$$\frac{\mathrm{d}w}{\mathrm{d}z} = \frac{ad - bc}{(cz + d)^2}.$$

由于实轴映射为实轴应保持同向(图 6.12),即当 z 为实数 x 时,w 在 $z = x$ 处的旋转角为零,因此有 $\dfrac{\mathrm{d}w}{\mathrm{d}z} > 0$,从而 $ad - bc > 0$.反之,对任意一个分式线性映射,$w = \dfrac{az + b}{cz + d}$,其中 a, b, c, d 为实数,则当 $ad - bc > 0$ 时,它必然把上半平面映射成上半平面.这样便得到分式线性映射 $w = \dfrac{az + b}{cz + d}$ 将 $\operatorname{Im} z > 0$ 映射为 $\operatorname{Im} w > 0$ 的充分必要条件是 a, b, c, d 为实数,且 $ad - bc > 0$.

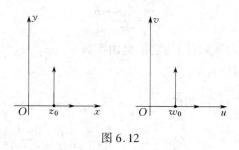

图 6.12

例 6　求把上半平面映射成上半平面的映射,且使 $z=0, z=i$ 分别映成 $w=0, w=1+i$.

解　设所求映射为 $w=\dfrac{az+b}{cz+d}$,其中 a, b, c, d 为实数.

由 $w|_{z=0}=0$,得 $b=0$,

$w|_{z=i}=1+i$,得 $1+i=\dfrac{a\,i}{c\,i+d}$,解得

$$c=d=\frac{a}{2}\quad (a\neq 0),$$

故所求映射为　$w=\dfrac{az}{\dfrac{a}{2}z+\dfrac{a}{2}}$,即 $w=\dfrac{2z}{z+1}$.

这里　$a=2, b=0, c=d=1$,且 $ad-bc=2>0$,

故映射 $w=\dfrac{2z}{z+1}$ 将上半平面映射为上半平面.

例 7　求把上半平面 $\operatorname{Im} z>0$ 映射为上半平面 $\operatorname{Im} w>0$ 的分式线性映射,并使 $\infty, 0, 1$ 依次映射为 $0, 1, \infty$.

解　由条件知所求的映射必须满足

$$\frac{w}{w-1}:\frac{1}{1}=\frac{1}{z}:\frac{1}{1},$$

化简后得

$$w=\frac{-1}{z-1}.$$

因为在此映射中 $a=0, b=-1, c=1, d=-1$ 为实数且 $ad-bc=1>$

0. 所以此映射即为所求的分式线性映射.

例 8　求将上半平面 $\operatorname{Im} z > 0$ 映射为单位圆内部 $|w| < 1$ 的分式线性映射.

分析　根据边界对应定理,要想把 $\operatorname{Im} z > 0$ 映射成 $|w| < 1$,必须把 $\operatorname{Im} z > 0$ 的边界即实轴 $\operatorname{Im} z = 0$ 映射成单位圆周 $|w| = 1$,根据分式线性映射的保圆性,在 $\operatorname{Im} z = 0$ 和 $|w| = 1$ 上分别取定三个不同的点 z_k 和 w_k,使 z_k 映射为 $w_k (k = 1, 2, 3)$. 为了保证 $\operatorname{Im} z > 0$ 映射为 $|w| < 1$,当在 $\operatorname{Im} z = 0$ 上沿 $z_1 \rightarrow z_2 \rightarrow z_3$ 前进时使 $\operatorname{Im} z > 0$ 位于其左侧,对应的像 w_1, w_2, w_3 的绕向应取为当在 $|w| = 1$ 上沿 $w_1 \rightarrow w_2 \rightarrow w_3$ 前进时,$|w| < 1$ 也位于该绕向左侧.

解法 1　取 $z_1 = -1, z_2 = 0, z_3 = 1$,使它们分别映射为 $w_1 = 1, w_2 = i, w_3 = -1$. 代入公式(6.6)得所求的映射为

$$\frac{w - 1}{w - i} : \frac{-1 - 1}{-1 - i} = \frac{z + 1}{z - 0} : \frac{1 + 1}{1 - 0},$$

化简得

$$w = \frac{z - i}{iz - 1}.$$

上述映射是在取定 z_k 和对应点 $w_k (k = 1, 2, 3)$ 的前提下求得的. 如果在边界 $\operatorname{Im} z = 0$ 和 $|w| = 1$ 上选取其他三对对应点,势必也能得出满足题意但不同于上述映射的分式线性映射. 因此,把上半平面 $\operatorname{Im} z > 0$ 映射为单位圆 $|w| < 1$ 的分式线性映射是不惟一的.

解法 2　设所求的分式线性映射为

$$w = \frac{az + b}{cz + d} \quad (ad - bc \neq 0),$$

为把 $\operatorname{Im} z > 0$ 映射为 $|w| < 1$,根据边界对应定理,它必须把 $\operatorname{Im} z = 0$ 映射为 $|w| = 1$,且把 $z = \alpha (\operatorname{Im} \alpha > 0)$ 映射为 $w = 0$,由分式线性映射保对称点不变的性质知,点 $z = \alpha$ 关于实轴的对称点 $z = \bar{\alpha}$ 应该映射为点 $w = 0$ 关于 $|w| = 1$ 的对称点 $w = \infty$.

因为当 $z = \alpha$ 时,$w = 0$,所以 $a\alpha + b = 0, b = -a\alpha$;当 $z = \bar{\alpha}$ 时,$w = \infty$,所以 $c\bar{\alpha} + d = 0, d = -c\bar{\alpha}$. 因此

$$w = \frac{a}{c} \cdot \frac{z - \alpha}{z - \bar{\alpha}}.$$

因为 $z = 0$ 与单位圆周 $|w| = 1$ 上某点对应,所以当 $z = 0$ 时,$|w| = 1$,即

$$1 = |w| = \left| \frac{a}{c} \cdot \frac{-\alpha}{-\bar{\alpha}} \right| = \left| \frac{a}{c} \right| \left| \frac{\alpha}{\bar{\alpha}} \right| = \left| \frac{a}{c} \right|.$$

令 $\frac{a}{c} = \mathrm{e}^{\mathrm{i}\theta}$,$\theta$ 为实数,故所求的分式线性映射为

$$w = \mathrm{e}^{\mathrm{i}\theta} \frac{z - \alpha}{z - \bar{\alpha}} \quad (\operatorname{Im} \alpha > 0, \theta \text{ 为实数}). \tag{6.7}$$

反之,形如(6.7)的分式性映射也必将 $\operatorname{Im} z > 0$ 映射为 $|w| < 1$.

事实上,当 $z = x$(实数)时,有

$$|w| = \left| \mathrm{e}^{\mathrm{i}\theta} \frac{x - \alpha}{x - \bar{\alpha}} \right| = |\mathrm{e}^{\mathrm{i}\theta}| \cdot \frac{|x - \alpha|}{|x - \bar{\alpha}|} = 1,$$

即它把实轴 $\operatorname{Im} z = 0$ 映射为单位圆周 $|w| = 1$,又上半平面内点 $z = \alpha$ 映射为圆心 $w = 0$,故由边界对应定理,它必将 $\operatorname{Im} z > 0$ 映射为 $|w| < 1$.

由上面讨论可知,把上半平面映射为单位圆内的映射为

$$w = \mathrm{e}^{\mathrm{i}\theta} \frac{z - \alpha}{z - \bar{\alpha}} \quad (\operatorname{Im} \alpha > 0, \theta \text{ 为实数}).$$

在式(6.7)中,有两个参数 α 和 θ,选取不同的 α 和 θ,所得的分式线性映射的表达式是不同的. 当 α 给定以后,为了确定 θ,还必须给出相应的对应关系,或给出映射在点 $z = \alpha$ 的旋转角.

例如在例 8 的解法 2 中取 $\alpha = \mathrm{i}$,$\theta = -\dfrac{\pi}{2}$,就得到与解法 1 相同的分式线性映射 $w = \dfrac{z - \mathrm{i}}{\mathrm{i}z - 1}$.

例 9 求把上半平面保形映射为单位圆的分式线性映射 $w = f(z)$,使 $f(\mathrm{i}) = 0$,$\arg f'(\mathrm{i}) = \dfrac{\pi}{2}$.

解 由公式(6.7)知可设所求的分式线性映射为

$$w = f(z) = \mathrm{e}^{\mathrm{i}\theta} \frac{z - \mathrm{i}}{z + \mathrm{i}}.$$

则

$$f'(\mathrm{i}) = \mathrm{e}^{\mathrm{i}\theta} \frac{(z+\mathrm{i}) - (z-\mathrm{i})}{(z+\mathrm{i})^2}\bigg|_{z=\mathrm{i}} = \mathrm{e}^{\mathrm{i}\theta} \frac{2\mathrm{i}}{-4} = \frac{1}{2}\mathrm{e}^{\mathrm{i}\left(\theta - \frac{\pi}{2}\right)},$$

故

$$\arg f'(\mathrm{i}) = \theta - \frac{\pi}{2}.$$

由条件 $\arg f'(\mathrm{i}) = \dfrac{\pi}{2}$ 得 $\theta = \pi$，因此所求的映射为

$$w = -\frac{z-\mathrm{i}}{z+\mathrm{i}}.$$

例 10 求把单位圆 $|z| < 1$ 保形映射为单位圆 $|w| < 1$ 的分式线性映射.

解 设所求的分式线性映射为

$$w = \frac{az+b}{cz+d}, \quad ad - bc \neq 0.$$

根据边界对应定理，应使 $|z| < 1$ 的边界 $|z| = 1$ 映射为 $|w| < 1$ 的边界 $|w| = 1$. 且把 $|z| < 1$ 内的点 $z = \alpha (\alpha \neq 0, |\alpha| < 1)$ 映射为 $w = 0$. 由分式线性映射保对称点不变的性质，因此 $z = \alpha$ 关于单位圆周 $|z| = 1$ 的对称点 $z = \dfrac{1}{\bar{\alpha}}$ 应该映射为 $w = 0$ 关于单位圆周 $|w| = 1$ 的对称点 $w = \infty$. 故所求映射具有形式

$$w = \frac{a}{c} \cdot \frac{z - \alpha}{z - \dfrac{1}{\bar{\alpha}}} = \frac{a\bar{\alpha}}{c} \cdot \frac{z - \alpha}{\bar{\alpha}z - 1} = k \frac{z - \alpha}{\bar{\alpha}z - 1},$$

其中 $k = \dfrac{a\bar{\alpha}}{c}$ 为常数.

由于 $|z| = 1$ 映射为 $|w| = 1$，因而点 $z = 1$ 必与单位圆 $|w| = 1$ 上某点对应. 于是当 $z = 1$ 时，$|w| = 1$，即

$$1 = \left| k \frac{1 - \alpha}{\bar{\alpha} - 1} \right| = |k|.$$

因此可令 $k = \mathrm{e}^{\mathrm{i}\theta}$（$\theta$ 为实数），故得所求的映射为

$$w = \mathrm{e}^{\mathrm{i}\theta} \frac{z - \alpha}{\bar{\alpha}z - 1} \quad (|\alpha| < 1, \theta \text{ 为实数}). \tag{6.8}$$

反之，形如 (6.8) 的分式线性映射也必将 $|z| < 1$ 映为 $|w| < 1$，事

实上，当 $z = e^{i\theta}$（θ 为实数）时，有

$$|w| = \left| e^{i\theta} \frac{e^{i\theta} - \alpha}{\bar{\alpha} e^{i\theta} - 1} \right| = |e^{i\theta}| \left| \frac{1}{e^{i\theta}} \right| \left| \frac{e^{i\theta} - \alpha}{\bar{\alpha} - e^{-i\theta}} \right|$$

$$= \frac{|e^{i\theta} - \alpha|}{|e^{-i\theta} - \bar{\alpha}|} = 1,$$

即该映射把 $|z| = 1$ 映射为 $|w| = 1$，又在 $|z| < 1$ 内有一点 $z = \alpha$（$|\alpha| < 1$）映射为 $w = 0$，故由边界对应定理，它必将 $|z| < 1$ 映射为 $|w| < 1$，从而将 $|z| < 1$ 映射为 $|w| < 1$ 的分式线性映射为

$$w = e^{i\theta} \frac{z - \alpha}{\bar{\alpha} z - 1} \quad (|\alpha| < 1, \theta \text{ 为实数}).$$

例 11　求把单位圆映射为单位圆的分式线性映射 $w = f(z)$，且使 $f\left(\dfrac{i}{2}\right) = 0$，$\arg f'\left(\dfrac{i}{2}\right) = \dfrac{\pi}{2}$.

解　由公式(6.8)，设所求的分式线性映射为

$$w = f(z) = e^{i\theta} \frac{z - \dfrac{i}{2}}{-\dfrac{i}{2} z - 1} = e^{i\theta} \frac{2z - i}{-iz - 2} = -e^{i\theta} \frac{2z - i}{iz + 2}$$

因为

$$f'\left(\frac{i}{2}\right) = -e^{i\theta} \frac{2(iz + 2) - i(2z - i)}{(iz + 2)^2} \bigg|_{z = \frac{i}{2}}$$

$$= -e^{i\theta} \frac{4 + i^2}{(iz + 2)^2} \bigg|_{z = \frac{i}{2}} = \frac{4}{3} e^{i(\theta + \pi)},$$

所以

$$\arg f'\left(\frac{i}{2}\right) = \theta + \pi.$$

由条件 $\arg f'\left(\dfrac{i}{2}\right) = \dfrac{\pi}{2}$，得 $\theta = -\dfrac{\pi}{2}$，因此所求的映射为

$$w = f(z) = -e^{-\frac{\pi}{2}i} \frac{2z - i}{iz + 2} = \frac{2z - i}{z - 2i}.$$

例 12　求把单位圆映射为单位圆的分式线性映射 $w = f(z)$，使 $f\left(\dfrac{1}{2}\right) = \dfrac{i}{2}$，$f'\left(\dfrac{1}{2}\right) > 0$.

解 先求把 $|z|<1$ 映射为 $|\zeta|<1$ 的分式线性映射 $\zeta=g(z)$,且使 $g\left(\dfrac{1}{2}\right)=0,g'\left(\dfrac{1}{2}\right)>0$. 由公式(6.8),该映射为

$$g(z)=\mathrm{e}^{\mathrm{i}\theta}\frac{z-\dfrac{1}{2}}{\dfrac{1}{2}z-1}\qquad(\theta\text{ 为实数}),$$

$$g'\left(\frac{1}{2}\right)=\mathrm{e}^{\mathrm{i}\theta}\frac{\dfrac{1}{2}z-1-\dfrac{1}{2}z+\dfrac{1}{4}}{\left(\dfrac{1}{2}z-1\right)^{2}}\Bigg|_{z=\frac{1}{2}}=-\frac{4}{3}\mathrm{e}^{\mathrm{i}\theta}=\frac{4}{3}\mathrm{e}^{\mathrm{i}(\theta+\pi)}>0,$$

得 $\theta=\pi$,故

$$\zeta=g(z)=\mathrm{e}^{\mathrm{i}\pi}\frac{z-\dfrac{1}{2}}{\dfrac{1}{2}z-1}=\frac{2z-1}{2-z}.$$

同理可求得 $|w|<1$ 映射为 $|\zeta|<1$,且使 $\zeta|_{w=\frac{\mathrm{i}}{2}}=0,\dfrac{\mathrm{d}\zeta}{\mathrm{d}w}\Big|_{w=\frac{\mathrm{i}}{2}}>0$ 的分式线性映射 $\zeta=\varphi(w)=\dfrac{2w-\mathrm{i}}{2+\mathrm{i}w}$,故所求分式线性映射为

$$w=\varphi^{-1}[g(z)].$$

事实上,由于 $\zeta=g(z)$ 将 $|z|<1$ 映射为 $|\zeta|<1$,而 $w=\varphi^{-1}(\zeta)$ 又将 $|\zeta|<1$ 映射为 $|w|<1$. 因此 $w=\varphi^{-1}[g(z)]$ 将 $|z|<1$ 映射为 $|w|<1$,且 $\varphi^{-1}\left[g\left(\dfrac{1}{2}\right)\right]=\varphi^{-1}(0)=\dfrac{\mathrm{i}}{2},(\varphi^{-1}[g(z)])'\Big|_{z=\frac{1}{2}}=\varphi^{-1'}\left[g\left(\dfrac{1}{2}\right)\right]\cdot g'\left(\dfrac{1}{2}\right)=\varphi^{-1'}(0)\cdot g'\left(\dfrac{1}{2}\right)=\dfrac{1}{\varphi'\left(\dfrac{\mathrm{i}}{2}\right)}\cdot g'\left(\dfrac{1}{2}\right)>0$,故 $w=\varphi^{-1}[g(z)]$ 就是所求映射. 下面求 $w=\varphi^{-1}[g(z)]$.

由 $\varphi(w)=g(z)$,得 $\dfrac{2w-\mathrm{i}}{2+\mathrm{i}w}=\dfrac{2z-1}{2-z}$,解得

$$w=f(z)=\frac{2(\mathrm{i}-1)+(4-\mathrm{i})z}{(4+\mathrm{i})-2(1+\mathrm{i})z}.$$

例 13 求将上半平面 $\mathrm{Im}\,z>0$ 保形映射为圆 $|w-w_0|<R$ 的分

式线性映射 $w = f(z)$，且使

$$f(\mathrm{i}) = w_0, f'(\mathrm{i}) > 0.$$

解 令线性映射

$$\zeta = \frac{w - w_0}{R},$$

则该映射将圆 $|w - w_0| < R$ 映射成单位圆 $|\zeta| < 1$.

然后做上半平面 $\mathrm{Im}\, z > 0$ 到单位圆 $|\zeta| < 1$ 的分式线性映射，使 $z = \mathrm{i}$ 时 $\zeta = 0$. 此映射为

$$\zeta = \mathrm{e}^{\mathrm{i}\theta} \frac{z - \mathrm{i}}{z + \mathrm{i}}.$$

复合上述两个映射得

$$\frac{w - w_0}{R} = \mathrm{e}^{\mathrm{i}\theta} \frac{z - \mathrm{i}}{z + \mathrm{i}}.$$

它 Z 将上半平面映射成圆 $|w - w_0| < R$，使 $z = \mathrm{i}$ 映射为 $w = w_0$（图 6.13）. 再由条件 $f'(\mathrm{i}) > 0$ 及

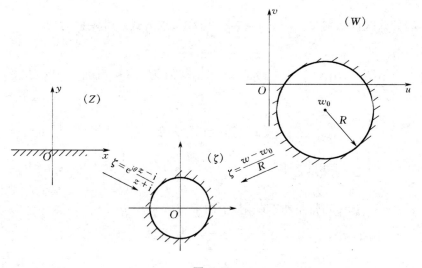

图 6.13

$$\frac{1}{R}\frac{\mathrm{d}w}{\mathrm{d}z}\bigg|_{z=\mathrm{i}} = \mathrm{e}^{\mathrm{i}\theta}\frac{z+\mathrm{i}-z+\mathrm{i}}{(z+\mathrm{i})^2}\bigg|_{z=\mathrm{i}} = \mathrm{e}^{\mathrm{i}\theta}\frac{1}{2\mathrm{i}},$$

得

$$\frac{\mathrm{d}w}{\mathrm{d}z}\bigg|_{z=\mathrm{i}} = R\mathrm{e}^{\mathrm{i}\theta}\cdot\frac{1}{2\mathrm{i}} = \frac{R}{2}\mathrm{e}^{\mathrm{i}\left(\theta-\frac{\pi}{2}\right)} > 0.$$

于是 $\theta-\dfrac{\pi}{2}=0, \theta=\dfrac{\pi}{2}, \mathrm{e}^{\mathrm{i}\theta}\bigg|_{\theta=\frac{\pi}{2}}=\mathrm{i}.$ 故所求的分式线性映射为

$$w = w_0 + \mathrm{i}R\,\frac{z-\mathrm{i}}{z+\mathrm{i}}.$$

例 14　试问在 $w=\dfrac{z-\sqrt{3}-\mathrm{i}}{z+\sqrt{3}-\mathrm{i}}$ 的映射下,区域

$$\begin{cases} \mathrm{Im}\,z > 1, \\ |z| < 2 \end{cases}$$

的像在 W 平面上是怎样的区域.

解　根据边界对应定理,像区域的边界应为直线 $\mathrm{Im}\,z=1$ 与圆周 $|z|=2$ 围成的弓形边界的像.为此先求像区域的边界.

$\mathrm{Im}\,z=1$ 与 $|z|=2$ 的交点为 $z_1=\sqrt{3}+\mathrm{i}$ 和 $z_2=-\sqrt{3}+\mathrm{i}$.在该映射下 z_1 和 z_2 在 W 平面上的像分别为 $w=0$ 和 $w=\infty$.由分式线性映射的保圆性,映射 $w=\dfrac{z-\sqrt{3}-\mathrm{i}}{z+\sqrt{3}-\mathrm{i}}$,将 Z 平面上所给区域的边界映射为 W 平面上以原点为起点的两条射线.为了确定这两条射线的位置,在 $\mathrm{Im}\,z=1$ 上取 $z=\mathrm{i}$ 代入所给映射中,得 $w=-1$.这表明所给区域的边界 $\mathrm{Im}\,z=1$ 的像通过 W 平面上的点 $w=-1$.因此线段 z_1z_2 的像为射线 $\arg w=\pi$.又弓形边界 $|z|=2$ 与 $\mathrm{Im}\,z=1$ 在 z_1 处的夹角为 $\dfrac{\pi}{3}$ (顺时针方向),$f'(\sqrt{3}+\mathrm{i})\neq 0$,由分式线性映射的保角性,只要将线段 z_1z_2 的像按顺时针方向绕原点 O 旋转 $\dfrac{\pi}{3}$,即得 $|z|=2$ 上圆弧 $\widehat{z_1z_2}$ 的像,即 $\arg w=\dfrac{2\pi}{3}$(图 6.14).于是所求的像区域为角形域

$$\frac{2\pi}{3} < \arg w < \pi.$$

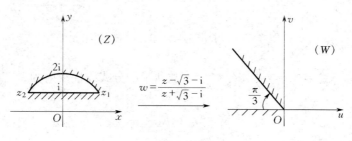

图 6.14

例 14 告诉我们, 分式线性映射可以把两角形区域(相交于两点的两圆弧或一直线段与一圆弧所围成的区域)映射为两角形域(包括两条射线所构成的角形域). 但要注意, 若围成两角形区域的圆弧(或直线段)所在的圆周(或直线)上有一点映射为 ∞, 则该圆弧(或直线段)的像就是直线, 否则就是圆弧, 所以, 若两圆弧的一个公共点映射为 $w = \infty$, 则这两圆弧所围成的两角形区域就映射为角形区域(如例 14).

例 15 求把图 6.15(a)中由圆弧 C_1 与 C_2 所围成的夹角为 α 的月牙域映射成角形域

$$\varphi_0 < \arg w < \varphi_0 + \alpha$$

的映射.

解 先求出把 C_1 和 C_2 的交点 i 和 -i 分别映成 ζ 平面上的 $\zeta = 0$ 和 $\zeta = \infty$, 并使月牙形区域映成角形域 $0 < \arg \zeta < \alpha$(图 6.15(b))的映射, 再把这个角形域通过映射 $w = e^{i\varphi_0} \zeta$ 转过一角度 φ_0, 即得把月牙形区域映成所给的角形域的映射(图 6.15(c)).

将所给月牙形区域映射成 ζ 平面的角形域的映射是具有以下形式的分式线性映射

$$\zeta = k\left(\frac{z - i}{z + i}\right),$$

其中 k 为待定常数. 确定常数 k, 使该映射把 C_1 映成 ζ 平面上的正实轴.设 $z=1$ 时, $\zeta=1$,则 $k=\mathrm{i}$.这样映射 $\zeta=\mathrm{i}\left(\dfrac{z-\mathrm{i}}{z+\mathrm{i}}\right)$ 就把 C_1 映射成 ζ 平面上的正实轴.根据保角性,该映射把所给的月牙形区域映成角形域 $0<\arg\zeta<\alpha$.于是所求映射为

$$w=\mathrm{e}^{\mathrm{i}\varphi_0}\zeta=\mathrm{i}\mathrm{e}^{\mathrm{i}\varphi_0}\left(\dfrac{z-\mathrm{i}}{z+\mathrm{i}}\right).$$

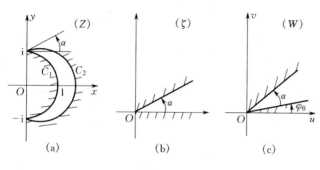

图 6.15

6.5　指数函数与幂函数所确定的映射

6.5.1　指数函数 $w=\mathrm{e}^z$ 所确定的映射

由于 $w=\mathrm{e}^z$ 在复平面内处处解析,且 $\dfrac{\mathrm{d}w}{\mathrm{d}z}=\mathrm{e}^z\neq0$,因此由指数函数 $w=\mathrm{e}^z$ 所确定的映射,在复平面内是处处保角的.

设 $z=x+\mathrm{i}y(-\infty<x<+\infty,0<y<2\pi)$, $w=\rho\mathrm{e}^{\mathrm{i}\varphi}$,由 $w=\mathrm{e}^z$ 得 $\rho\mathrm{e}^{\mathrm{i}\varphi}=\mathrm{e}^{x+\mathrm{i}y}=\mathrm{e}^x\mathrm{e}^{\mathrm{i}y}$,由此可得

$$\rho=\mathrm{e}^x,\quad\varphi=y.\tag{6.9}$$

由式(6.9)可知,映射 $w=\mathrm{e}^z$ 将 z 平面上的直线段 $x=x_0(0<y<2\pi)$,映射为 w 平面上的圆周 $|w|=\mathrm{e}^{x_0}$ 去掉点 $w=\mathrm{e}^{x_0}$ 的圆弧(如图 6.16 (a)),且当 x 由 $-\infty$ 变到 $+\infty$ 时,圆周 $|w|=\rho=\mathrm{e}^{x_0}$ 的半径 ρ 从 $\rho=0$ 变到 $\rho=+\infty$.同时可以看出,它将直线 $y=y_0$ 映射为 w 平面上的射

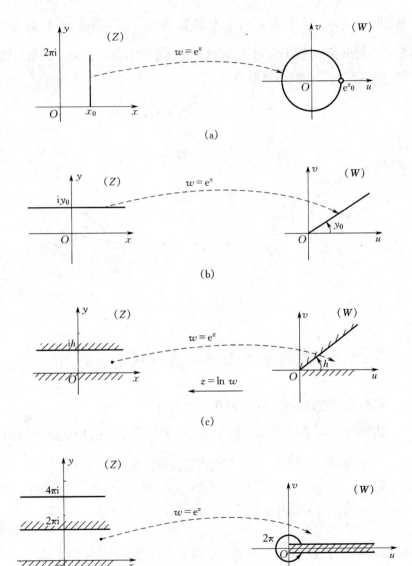

图 6.16

线 $\varphi = y_0$(图 6.16(b)). 特别地, 直线 $y = 0$ 映射为 $\varphi = 0$. 当直线 $y = 0$ 平行移动到直线 $y = h(0 < h \leqslant 2\pi)$ 时, 带形域 $0 < \mathrm{Im}\, z < h$ 映射成角形域 $0 < \arg w < h$(图 6.16(c)), 特别地带形域 $0 < \mathrm{Im}\, z < 2\pi$ 映射为沿正实轴剪开的 w 平面 $0 < \arg w < 2\pi$. 由指数函数 $w = \mathrm{e}^z$ 的周期性, 任何平行于实轴的带形域 $2k\pi < \mathrm{Im}\, z < 2(k+1)\pi$($k$ 为任意整数), 都映射为沿正实轴剪开的 w 平面(图 6.16(d)).

因此, 指数函数 $w = \mathrm{e}^z$ 构成的映射的主要特征, 是把平行于实轴的带形域 $0 < \mathrm{Im}\, z < h(0 < h \leqslant 2\pi)$, 映射成角形域. 而将半带形域 $0 < \mathrm{Im}\, z < 2\pi$, $-\infty < \mathrm{Re}\, z < 0$ 映射为沿正实轴剪开的单位圆的内部; 将半带形域 $0 < \mathrm{Im}\, z < 2\pi$, $0 < \mathrm{Re}\, z < +\infty$ 映射为沿正实轴剪开的单位圆的外部.

顺便指出, 由于对数函数 $w = \ln z$ 是指数函数 $z = \mathrm{e}^w$ 的反函数, (图 6.16), 当将 z 平面与 w 平面交换其位置, 映射 $w = \ln z$ 把角形域 $0 < \arg z < h(0 < h \leqslant 2\pi)$ 映射为带形域 $0 < \mathrm{Im}\, w < h(0 < h \leqslant 2\pi)$. 总之, 要在给定的角形域与平行于实轴的带形域之间建立映射关系, 就可以考虑使用指数函数 $w = \mathrm{e}^z$ 或对数函数 $w = \ln z$.

例 16　试求将带形域 $0 < \mathrm{Im}\, z < \pi$ 保形映射为单位圆 $|w| < 1$ 的映射.

解　用指数函数 $\zeta = \mathrm{e}^z$ 将带形域 $0 < \mathrm{Im}\, z < \pi$ 映射为上半平面 $\mathrm{Im}\, \zeta > 0$(即 $0 < \arg \zeta < \pi$); 再用 $w = \dfrac{\zeta - \mathrm{i}}{\zeta + \mathrm{i}}$ 将上半平面 $\mathrm{Im}\, \zeta > 0$ 映射为单位圆 $|w| < 1$.

复合上述两个映射, 即得

$$w = \frac{\mathrm{e}^z - \mathrm{i}}{\mathrm{e}^z + \mathrm{i}}.$$

这就是所求的映射(图 6.17)

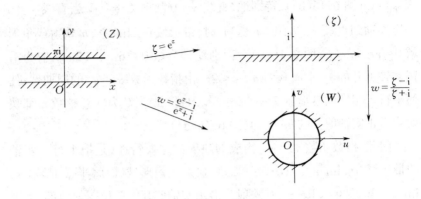

图 6.17

例 17 求把区域 $D:(|z|<2)\bigcap(|z-i|>1)$ 保形映射为区域 G: $\operatorname{Im} w>0$ 的映射.

解 D 的边界为相切于 $z=2i$ 的两圆 $C_1:|z|=2$ 和 $C_2:|z-i|=1$.

先做映射 $\zeta_1=\dfrac{z}{z-2i}$. 由于当 $z=2i$ 时, $\zeta=\infty$, 故该映射将 C_1 和 C_2 映射为两平行直线, 显然此映射将虚轴映射为实轴, 且当 $z=0$ 时 $\zeta_1=0$, 又 C_2 与虚轴在点 $z=0$ 是正交的, 故由保角性, C_2 映射为虚轴 ($\operatorname{Re} \zeta_1=0$), 又当 $z=-2i$ 时 $\zeta_1=\dfrac{1}{2}$, 故 C_1 映射为直线 $\operatorname{Re} \zeta_1=\dfrac{1}{2}$, 由边界对应定理, 它把 D 映射为带形域 $0<\operatorname{Re} \zeta_1<\dfrac{1}{2}$. 再做映射 $\zeta_2=2\pi i\zeta_1$, 此映射将带形域 $0<\operatorname{Re} \zeta_1<\dfrac{1}{2}$ 映射成 $0<\operatorname{Im} \zeta_2<\pi$. 最后做映射 $w=e^{\zeta_2}$, 把带形域 $0<\operatorname{Im} \zeta_2<\pi$ 映射为上半平面 $\operatorname{Im} w>0$ ($0<\arg w<\pi$). 将上述函数复合起来得

$$w=e^{2\pi i\frac{z}{z-2i}},$$

这就是所求的映射(图 6.18).

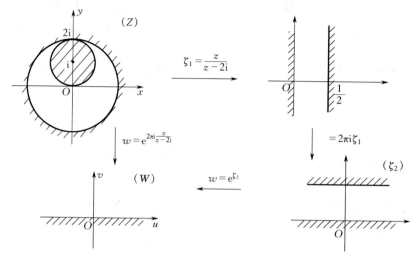

图 6.18

6.5.2　幂函数 $w = z^n$ 所确定的映射

幂函数 $w = z^n$（n 为大于 1 的整数）在复平面内处处解析，且 $\dfrac{\mathrm{d}w}{\mathrm{d}z}$ $= nz^{n-1}$ 除 $z = 0$ 外处处不等于零. 因此，在复平面上除去原点外，由 $w = z^n$ 确定的映射处处是保角的.

若令
$$z = r\mathrm{e}^{\mathrm{i}\theta},\ w = \rho\mathrm{e}^{\mathrm{i}\varphi},$$
则有 $\rho\mathrm{e}^{\mathrm{i}\varphi} = r^n\mathrm{e}^{\mathrm{i}n\theta}$，因此
$$\begin{cases} \rho = r^n, \\ \varphi = n\theta. \end{cases}$$

由此可见，在 $w = z^n$ 的映射下，Z 平面上的圆周 $|z| = r\ (r > 0)$ 被映射成 W 平面上的圆周 $|w| = r^n$. 特别地，单位圆周 $|z| = 1$ 被映射成单位圆 $|w| = 1$，射线 $\theta = \theta_0$ 被映射成射线 $\varphi = n\theta_0$，正实轴 $\theta = 0$ 被映射成正实轴 $\varphi = 0$，角形域 $0 < \theta < \theta_0 \left(0 < \theta_0 \leqslant \dfrac{2\pi}{n}\right)$ 被映成角形域 $0 < \varphi < n\theta_0$ （图 6.19(a)）. 由此可见，以原点 $z = 0$ 为顶点的角形域，经过 $w = z^n$

映射后变为以 $w=0$ 为顶点张角是原张角 n 倍的角形域. 特别地, $w=z^n$ 将角形域 $0<\theta<\dfrac{2\pi}{n}$ 映射成沿正实轴剪开的整个 W 平面, 正实轴 $\theta=0$ 映射成 W 平面上正实轴的上岸 $\varphi=0$, 射线 $\theta=\dfrac{2\pi}{n}$ 被映射成 W 平面正实轴的下岸 $\varphi=2\pi$(图 6.19(b)).

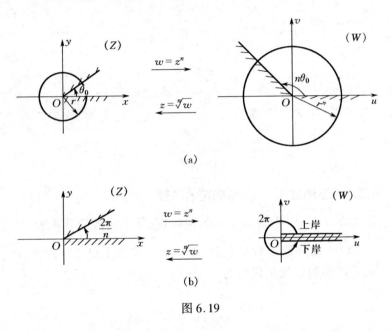

图 6.19

函数 $w=\sqrt[n]{z}$ 是函数 $z=w^n$ 的反函数, 后者所构成的映射已经讨论过, 因而前者构成的映射也就不难想像了. 例如沿正实轴剪开的整个 Z 平面, 经 $w=\sqrt[n]{z}$ 映射后变为 w 平面上顶点在原点 $w=0$ 而张角为 $\dfrac{2\pi}{n}$ 的角形域, 正实轴的上岸 $\theta=0$ 变为正实轴 $\varphi=0$, 正实轴的下岸 $\theta=2\pi$ 变为射线 $\varphi=\dfrac{2\pi}{n}$. 一般地, 经过 $w=\sqrt[n]{z}$ 映射后, 以原点 $z=0$ 为顶点的角形域变为以原点 $w=0$ 为顶点的角形域, 但张角缩为原来的 $\dfrac{1}{n}$.

总之,幂函数 $w=z^n$(或 $w=z^{\frac{1}{n}}$)所构成映射的特征是把以原点为顶点的角形域映射成以原点为顶点的角形域,如果要把角形域的张角扩大或缩小,就可以利用幂函数 $w=z^n$ 或 $w=\sqrt[n]{z}$.

例18　求把角形域 $0<\arg z<\dfrac{\pi}{4}$ 映射成单位圆 $|w|<1$ 的映射.

解　因为 $\zeta=z^4$ 把所给的角形域 $0<\arg z<\dfrac{\pi}{4}$ 映射成上半平面 $\operatorname{Im}\zeta>0$,又 $w=\dfrac{\zeta-i}{\zeta+i}$ 将上半平面映射成单位圆(图 6.20).

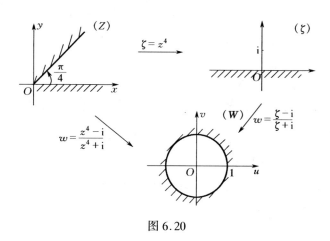

图 6.20

复合上述映射,得

$$w=\frac{z^4-i}{z^4+i}.$$

这就是所求的映射.

例19　求将区域 $(|z|<1)\bigcap(\operatorname{Im}z>0)$ 保形映射为上半平面的映射.

解　所给区域是由圆弧和直线段围成的两角形区域,交点分别为 $z_1=-1,z_2=1$.考虑分式线性映射

$$\zeta=k\,\frac{z+1}{z-1},$$

其中 k 是待定常数,它将所给区域保形映射成顶点在原点的(直)角形区域.确定常数 k,使线段 $[-1,1]$ 映射成正实轴,为此令 $z=0$ 时 $\zeta=1$,得 $k=-1$.所以映射

$$\zeta = -\frac{z+1}{z-1}$$

将所给区域映射为 ζ 平面的角形域 $0<\arg\zeta<\dfrac{\pi}{2}$.

最后用幂函数 $w=\zeta^2$ 把 ζ 平面上的角形域 $0<\arg\zeta<\dfrac{\pi}{2}$ 保形映射为 W 平面上的上半平面 $\operatorname{Im} w>0$(图 6.21).

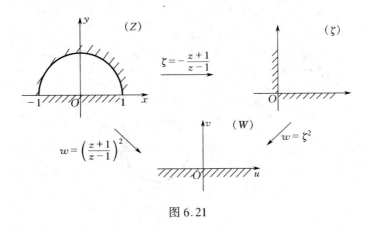

图 6.21

复合上述映射,得

$$w = \left(-\frac{z+1}{z-1}\right)^2 = \left(\frac{z+1}{z-1}\right)^2.$$

这就是所求的映射.

例 20　求把两圆域 $\left|z-\dfrac{\mathrm{i}}{2}\right|<1$ 和 $\left|z+\dfrac{\mathrm{i}}{2}\right|<1$ 的公共部分保形地映射到上半平面 $\operatorname{Im} w>0$ 的一个解析函数 $w=f(z)$.

分析　区域的两条边界圆弧有两个交点,如果通过分式线性映射,把其中一个交点映射为原点,另一个交点映射为无穷远点,所给区域就被映射成角形域,而角形域通过幂函数能映射成上半平面.

解　为了求两圆周 $C_1:\left|z-\dfrac{\mathrm{i}}{2}\right|=1$ 和 $C_2:\left|z+\dfrac{\mathrm{i}}{2}\right|=1$ 的交点,

将 C_1 和 C_2 写成直角坐标方程

$$\begin{cases} x^2+\left(y-\dfrac{1}{2}\right)^2=1, \\[2mm] x^2+\left(y+\dfrac{1}{2}\right)^2=1. \end{cases}$$

解方程组,求得两条边界圆弧交点为 $z=\pm\dfrac{\sqrt{3}}{2}$. 在 $z=-\dfrac{\sqrt{3}}{2}$ 处,两边界

圆弧的夹角为 $\dfrac{2\pi}{3}$. 具体求解过程见图 6.22. 故所求映射为

$$w=\left[\mathrm{e}^{-\frac{2\pi\mathrm{i}}{3}}\,\frac{z+\dfrac{\sqrt{3}}{2}}{z-\dfrac{\sqrt{3}}{2}}\right]^{\frac{3}{2}}=\mathrm{e}^{-\pi\mathrm{i}}\left(\frac{2z+\sqrt{3}}{2z-\sqrt{3}}\right)^{\frac{3}{2}}.$$

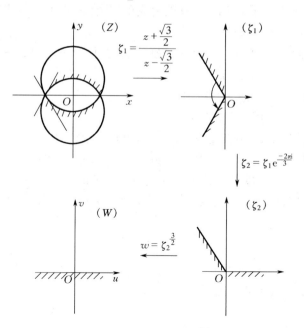

图 6.22

习　题　6

1. 下列区域在指定的映射下映射成什么样的区域？

(1)以 $z_1 = i, z_2 = -1, z_3 = 1$ 为顶点的三角形, $w = iz$;

(2)Re $z > 0, w = iz + i$;

(3)Im $z > 0, w = (1 + i)z$;

(4)$0 < $ Im $z < \dfrac{1}{2}, w = \dfrac{1}{z}$;

(5)Re $z > 0, 0 < $ Im $z < 1, w = \dfrac{i}{z}$.

2. 如果分式线性映射 $w = \dfrac{az + b}{cz + d}$ 把上半平面 Im $z > 0$ 映射成下半平面 Im $w < 0$, 那么它的系数应满足什么条件？

3. 求把上半平面 Im $z > 0$ 映射成单位圆 $|w| < 1$ 的分式线性映射 $w = f(z)$, 使满足条件

(1)把实轴上的点 $-1, 0, 1$ 分别映射成圆周上的点 $1, i, -1$;

(2)$f(i) = 0, f(-1) = 1$;

(3)$f(i) = 0, \arg f'(i) = 0$;

(4)$f(2i) = 0, f'(2i) > 0$.

4. 求把 Re $z > 0$ 映射成 $|w| < 1$ 的分式线性映射.

5. 把点 $z = 1, i, -i$ 分别映射成点 $w = 1, 0, -1$ 的分式线性映射, 把单位圆 $|z| < 1$ 映射成什么样的区域？并求出这个映射.

6. 求满足所给条件且把单位圆映射成单位圆的分式线性映射 $w = f(z)$.

(1)$f\left(\dfrac{1}{2}\right) = 0, f(1) = -1$;

(2)$f\left(\dfrac{1}{2}\right) = 0, \arg f'\left(\dfrac{1}{2}\right) = \dfrac{\pi}{2}$;

(3)$f(0) = 0, \arg f'(0) = -\dfrac{\pi}{2}$.

7. 求出圆 $|z| < 2$ 到半平面 $\mathrm{Re}\ w > 0$ 的保形映射 $w = f(z)$，使之满足 $f(0) = 1, \arg f'(0) = \dfrac{\pi}{2}$.

8. 试求以下各区域(除去阴影的部分)映射到上半平面的保形映射.

(1)

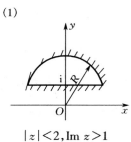

$|z| < 2, \mathrm{Im}\ z > 1$

(2)

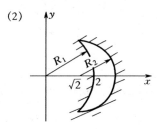

$|z| > 2, |z - \sqrt{2}| < \sqrt{2}$

(3)

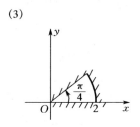

$|z| < 2, 0 < \arg z < \dfrac{\pi}{4}$

(4)

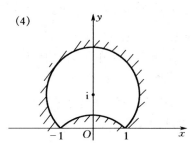

$|z + \mathrm{i}| > \sqrt{2}, |z - \mathrm{i}| < \sqrt{2}$

(5)

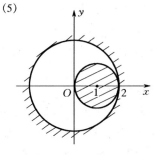

$|z| < 2, |z - 1| > 1$

(6)

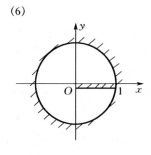

$|z| < 1$ 且 $z \neq x (0 \leqslant x < 1)$

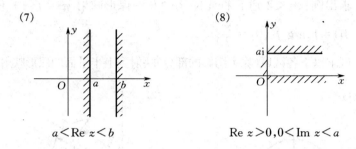

(7) $a<\mathrm{Re}\ z<b$　　　　(8) $\mathrm{Re}\ z>0,0<\mathrm{Im}\ z<a$

9. 求出角形域 $0<\arg z<\dfrac{\pi}{3}$ 到单位圆 $|w|<1$ 的一个保形映射.

10. 求将 $|z-2|<1$ 保形映射成 $|w-2\mathrm{i}|<2$ 的解析函数 $w=f(z)$, 且满足 $f(2)=\mathrm{i},f'(2)=0$.

11. 求将角形域 $0<\arg z<\dfrac{\pi}{2}$ 保形映射成圆 $|w|<1$ 的解析函数, 且满足 $f(1+\mathrm{i})=0,f(0)=1$.

12. 求将上半单位圆映射成上半平面的保形映射, 使 $z=1,-1,0$ 分别映成 $w=-1,1,\infty$.

13. 求第一象限到上半平面的保形映射, 使 $z=\sqrt{2}\mathrm{i},0,1$ 分别映成 $w=0,1,\infty$.

小　　结

本章重点阐述了解析函数所构成的映射的主要特征.

解析函数构成的映射能够把区域映射为区域, 并且在导数不为零的点处还具有保持旋转角和伸缩率的不变性. 我们称具有上述性质的映射为保形映射.

本章引进了分式线性函数, 讨论了其映射特征.

分式线性函数所构成的映射(简称分式线性映射)除具有解析函数所构成的映射的特征外, 还具有以下特征:分式线性映射具有保圆性、保对称点不变性, 由三对对应点可惟一确定一个分式线性映射;给出了几个典型区域之间的分式线性映射.

(1)把上半平面 $\text{Im } z > 0$ 映射成上半平面 $\text{Im } w > 0$ 的分式线性映射

$$w = \frac{az + b}{cz + d} \quad (a, b, c, d \text{ 为实数,且 } ad - bc > 0).$$

(2)把上半平面 $\text{Im } z > 0$ 映射到单位圆 $|w| < 1$ 的分式线性映射

$$w = e^{i\theta}\frac{z - \alpha}{z - \bar{\alpha}} \quad (\text{Im } \alpha > 0, \theta \text{ 为实数}).$$

(3)把单位圆 $|z| < 1$ 映射为单位圆 $|w| < 1$ 的分式线性映射

$$w = e^{i\theta}\frac{z - \alpha}{\bar{\alpha}z - 1} \quad (|\alpha| < 1, \theta \text{ 为实数}).$$

指数函数 $w = e^z$ 构成的映射把平行于实轴的带形域 $0 < \text{Im } z < \alpha$ $(0 < \alpha \leqslant 2\pi)$ 映射为以原点为顶点的角形域 $0 < \arg w < \alpha$,特别地它将 Z 平面上的带形域 $0 < \text{Im } z < 2\pi$ 映射为沿正实轴剪开的 W 平面 $0 < \arg w < 2\pi$.

幂函数 $w = z^n$($n \geqslant 2$ 的自然数)构成的映射把以原点为顶点的角形域映射为以原点为顶点的角形域,且张角变为原来的 n 倍,特别地,$w = z^n$ 把 Z 平面上的角形域 $0 < \arg z < \dfrac{2\pi}{n}$ 映射成沿正实轴剪开的 W 平面 $0 < \arg w < 2\pi$.

实际应用中的保形映射通常用来解决以下两方面的问题.

(1)已知区域 D 及解析函数 $w = f(z)$,求在此映射下的像区域 $G = f(D)$.

(2)已给两个单连通区域 D 和 G,求一个解析函数 $w = f(z)$,使 $G = f(D)$.

解决以上这两个问题的方法是利用边界对应定理,从边界的对应性质出发,利用已知的解析函数构成的映射的特征,例如分式线性函数、指数函数及幂函数的映射,把比较复杂区域上的映射分解为若干个比较简单的典型区域(上半平面、带形域、单位圆等)之间的映射,通过复合这些典型区域之间的映射求出给定区域之间的映射.

测验作业 6

1.(1)把 $z_1 = 1, z_2 = i, z_3 = -1$ 分别映射为 $w_1 = \infty, w_2 = -1$, $w_3 = 0$ 的分式线性映射为_____,在该映射下,过 z_1, z_2, z_3 的圆周内部在 W 平面上的像是_____;

(2)把 $z_1 = -1, z_2 = \infty, z_3 = 1$ 分别映射为 $w_1 = -1, w_2 = i, w_3 = 1$ 的分式线性映射为_____,在该映射下,过 z_1, z_2, z_3 的直线的右侧在 W 平面上的像是_____.

2.试求将单位圆 $|z| < 1$ 映射为单位圆 $|w| < 1$,且将 i 映射为 i,将 2i 映射为 ∞ 的分式线性映射.

3.试求将圆 $|z - 4i| < 2$ 映射为半平面 $\mathrm{Im}\ w > \mathrm{Re}\ w$ 的解析函数 $w = f(z)$,且使 $f(4i) = -4, f(2i) = 0$.

4.求把角形域 $\dfrac{-\pi}{4} < \arg z < \dfrac{\pi}{4}$ 映射成单位圆 $|w| < 1$ 的解析函数 $w = f(z)$,且使 $f(1) = 0, \arg f'(1) = \dfrac{\pi}{2}$.

5.求把区域 $|z| < 1 \bigcap 0 < \arg z < \dfrac{\pi}{3}$ 映射成上半平面的解析函数.

6.求把区域 $|z - 1| > 1 \bigcap \left| z - \dfrac{3}{2} \right| < \dfrac{3}{2}$ 映射成上半平面的解析函数 $w = f(z)$.

参 考 答 案

习 题 1

1. (1) $\frac{3}{5}+\frac{6}{5}i,\frac{3}{5},\frac{6}{5},\frac{3}{5}-\frac{6}{5}i,\frac{3}{5}\sqrt{5}$, arctan 2;

   (2) $-\frac{3}{2}-\frac{1}{2}i,-\frac{3}{2},-\frac{1}{2},-\frac{3}{2}+\frac{1}{2}i,\frac{1}{2}\sqrt{10}$, arctan $\frac{1}{3}-\pi$;

   (3) $-\frac{7}{2}-13i,-\frac{7}{2},-13,-\frac{7}{2}+13i,\frac{5}{2}\sqrt{29}$, arctan $\frac{26}{7}-\pi$;

   (4) $-3+4i,-3,4,-3-4i,5,-$ arctan $\frac{4}{3}+\pi$;

   (5) $-\frac{3}{10}+\frac{3}{10}i,-\frac{3}{10},\frac{3}{10},-\frac{3}{10}-\frac{3}{10}i,\frac{3}{10}\sqrt{2},\frac{3}{4}\pi$;

   (6) $-\frac{1}{10}+\frac{i}{10},-\frac{1}{10},\frac{1}{10},-\frac{1}{10}-\frac{i}{10},\frac{1}{10}\sqrt{2}\quad\frac{3}{4}\pi$;

   (7) $-\frac{1}{2}-\frac{\sqrt{3}}{2}i,-\frac{1}{2},-\frac{\sqrt{3}}{2},-\frac{1}{2}+\frac{\sqrt{3}}{2}i,1,-\frac{2}{3}\pi$;

   (8) $1-3i,1,-3,1+3i,\sqrt{10},-$ arctan 3.

2. (1) $2\left[\cos\left(-\frac{\pi}{2}\right)+i\sin\left(-\frac{\pi}{2}\right)\right],2e^{-i\frac{\pi}{2}},-\frac{\pi}{2}+2k\pi,-\frac{\pi}{2}$;

   (2) $\frac{3}{5}(\cos\pi+i\sin\pi),\frac{3}{5}e^{i\pi},(2k+1)\pi,\pi$;

   (3) $\sqrt{2}\left(\cos\frac{\pi}{4}+i\sin\frac{\pi}{4}\right),\sqrt{2}e^{i\frac{\pi}{4}},\frac{\pi}{4}+2k\pi,\frac{\pi}{4}$;

   (4) $2\left[\cos\left(-\frac{\pi}{6}\right)+i\sin\left(-\frac{\pi}{6}\right)\right],2e^{-i\frac{\pi}{6}},-\frac{\pi}{6}+2k\pi,-\frac{\pi}{6}$;

   (5) $2\left(\cos\frac{2\pi}{3}+i\sin\frac{2\pi}{3}\right),2e^{i\frac{2}{3}\pi},\frac{2\pi}{3}+2k\pi,\frac{2}{3}\pi$;

(6)$5(\cos\theta+\mathrm{i}\sin\theta),5\mathrm{e}^{\mathrm{i}\theta}$,其中$\theta=\arctan\dfrac{4}{3}-\pi,\arctan\dfrac{4}{3}+(2k$

　　$-1)\pi,\arctan\dfrac{4}{3}-\pi$;

(7)$3\left(\cos\dfrac{\pi}{2}+\mathrm{i}\sin\dfrac{\pi}{2}\right),3\mathrm{e}^{\mathrm{i}\frac{\pi}{2}},\dfrac{\pi}{2}+2k\pi,\dfrac{\pi}{2}$;

(8)$2(\cos 0+\mathrm{i}\sin 0),2k\pi,0$.

3.(1)$x=-\dfrac{4}{11},y=\dfrac{5}{11}$;　　(2)$x=1,y=11$.

9.(1)$-16(\sqrt{3}+\mathrm{i})$;　　　　(2)$32\mathrm{i}$;

(3)$\cos\dfrac{\pi+2k\pi}{6}+\mathrm{i}\sin\dfrac{\pi+2k\pi}{6}$,　$k=0,1,2,3,4,5$;

(4)$\cos\dfrac{\dfrac{\pi}{2}+2k\pi}{4}+\mathrm{i}\sin\dfrac{\dfrac{\pi}{2}+2k\pi}{4}$,　$k=0,1,2,3$;

(5)$\sqrt[6]{2}\left\{\cos\dfrac{-\dfrac{3}{4}\pi+2k\pi}{3}+\mathrm{i}\sin\dfrac{-\dfrac{3}{4}\pi+2k\pi}{3}\right\}$,　$k=0,1,2$;

(6)$\sqrt{5}\left(\cos\dfrac{\theta+2k\pi}{2}+\mathrm{i}\sin\dfrac{\theta+2k\pi}{2}\right),k=0,1$,

　　其中$\theta=-\arctan\dfrac{4}{3}$;

(7)$4\left(\cos\dfrac{2k\pi}{3}+\mathrm{i}\sin\dfrac{2k\pi}{3}\right)$　$k=0,1,2$;

(8)-2^{51};

(9)$\cos(19\theta)+\mathrm{i}\sin(19\theta)$.

13.$a=-2,b=3$.

15.(1)正确;(2)正确;(3)不正确;(4)不正确;(5)不正确;(6)一般不正确;(7)正确.

17.(1)以 3 为圆心,半径为 4 的圆周;

(2)以 $-2\mathrm{i}$ 为圆心,半径为 1 的圆周及其外部区域;

(3)直线 $x=-3$;

(4)直线 $y=3$;

(5)直线 $y=x$;

(6)以 -2 和 1 为焦点,长轴为 4 的椭圆;

(7)介于直线 $y=\dfrac{1}{2}$,$y=2$ 之间不包括这两条直线的带形区域;

(8)直线 $x=3$ 及其右边的区域;

(9)不包括实轴的上半平面;

(10)以 i 为起点的射线 $y=x+1$,$(x>0)$.

18.(1)以直线 $x=1$ 为边界,不包括此直线的右半平面,是无界的单连通区域;

(2)不包含实轴的上半平面,是无界的单连通区域;

(3)由圆周 $x^2+y^2=1$ 和 $x^2+y^2=4$ 围成的包括两圆周在内的圆环域,是有界的多连通闭区域;

(4)由射线 $\theta=2,\theta=2+\pi$ 构成的不包括这两条射线在内的角形域,是无界的单连通区域;

(5)介于直线 $x=0,x=1$ 之间,不包括这两条直线的带形区域,是无界的单连通区域;

(6)以圆周 $x^2+y^2=4$,$(x-3)^2+y^2=1$ 为边界,在这两圆周之外不包括这两个圆周在内的区域,是无界的多连通区域.

21.(1)直线 $y=-\dfrac{x}{2}$;(2)双曲线 $y=\dfrac{1}{x}$;

(3)当 $a\neq0$ 时,它表示等轴双曲线,其方程为 $x^2-y^2=a$;当 $a=0$ 时,直线 $y=\pm x$;

(4)当 $a\neq0$ 时,它表示等轴双曲线,其方程为 $2xy=a$;当 $a=0$ 时,$x=0$(虚轴)或 $y=0$(实轴);

(5)双曲线 $\dfrac{x^2}{3}-\dfrac{y^2}{5}=1$ 的右分支($x\geqslant3$);

(6)椭圆 $\dfrac{x^2}{(a+b)^2}+\dfrac{y^2}{(a-b)^2}=1$.

22.(1)$z=2\cos t+\mathrm{i}(1+2\sin t)$ 或 $z=\mathrm{i}+2\mathrm{e}^{\mathrm{i}t}$ $(0\leqslant t\leqslant2\pi)$;

(2)$z=(1+\mathrm{i})t$,$-\infty<t<+\infty$;

(3) $z = t + 5\mathrm{i}$, $-\infty < t < +\infty$;

(4) $z = 3 + \mathrm{i}t$, $-\infty < t < +\infty$.

23.(1) $-\mathrm{i}, -2 + 2\mathrm{i}, 8\mathrm{i}$;

(2) $0 < \arg w < \pi$.

测验作业 1

1.(1) $\dfrac{16}{25} + \mathrm{i}\dfrac{8}{25}, \dfrac{8\sqrt{5}}{25}, \arctan \dfrac{1}{2}$;

(2) $-\dfrac{1}{2} - \dfrac{3\mathrm{i}}{2}, \dfrac{\sqrt{10}}{2}, \arctan 3 - \pi$.

2.$\begin{cases} a = \dfrac{3}{2} \\ b = -\dfrac{1}{2} \end{cases}$ 或 $\begin{cases} a = -\dfrac{1}{2}, \\ b = \dfrac{3}{2}. \end{cases}$

3.(1) $\sqrt[3]{2}\left(\cos\dfrac{5\pi}{18} + \mathrm{i}\sin\dfrac{5\pi}{18}\right), \sqrt[3]{2}\left(\cos\dfrac{17\pi}{18} + \mathrm{i}\sin\dfrac{17\pi}{18}\right)$,

$\sqrt[3]{2}\left(\cos\dfrac{29\pi}{18} + \mathrm{i}\sin\dfrac{29\pi}{18}\right)$;

(2) $\cos\left(-\dfrac{\pi}{8}\right) + \mathrm{i}\sin\left(-\dfrac{\pi}{8}\right), \cos\left(\dfrac{3\pi}{8}\right) + \mathrm{i}\sin\left(\dfrac{3\pi}{8}\right)$,

$\cos\left(\dfrac{7\pi}{8}\right) + \mathrm{i}\sin\left(\dfrac{7\pi}{8}\right), \cos\left(\dfrac{11\pi}{8}\right) + \mathrm{i}\sin\left(\dfrac{11\pi}{8}\right)$.

6.$\dfrac{\pi}{2} < \arg w < \dfrac{3\pi}{4}$.

7.$\sqrt{2}, -\arctan(2 + \sqrt{3}) + 2k\pi, k = 0, \pm 1, \pm 2, \cdots$.

习 题 2

1.(1) 只在直线 $x = \dfrac{1}{2}$ 上可导,在复平面内处处不解析;

(2) 只在原点 $z = 0$ 处可导,在复平面内处处不解析;

(3) 只在直线 $y = \pm x$ 上可导,在复平面内处处不解析;

(4) 在复平面上处处可导,处处解析;

(5)只在 $z = -\mathrm{i}$ 可导,在复平面内处处不解析;

(6)除 $z = 0$ 外,在复平面内处处可导,处处解析.

2. $f'(z) = 3x^2 - 3y^2 + \mathrm{i}(6xy)$.

3. $m = 1, n = l = -3$.

10.$(1)z = -\dfrac{1}{2}$;$(2)z = 0, z = \pm\mathrm{i}$;

$(3)z_k = \dfrac{\pi}{6} + 2k\pi, k = 0, \pm 1, \pm 2, \cdots$;

$(4)z_k = 2k\pi\mathrm{i}, k = 0, \pm 1, \pm 2, \cdots$.

11.旋转角为 $\dfrac{\pi}{2}$,伸缩率为 2.

12.$0 < \operatorname{Im} z < 1$.

13.$u = 0$ 和 $v^2 + 4u = 4$.

16.$(1)\cos 1\mathrm{ch}1 - \mathrm{i}\sin 1\mathrm{sh}1$;　　$(2)\mathrm{ish}\,1$;

$(3)\dfrac{1}{2(\mathrm{sh}^2 1 + \cos^2 2)}(\sin 4 - \mathrm{ish}\,2)$;

$(4)\mathrm{e}(\cos 1 - \mathrm{i}\sin 1)$;　$(5)\mathrm{ie}^{-\left(\frac{\pi}{2} + 2k\pi\right)}$,$k$ 为任意整数;

$(6)\mathrm{e}^{-2k\pi}[\cos(\ln 3) + \mathrm{i}\sin(\ln 3)]$,$k$ 为任意整数;

$(7)\ln 5 + \mathrm{i}\Big[(2k + 1)\pi - \arctan\dfrac{4}{3}\Big]$,$k$ 为任意整数;

$(8)\mathrm{i}\Big(-\dfrac{\pi}{2} + 2k\pi\Big)$,$k$ 为任意整数.

17.$(1)k\pi$;$(2)k\pi + \dfrac{\pi}{2}$;$(3)(2k + 1)\pi\mathrm{i}$;

$(4)k\pi - \dfrac{\pi}{4}$,其中 k 为任意整数.

测验作业 2

1. $(1)\mathrm{ch}\,2\sin 3 + \mathrm{ish}\,2\cos 3$;

$(2)\cos\left(\dfrac{\sqrt{2}}{2}\pi + 2\sqrt{2}k\pi\right) + \mathrm{i}\sin\left(\dfrac{\sqrt{2}}{2}\pi + 2\sqrt{2}k\pi\right)$,$\mathrm{k} = 0, \pm 1, \pm 2, \cdots$;

(3)$\ln\sqrt{2}+\mathrm{i}\left(-\dfrac{3\pi}{4}+2k\pi\right),k=0,\pm1,\pm2,\cdots;$

(4)$\mathrm{i}\pi;$

(5)$\sqrt[3]{2}\left[\cos\left(\dfrac{\pi}{6}+\dfrac{4k\pi}{3}\right)+\mathrm{i}\sin\left(\dfrac{\pi}{6}+\dfrac{4k\pi}{3}\right)\right],k=0,1,2;$

(6)$\dfrac{1}{2}(\mathrm{e}^{-1}-\mathrm{e}).$

2.(1)e^{-2x};　(2)$(\mathrm{sh}^2 y+\sin^2 x)^{\frac{1}{2}}$;

(3)$\mathrm{e}^{\frac{x}{x^2+y^2}}\cos\dfrac{y}{x^2+y^2}.$

3.(1)只在 $z=0$ 可导,处处不解析;

(2)只在直线 $\sqrt{2}x\pm\sqrt{3}y=0$ 上可导,处处不解析;

(3)处处不可导;　　(4)处处可导,处处解析.

4.(1)$-\mathrm{i}(z-1)^2$;　(2)z^3.

5.$0<\arg w<\dfrac{\pi}{2}.$

习　题　3

1.(1)$\dfrac{1}{3}(-1+\mathrm{i})$;　(2)$-\dfrac{1}{6}(3-5\mathrm{i})$;　(3)$-\dfrac{1}{6}(3+\mathrm{i})$.

2.(1)$1+\dfrac{i}{2}$;　　　　(2)$-\dfrac{\pi}{2}$;　　　　　(3)$-\pi R^2$.

3.(1)$\dfrac{1}{3}(2+11\mathrm{i})$;　(2)$\dfrac{1}{3}(2+11\mathrm{i})$.

4.(1)$4\pi\mathrm{i}$;　　　　(2)$8\pi\mathrm{i}$.

7.(3)、(4)、(5)正确;(1)、(2)不正确.

8.若点 a 在 C 所围成的区域之外,

(1)0;　(2)0;　(3)0.

若点 a 在 C 所围成的区域的内部,

(1)$2\pi\mathrm{i}f(a)$;　(2)$-2\pi\mathrm{i}f(a)$;　(3)$\dfrac{2\pi\mathrm{i}}{2!}f''(a)$.

9.(1)$2\pi\mathrm{i}$;　(2)-12π.

10. (1)0;(2)0,因为$\dfrac{1}{\cos z}$,$\dfrac{1}{z^2+2z+5}$在$|z|\leqslant 1$内解析,故由柯西积分定理得之;(3)πi;(4)2πi,因为z、e^z在$|z|\leqslant 1$内解析,故由柯西积分公式得之.

11. (1)$1-\cos \pi$i;   (2)$-\dfrac{1}{2}+i\left(2-\dfrac{2}{e}\right)$;

(3)$-\dfrac{i}{3}$;   (4)$2(\cos i-1)$.

12. 由柯西积分定理知$\displaystyle\int_C \dfrac{1}{z+2}\mathrm{d}z=0$,令$z=\cos\theta+i\sin\theta(-\pi\leqslant\theta\leqslant\pi)$,代入该积分即可证之.

13. (1)$\pi i e^{-1}$;   (2)0;   (3)0;

(4)πe^{-1};   (5)$4(1+i)$;   (6)$\dfrac{\sqrt{2}}{2}\pi i$;

(7)$-\pi i\cos i$;   (8)0;   (9)$-\dfrac{3}{2}\pi i$;

(10)当$0<r<1$,$-\dfrac{3}{4}\pi i$,

当$1<r<2$,$-\dfrac{1}{12}\pi i$,

当$r>2$,0.

14. (1)$-\dfrac{\pi}{8}$;   (2)0;   (3)0;

(4)①0,点0和1都不在C的内部,

②$2\pi$i,点0在C的内部,点1在C的外部,

③$-\pi e$i,点1在C的内部,点0在C的外部,

④$(2-e)\pi$i,点0和1都在C的内部;

(5)0;   (6)$-\pi$i.

15. -4πi.

16. 证明$\dfrac{f'(z)}{f(z)}$在C所围成的区域D内解析,从而由柯西积分定理即可证之.

17. 由高阶导数公式得 $f'(z)=0$,从而 $f(z)\equiv c$(常数).

18. 由高阶导数公式即可证之.

19. 令 $F(z)=f(z)-g(z)$,在 $\bar{D}$ 上用柯西积分公式.

20. 不必在 $z=0$ 解析. 如 $f(z)=\dfrac{1}{z^2}$,$z=0$ 是 $f(z)$ 的奇点,但

$$\int_{|z|=r}\frac{1}{z^2}\mathrm{d}z=0.$$

21. 是. 因为 u 为 D 内的调和函数,从而 $\dfrac{\partial u}{\partial x}$、$-\dfrac{\partial u}{\partial y}$ 具有一阶连续偏导数. 易证 $\dfrac{\partial u}{\partial x}$、$-\dfrac{\partial u}{\partial y}$ 满足 C—R 方程,所以 $f=\dfrac{\partial u}{\partial x}-\mathrm{i}\dfrac{\partial u}{\partial y}$ 是 D 内的解析函数.

23. (1) $f(z)=2xy-2y+\mathrm{i}(y^2+2x-x^2+1)$
     $=\mathrm{i}(2z-z^2+1)$;

   (2) $f(z)=\mathrm{e}^x(x\cos y-y\sin y)+\mathrm{i}\mathrm{e}^x(x\sin y+y\cos y)$
     $=z\mathrm{e}^z$;

   (3) $f(z)=\dfrac{x^2}{2}-2xy-\dfrac{y^2}{2}+1+\mathrm{i}(x^2-y^2+xy)$
     $=\left(\dfrac{1}{2}+\mathrm{i}\right)z^2+1$;

   (4) $f(z)=-\dfrac{x}{x^2+y^2}+\dfrac{1}{2}+\mathrm{i}\dfrac{y}{x^2+y^2}=\dfrac{1}{2}-\dfrac{1}{z}$.

测验作业 3

1. (1) ① $\dfrac{\sqrt{5}}{2}(2-\mathrm{i})$,② $2\mathrm{i}$;

   (2) $1-\sqrt{2}\left[\cos\left(1-\dfrac{\pi}{4}\right)+\mathrm{i}\sin\left(1-\dfrac{\pi}{4}\right)\right]$;

   (3) $\dfrac{\pi\mathrm{i}}{4}(8-13\mathrm{e}^{-\frac{1}{2}})$.

3. C 的参数方程为 $z=\mathrm{e}^{\mathrm{i}\theta}$ $(0\leqslant\theta\leqslant\pi)$,

$$\left|\frac{\mathrm{e}^z}{z}\right|=\frac{\mathrm{e}^{\cos\theta}}{1}\leqslant\mathrm{e},$$

C 的长度为 π,由估值定理即可证之.

4. $f(1-2\mathrm{i})=0$, $f(1)=\dfrac{\sqrt{2}}{4}\pi^2\mathrm{i}$, $f'(1)=-\dfrac{\sqrt{2}}{16}\pi^3\mathrm{i}$.

5. $f(z)=x^3y-xy^3-\mathrm{i}\left(\dfrac{x^4}{4}-\dfrac{3}{2}x^2y^2+\dfrac{y^4}{4}\right)$

$\quad=-\dfrac{\mathrm{i}}{4}z^4$.

6.(1)$1>|1-f(z)|\geqslant1-|f(z)|$,所以 $|f(z)|>0$.因此,在 D 内 $f(z)$处处不等于 0;

(2)因为 $f(z)$在 D 内解析,所以 $f'(z)$亦在 D 内解析,又在 D 内 $f(z)\neq0$,从而 $\dfrac{f'(z)}{f(z)}$在 D 内解析,于是由柯西积分定理得

$$\int_C\frac{f'(z)}{f(z)}\mathrm{d}z=0.$$

习　题　4

1.(1)绝对收敛;(2)发散;

(3)原级数收敛,但非绝对收敛;

(4)发散.

2.不能,参看阿贝尔定理.

3.(1)$R=1$, $|z-\mathrm{i}|<1$;　　(2)$R=2$, $|z|<2$;

(3)$R=\mathrm{e}$, $|z|<\mathrm{e}$;　　(4)$R=5$, $|z+1|<5$.

4.(1)$\displaystyle\sum_{n=0}^{\infty}(-1)^nz^{3n}$, $|z|<1$, $R=1$;

(2)$\displaystyle\sum_{n=1}^{\infty}nz^{n-1}$, $|z|<1$, $R=1$;

(3)$\dfrac{1}{2}+\displaystyle\sum_{n=0}^{\infty}(-1)^n\dfrac{2^{2n-1}}{(2n)!}z^{2n}$, $|z|<+\infty$, $R=+\infty$;

(4)$\displaystyle\sum_{n=0}^{\infty}\dfrac{(-1)^n}{4^{n+1}}z^{n+1}$, $|z|<4$, $R=4$;

(5)$\displaystyle\sum_{n=0}^{\infty}(-1)^n\dfrac{2^{2n+1}}{(2n+1)!}z^{2n+1}$, $|z|<+\infty$, $R=+\infty$;

$(6) 1 - z - \dfrac{z^2}{2} - \dfrac{z^3}{6} + \cdots, |z| < 1, R = 1;$

$(7) -\dfrac{1}{3} \sum_{n=0}^{\infty} \left(1 + \dfrac{(-1)^n}{2^{n+1}}\right) z^n, |z| < 1, R = 1;$

$(8) \sum_{n=0}^{\infty} \dfrac{1}{(2n+1)n!} z^{2n+1}, |z| < +\infty, R = +\infty;$

$(9) \sum_{n=0}^{\infty} \dfrac{1}{(2n)!} z^{2n}, |z| < +\infty, R = +\infty;$

$(10) z - \dfrac{7}{6} z^3 + \dfrac{47}{40} z^5 - \cdots, |z| < 1, R = 1.$

5. $(1) \sum_{n=0}^{\infty} (-1)^n \dfrac{1}{2^{n+1}} (z-2)^n, |z-2| < 2;$

$(2) \sum_{n=1}^{\infty} (-1)^{n-1} \dfrac{1}{2^n} (z-1)^n, |z-1| < 2;$

$(3) \sum_{n=1}^{\infty} (-1)^{n+1} \dfrac{n}{3^{n+1}} (z-3)^{n-1}, |z-3| < 3;$

$(4) -\dfrac{1}{3} \sum_{n=0}^{\infty} \left[\dfrac{1}{2^{n+1}} + (-1)^n\right] z^n, |z| < 1;$

$(5) \sum_{n=0}^{\infty} \dfrac{(-1)^{n+1}}{(2n+1)!} (z-\pi)^{2n+1}, |z-\pi| < +\infty;$

$(6) \sum_{n=0}^{\infty} (-1)^n \dfrac{1}{2^{n+1}} (z-1)^{2n} + \sum_{n=0}^{\infty} (-1)^n \dfrac{1}{2^{n+1}} (z-1)^{2n+1}, |z-1| < \sqrt{2};$

$(7) \sum_{n=0}^{\infty} (-1)^n \left(\dfrac{1}{2^{2n+1}} - \dfrac{1}{3^{n+1}}\right) (z-2)^n, \quad |z-2| < 3;$

$(8) 1 + \sum_{n=0}^{\infty} (-1)^{n+1} \dfrac{3}{2^{n+1}} (z+1)^n, \quad |z+1| < 2;$

$(9) \sum_{n=0}^{\infty} \dfrac{\mathrm{e}}{n!} (z-1)^{n+1} + \sum_{n=0}^{\infty} \dfrac{\mathrm{e}}{n!} (z-1)^n, |z-1| < +\infty;$

$(10) 1 + 2\left(z - \dfrac{\pi}{4}\right) + 2\left(z - \dfrac{\pi}{4}\right)^2 + \dfrac{8}{3}\left(z - \dfrac{\pi}{4}\right)^3 + \cdots, \left|z - \dfrac{\pi}{4}\right| < \dfrac{\pi}{4}.$

6. (1)三级;(2)四级;(3)二级;(4)15级.

7. $\dfrac{\pi}{2}+2k\pi, k=0, \pm 1, \pm 2, \cdots$;全部为二级零点.

8. $(1) -\displaystyle\sum_{n=0}^{\infty}\dfrac{1}{2^{n+1}}z^n-\sum_{n=0}^{\infty}\dfrac{1}{z^{n+1}}, 1<|z|<2,$

$-\displaystyle\sum_{n=0}^{\infty}(z-1)^{n-1}, 0<|z-1|<1,$

$\displaystyle\sum_{n=0}^{\infty}(-1)^n\dfrac{1}{(z-2)^{n+2}}, 1<|z-2|<+\infty;$

$(2) \displaystyle\sum_{n=0}^{\infty}\dfrac{1}{i^{n-1}}z^{n-2}, 0<|z|<1,$

$\displaystyle\sum_{n=0}^{\infty}(-1)^n\dfrac{(n+1)i^n}{(z-i)^{n+3}}, 1<|z-i|<+\infty;$

$(3) \sin 1 \cdot \displaystyle\sum_{n=0}^{\infty}(-1)^n\dfrac{1}{(2n)!}\cdot\dfrac{1}{(z-1)^{2n}}+$

$\cos 1 \cdot \displaystyle\sum_{n=0}^{\infty}(-1)^n\dfrac{1}{(2n+1)!}\cdot\dfrac{1}{(z-1)^{2n+1}}, 1<|z-1|<+\infty;$

$(4) \displaystyle\sum_{n=1}^{\infty}(-1)^{n+1}\dfrac{n}{2^{n+1}}z^{n-2}, 0<|z|<2,$

$\displaystyle\sum_{n=0}^{\infty}2^n(z+2)^{-(n+3)}, 2<|z+2|<+\infty;$

$(5) -\displaystyle\sum_{n=1}^{\infty}\dfrac{n}{i^{n-1}}(z+i)^{n-2}, 0<|z+i|<1,$

$\displaystyle\sum_{n=0}^{\infty}(-1)^n i^n z^{-(n+3)}, 1<|z|<+\infty;$

$(6) \displaystyle\sum_{n=0}^{\infty}\dfrac{1}{n!}(z+1)^{-(n+1)}, 1<|z+1|<+\infty;$

$(7) \displaystyle\sum_{n=0}^{\infty}(-1)^{n+1}\dfrac{n}{(2i)^{n+1}}(z-i)^{n-3}, 0<|z-i|<2,$

$\displaystyle\sum_{n=0}^{\infty}(2i)^n(n+1)(z+i)^{-(n+4)}, 2<|z+i|<+\infty;$

$(8) \dfrac{1}{z^2}+\displaystyle\sum_{n=0}^{\infty}2(-1)^{n+1}z^{n-2}, 0<|z|<1,$

$$\frac{1}{z^2} + \sum_{n=0}^{\infty} \frac{2(-1)^{n+1}}{z^{n+3}}, 1 < |z| < +\infty.$$

11.(1)$z = 0, z = \pm 1$ 均为一级极点；

(2)$z = 0$ 为一级极点，$z = \pm i$ 为二级极点；

(3)$z = 0$ 为三级极点；

(4)$z = 0$ 为二极极点；

(5)$z = 1$ 为一级极点；

(6)$z = 0$ 为三极极点，$z_k = 2k\pi i, (k \neq 0$ 为整数)为一级极点；

(7)$z = 1$ 为本性奇点；

(8)$z = 0$ 为本性奇点；

(9)$z = 0$ 为可去奇点，$z_k = 2k\pi i (k = \pm 1, \pm 2, \cdots)$ 各为一级极点；

(10)$z = 0$ 为一级极点.

12.(1)对于 $f(z) + g(z)$，当 $m \neq n$ 时，z_0 是 $\min\{m, n\}$ 级零点，当 $m = n$ 时，z_0 是其大于或等于 m 级零点；对于 $f(z) \cdot g(z)$，则 z_0 是其 $m + n$ 级零点；对于 $\frac{g(z)}{f(z)}$，当 $m > n$ 时，z_0 是其 $m - n$ 级极点，当 $m = n$ 时，z_0 是其可去奇点，当 $m < n$ 时，z_0 为其可去奇点(若把可去奇点看做解析点，则 z_0 是其 $n - m$ 级零点).

(2)对于 $f(z) + g(z)$，当 $m \neq n$ 时，z_0 是其 $\max\{m, n\}$ 级极点，当 $m = n$ 时，z_0 是其小于或等于 m 级极点；对于 $f(z) \cdot g(z)$，z_0 是其 $m + n$ 级极点；对于 $\frac{g(z)}{f(z)}$，当 $m = n$ 时，z_0 是其可去奇点，当 $m > n$ 时，z_0 是其可去奇点(若把可去奇点看做解析点，则 z_0 是其 $m - n$ 级零点)，当 $m < n$ 时，z_0 为其 $n - m$ 级极点.

(3)均为本性奇点.

13.当 z_0 为 $g(z)$ 的可去奇点或极点时，z_0 为 $f(z) \cdot g(z)$ 的本性奇点；当 z_0 为 $g(z)$ 的本性奇点时，z_0 可有各种情况，如 $z = 0$ 是 $f(z) = z e^{\frac{1}{z}}, g(z) = e^{-\frac{1}{z}}$ 的本性奇点，显然 $z = 0$ 是 $f(z) \cdot g(z)$ 的可去奇点；

又知 $z=0$ 是 $f(z)=\mathrm{e}^{\frac{1}{z}}$，$g(z)=\dfrac{1}{z^2}\mathrm{e}^{-\frac{1}{z}}$ 的本性奇点，显然 $z=0$ 是

$f(z)\cdot g(z)$ 的极点（二级极点）；再如 $z=0$ 是 $f(z)=\mathrm{e}^{\frac{1}{z}}$，$g(z)=\mathrm{e}^{\frac{2}{z}}$ 的
本性奇点，显然 $z=0$ 是 $f(z)\cdot g(z)$ 的本性奇点.

测验作业 4

1. (1) $z=-\dfrac{1}{2}$ 为三级零点，$z=\pm\mathrm{i}$ 为二级零点；

(2) $z=0$ 为五级零点，$z_k=2k\pi$，$k=0,\pm 1,\pm 2,\cdots$ 均为二级零点.

2. (1) $z=0$ 是可去奇点，$z=1$ 是三级极点；

(2) $z=0$ 是本性奇点；

(3) $z=1$ 是本性奇点，$z=2k\pi\mathrm{i}(k=0,\pm 1,\pm 2,\cdots)$ 各为一级极点；

(4) $z=1$ 是可去奇点，$z_k=1+\dfrac{2k+1}{2}\pi$，$k=0,\pm 1,\pm 2,\cdots$，各为一级极点.

3. 不对，参看定义.

4. (1) $\displaystyle\sum_{n=1}^{\infty}(-1)^{n+1}\dfrac{n}{(1+\mathrm{i})^{n+1}}(z-\mathrm{i})^{n-1}$，$|z-\mathrm{i}|<\sqrt{2}$，$R=\sqrt{2}$；

(2) $\displaystyle\sum_{n=0}^{\infty}\sin\left(1-\dfrac{n\pi}{2}\right)\dfrac{(z-1)^{2n}}{n!}$，$|z-1|<+\infty$，$R=+\infty$；

(3) $\dfrac{1}{5}\displaystyle\sum_{n=0}^{\infty}\left[(-1)^{n+1}-\dfrac{1}{4^{n+1}}\right]z^n$，$|z|<1$，$R=1$.

5. (1) $\dfrac{1}{z^2}+\displaystyle\sum_{n=0}^{\infty}\dfrac{3\cdot 2^n}{z^{n+3}}$，$2<|z|<+\infty$；

(2) $\displaystyle\sum_{n=0}^{\infty}(-1)^{n+1}\left(1-\dfrac{1}{2^{n+1}}\right)(z-1)^{n-1}$，$0<|z-1|<1$；

(3) $\displaystyle\sum_{n=0}^{\infty}\dfrac{(-1)^n}{(2n)!}\dfrac{1}{(z-1)^{2n-1}}+\sum_{n=0}^{\infty}\dfrac{(-1)^n}{(2n)!}\dfrac{1}{(z-1)^{2n}}$，$0<|z-1|<+\infty$.

习　题　5

1. (1)$\text{Res}\,[f(z),0]=0$，$\text{Res}[f(z),i]=\dfrac{i}{2}$，

　　$\text{Res}\,[f(z),-i]=-\dfrac{i}{2}$；

(2)$\text{Res}\,[f(z),0]=0$；　　(3)$\text{Res}\,[f(z),0]=-\dfrac{4}{3}$；

(4)$\text{Res}\,[f(z),0]=-\dfrac{1}{6}$；

(5)$\text{Res}\,[f(z),1]=-1$；　(6)$\text{Res}\,[f(z),-1]=-\cos 1$；

(7)$\text{Res}\,[f(z),0]=\dfrac{1}{6}$，

　$\text{Res}\,[f(z),k\pi]=\dfrac{(-1)^k}{k^2\pi^2}$　$k=\pm1,\pm2,\cdots$；

(8)$\text{Res}\,[f(z),1]=\dfrac{3}{2}$；

(9)$\text{Res}\,[f(z),z_k]=-\dfrac{z_k}{n}$，

其中 $z_k=e^{\frac{2k+1}{n}\pi i}$，$k=0,1,2,\cdots,(n-1)$；

(10)$\text{Res}\,[f(z),\alpha]=\dfrac{(-1)^{m-1}(m+n-2)!}{(n-1)!\,(m-1)!\,(\alpha-\beta)^{n+m-1}}$，

　　$\text{Res}\,[f(z),\beta]=\dfrac{(-1)^{m}(n+m-2)!}{(n-1)!\,(m-1)!\,(\alpha-\beta)^{n+m-1}}$；

(11)$\text{Res}\,[f(z),i]=\dfrac{i}{2}$，$\text{Res}\,[f(z),-i]=-\dfrac{i}{2}$；

(12)$\text{Res}\,[f(z),0]=0$，$\text{Res}[f(z),1]=1$；

(13)$\text{Res}\,[f(z),0]=\dfrac{5}{6}$；

(14)$\text{Res}\,[f(z),z_k]=\dfrac{(-1)^{k+1}}{\sqrt{2}}$，其中 $z_k=\dfrac{\pi}{4}+k\pi$，k 为整数.

2. (1)n；　(2)$-n$.

3.(1)0;   (2)$\dfrac{2\pi i}{21}$;   (3)$-\dfrac{\pi}{2}i$;

  (4)$-\dfrac{\sqrt{2}}{2}\pi i$;   (5)$2\pi i$;   (6)$\dfrac{2}{9}\pi i$;

  (7)$\begin{cases}(-1)^{\frac{m+1}{2}}\dfrac{2\pi i}{(m-1)!},\ m\geqslant 3 \text{ 取奇数}, \\ 0, \qquad\qquad m=0 \text{ 或取其他整数};\end{cases}$

  (8)$\dfrac{\pi}{e}$;

  (9)$\begin{cases}0,\quad n\neq 1, \\ 2\pi i,\ n=1;\end{cases}$

  (10)0,   0 和 1 都不在 C 内,

     $-2\pi i$,   0 在 C 内,1 在 C 外,

     $i4\pi\sin\dfrac{1}{2}$,   1 在 C 内,0 在 C 外,

     $2\pi i\left(-1+2\sin\dfrac{1}{2}\right)$,0 和 1 都在 C 内;

  (11)$-4n i$.

4.(1)$\dfrac{2\pi}{\sqrt{15}}$;   (2)$\dfrac{\pi}{1-a^2}$;   (3)$\dfrac{\sqrt{2}}{2}\pi$;

  (4)$\dfrac{5\pi}{12}$;   (5)$\dfrac{\pi}{4a}$;   (6)πe^{-2};

  (7)$\dfrac{\pi}{48e^3}(3e^2-1)$;   (8)$\dfrac{\pi}{3}e^{-3}(\cos 1-3\sin 1)$;

  (9)$\dfrac{\pi}{2}(1-e^{-1})$.

测验作业 5

1.(1)Res$[f(z),1]=\dfrac{1}{4}$,Res$[f(z),-1]=-\dfrac{1}{4}$;

  (2)Res$[f(z),0]=\dfrac{1}{4}$,Res$\left[f(z),\dfrac{2}{3}\right]=-\dfrac{1}{4}$;

$(3)\operatorname{Res}\left[f(z),0\right]=-\dfrac{1}{24}$;

$(4)\operatorname{Res}\left(f(z),z_k\right)=\dfrac{(-1)^{k+1}}{\pi}\left(k+\dfrac{1}{2}\right)^2$，其中　$z_k=k+\dfrac{1}{2}$，$k=0,\pm1,\pm2,\cdots$.

3. $(1)4\pi e^{-\frac{1}{2}}i$;　　$(2)-\dfrac{\pi^2}{2}i$;　　$(3)0$;　　$(4)-\pi^2 i$.

4. $(1)\dfrac{\pi}{2}e^{-2}\sin 2$;　　$(2)\dfrac{\pi}{9}$;　　$(3)2\pi$;　　$(4)\dfrac{\pi}{2}(e^{-a}-e^{-b})$.

5. 提示：考虑 I_1-iI_2. 然后用留数定理.

习　题　6

1. (1)以 $w_1=-1$，$w_2=-i$，$w_3=i$ 为顶点的三角形;

$(2)\operatorname{Im}w>1$；$(3)\operatorname{Im}w>\operatorname{Re}w$;

$(4)|w+i|>1$ 且 $\operatorname{Im}w<0$;

$(5)\left|w-\dfrac{1}{2}\right|>\dfrac{1}{2}$且 $\operatorname{Im}w>0$，$\operatorname{Re}w>0$.

2. a,b,c,d 为实数，且 $ad-bc<0$.

3. $(1)w=\dfrac{z-i}{iz-1}$;　　$(2)w=-i\dfrac{z-i}{z+i}$;

$(3)w=i\dfrac{z-i}{z+i}$;　　$(4)w=i\dfrac{z-2i}{z+2i}$.

4. $w=\dfrac{z-1}{z+1}$（不惟一）.

5. $w=\dfrac{(1+i)(z-i)}{(1+z)+3i(1-z)}$，把 $|z|<1$ 映射成 $\operatorname{Im}w<0$.

6. $(1)w=\dfrac{2z-1}{z-2}$;　　$(2)w=i\dfrac{2z-1}{2-z}$;　　$(3)w=-iz$.

7. $w=-\dfrac{z-2i}{z+2i}$.

8. $(1)w=-\left(\dfrac{z+\sqrt{3}-i}{z-\sqrt{3}-i}\right)^3$;　　$(2)w=\left(\dfrac{z-\sqrt{2}+i\sqrt{2}}{z-\sqrt{2}-i\sqrt{2}}\right)^4$;

$(3) w=\left(\dfrac{z^4+2^4}{z^4-2^4}\right)^2$;　　　$(4) w=-\mathrm{i}\left(\dfrac{z+1}{z-1}\right)^2$;

$(5) w=\mathrm{e}^{2\pi\mathrm{i}\frac{z}{z-2}}$;　　　$(6) w=\left(\dfrac{\sqrt{z}+1}{\sqrt{z}-1}\right)^2$;

$(7) w=\mathrm{e}^{\pi\mathrm{i}\frac{z-a}{b-a}}$;　　　$(8) w=\left(\dfrac{\mathrm{e}^{-\frac{\pi}{a}z}-1}{\mathrm{e}^{-\frac{\pi}{a}z}+1}\right)^2$.

9. $w=\dfrac{z^3-\mathrm{i}}{z^3+\mathrm{i}}$（不惟一）.

10. $w=\dfrac{2z-2(2-\mathrm{i})}{\mathrm{i}z+2(1-\mathrm{i})}$.

11. $w=-\dfrac{z^2-2\mathrm{i}}{z^2+2\mathrm{i}}$.

12. $w=-\dfrac{1}{2}\left(z+\dfrac{1}{z}\right)$.

13. $w=\dfrac{z^2+2}{2(1-z^2)}$.

测验作业 6

1. $(1) w=\dfrac{\mathrm{i}(z+1)}{1-z}$,像是上半平面 $\mathrm{Im}\ w>0$;

　$(2) w=\dfrac{\mathrm{i}z+1}{z+\mathrm{i}}$,像是单位圆的内部 $|w|<1$.

2. $w=\dfrac{2z-\mathrm{i}}{\mathrm{i}z+2}$.

3. $w=\dfrac{-4\mathrm{i}z-8}{z-2-4\mathrm{i}}$.

4. $w=\mathrm{i}\dfrac{z^2-1}{z^2+1}$.

5. $w=\left(\dfrac{z^3+1}{z^3-1}\right)^2$.

6. $w=\mathrm{e}^{6\pi\mathrm{i}\left(\frac{1}{z}-\frac{1}{3}\right)}$.